U0192875

全球上瘾

咖啡如何搅动人类历史

[德] 海因里希·爱德华·雅各布◎著
陈琴 俞珊珊◎译

SPM 南方出版传媒 广东人民出版社
·广州·

图书在版编目（CIP）数据

全球上瘾：咖啡如何搅动人类历史/（德）海因里希·爱德华·雅各布著；陈琴，俞珊珊译．—广州：广东人民出版社，2019.1（2022.4 重印）
ISBN 978-7-218-13192-4

Ⅰ.①全… Ⅱ.①海… ②陈… ③俞… Ⅲ.①咖啡—文化史—世界 Ⅳ.①TS971.23

中国版本图书馆CIP数据核字（2018）第221897号

QUANQIU SHANGYIN：KAFEI RUHE JIAODONG RENLEI LISHI
全球上瘾：咖啡如何搅动人类历史

[德]海因里希·爱德华·雅各布 著　陈琴　俞珊珊译

出 版 人：肖风华

责任编辑：郑　薇
责任技编：周　杰　易志华

出版发行：广东人民出版社
地　　址：广州市大沙头四马路10号（邮政编码：510102）
电　　话：（020）83798714（总编室）
传　　真：（020）83780199
网　　址：http://www. gdpph. com
印　　刷：佛山市迎高彩印有限公司
开　　本：889mm×1194mm　1/32
印　　张：12.25　字　数：257 千
版　　次：2019年1月第1版　2022年4月第5次印刷
定　　价：69.00元

如发现印装质量问题，影响阅读，请与出版社(020-83795749)联系调换。
售书热线：（020）83790604　83791487　邮购：（020）83781421

目录

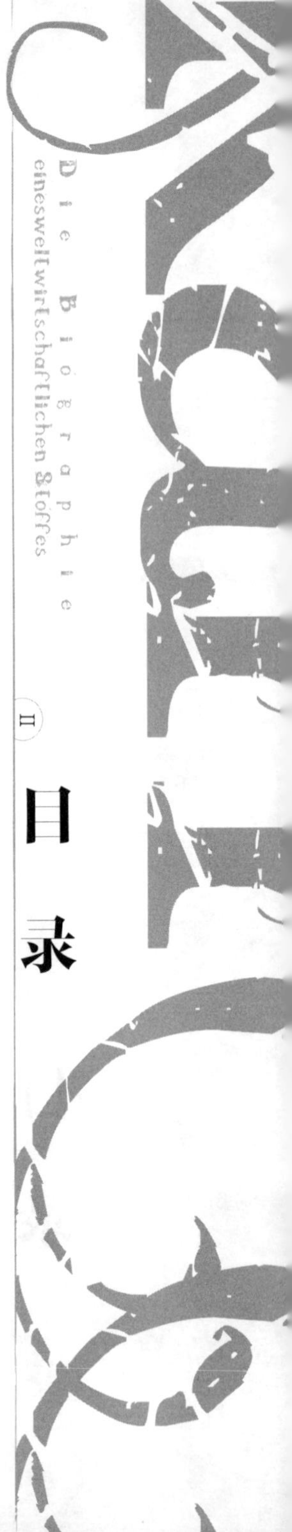

目录

第二卷 民族的健康

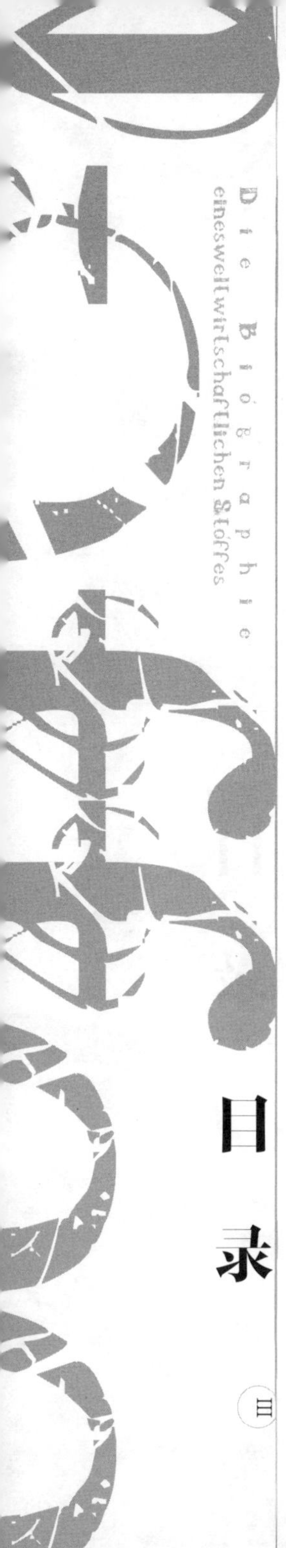

目录

第三卷 农民、商人和国王

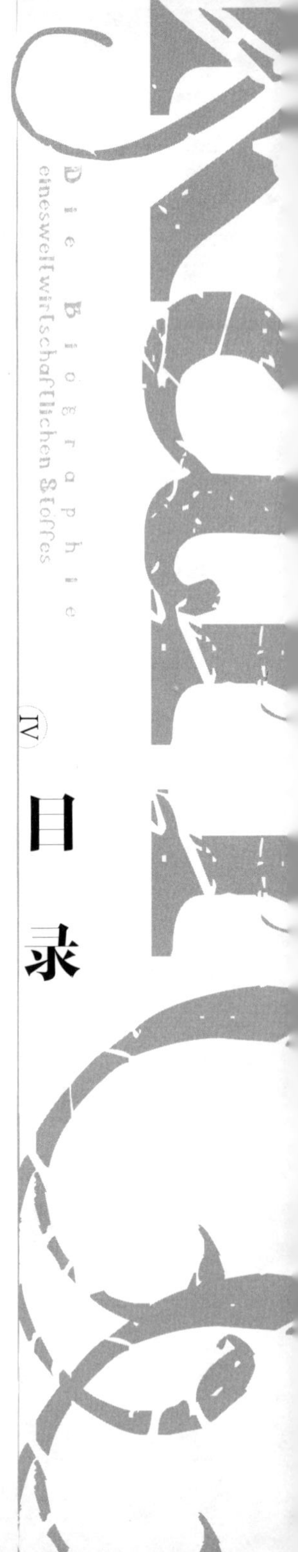

目录

第四卷 咖啡和19世纪

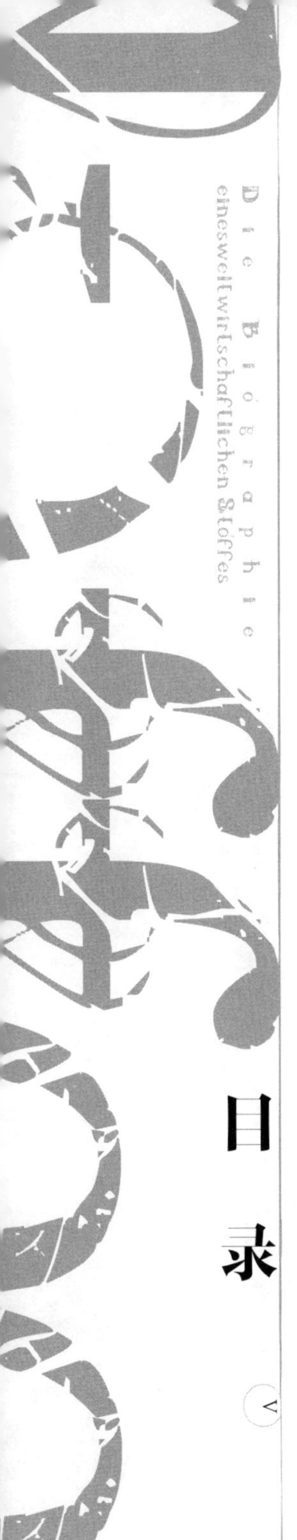

目录

第五卷 巴西的霸权

推荐序一

咖啡燃烧的岁月

1934年，海因里希·爱德华·雅各布首次以历史传记的形式出版了本书。他花了五年之久查阅资料，跨越了化学、地理、经济学等不同知识领域，给予咖啡这样不显眼的日常饮品珍贵文物一般的重视和描写，并从赞赏音乐、文学或重要人物这样的精神产品的角度去介绍、欣赏和认识它。该书最初以《咖啡的传说和风靡》为名，一经出版，评论界便一致给予好评。当时，尽管《柏林证券报》和《证券周刊》呼吁大家抵制这位1889年在柏林出生的犹太裔作家，但有名望的评论家们并不为他们的呼吁所动，也毫不吝啬对该书的夸赞。《新德国百科全书》称他为“科普著作之父”，因为他将咖啡的历史写成了一个个浪漫动人的故事，将全球咖啡的发展从起源到产业的形成，通过历史陈述的形式再现给读者。可以说，这本书是研究咖啡文化、产业发展的世界史和欧洲史不可或缺的专著，为咖啡与咖啡文化的传播做出了重大的贡献。

2006年，阿尔民·雷勒、因斯·索恩特根在新版序中这样说：“咖啡成为连结世界的纽带：每颗咖啡豆不仅穿梭了漫长的时光，其足迹也曾到过世界的各个角落。”目前还没有一种植物（作物、产业）能那样通过让人类上瘾而搅动人类历史，只有咖啡做到了。

书里重点介绍的是咖啡在西方国家的传播。而在中国，据说1624年荷兰人曾引进咖啡在台湾种植，但只限于荷兰人内部饮用，故未能大量推广。中国各咖啡种植产区的起源略有不同，中国台湾于1884年从菲律宾引种咖啡到台北，云南于1893年从缅甸引种咖啡到瑞丽，海南于1898年从马来西亚引种咖啡到文昌，它们形成了中国最早咖啡产区发展的源头。

目前，中国95%的咖啡种植在云南，特别是近30年发展得最快。咖啡产业的迅速发展与两位大咖有直接关系，他们是从葡萄牙咖啡锈病研究中心引进卡蒂姆咖啡品种的中国热带农业科学院俞浩教授，以及选育并赠送了卡蒂姆品种系列给我们的葡萄牙咖啡锈病研究中心前主任卡洛斯·罗德里格斯（Carlos Rodrigues Jr）博士。目前中国的咖啡种植面积已达到200万亩，其中75%是卡蒂姆品种，该品种在一些产区的品质已超过传统的老品种（韩怀宗，2016《世界咖啡》）。咖啡增长速率无论在种植面

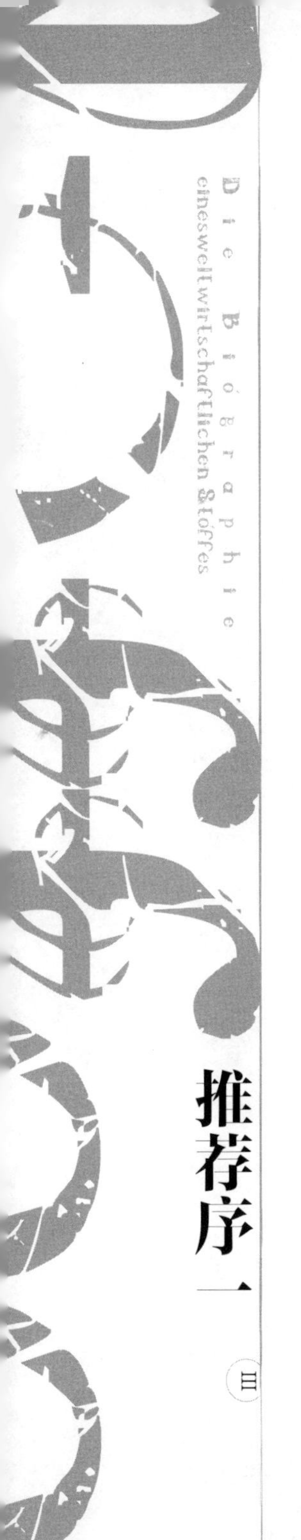

积和产量方面，还是在消费方面，都是全球最快的地区，成为世界咖啡发展的新引擎。2018年，我国咖啡馆总数达11万多家，咖啡饮品越来越受中国人喜爱，并且正在形成独特的咖啡文化和消费习惯。

咖啡，是发现、思考、创造的物质和精神的享受体；咖啡，是上天赋予健康和智慧的生命果；咖啡，是天地人和谐的产物；咖啡，是闲庭信步的书籍、伴侣；咖啡，是人间的修行和体验……

《全球上瘾》记载了许许多多咖啡历史中的动人故事，让我们深入了解咖啡燃烧的岁月，对中国咖啡文化的发展也有深远的影响。目前，咖啡创新技术、创新工艺造就了咖啡消费的新口味、新产品、新潮流。第四波咖啡浪潮正向我们走来，追求单品、健康、高质量、精品的咖啡将成为新时代的主流。但是，无论咖啡的历史怎样发展变化，不变的是“想健康生活，就来杯咖啡”。

陈振佳博士

中国咖啡工程研究中心主任

2018年10月于云南

推荐序二

咖啡文化旅程的地图

我爱研究咖啡的相关技术，也热爱咖啡相关的历史文化知识。

身处咖啡界，虽然这个圈子在这年代以各种技术讨论为主流，但随着四处奔波咖啡农场、加工处理场、烘焙厂和咖啡店，我渐渐发现，其实喝一杯咖啡，对人更重要、更有意义的往往是与它相关的故事和文化，而《全球上瘾》这本书正是最适合啡友们阅读的“咖啡文化旅程地图”。

从一开始，这本书就能打破你对咖啡的既定印象。你会了解到，咖啡原来是从伊斯兰世界开始发扬光大，却因为一场在维也纳发生的战役，开始进入欧洲人的生活圈，也让维也纳成为全世界咖啡馆雏形的发源地。

除此之外，身为德国人的作者为我们补充了许多其他咖啡书籍不易见到的关于德国的咖啡文化史，例如19世纪德国男权主义极强，男性总以啤酒馆为主要去处，相夫教子的女性在忙完所有活儿的午后，就以咖啡作为重要社交饮料，咖啡馆因此成为德国女性最爱去的场所，这未尝不是跟现在亚洲地区的情形类似呢。

更有趣的是，这本书不仅介绍了咖啡文化的历史轨迹，对涉及咖啡农与期货投机利益的经济问题也有所提及，例如第二十五章提到，咖啡农由于产量过剩陷入价格下降、收入减少的绝望境地，历史现在竟然就在我们中国云南的咖啡农身上重演：

> 丰收成果的出售创造了利润。将获得的利润重新投入种植对于咖啡农而言有天然的吸引力。丰收带来的物质利润几乎像赌桌上的赢资一样，一再被重新押上赌桌。咖啡农如此循环往复，却没有想到贸易自古以来就遵循亘古不变的供求规律。

而书中最后大篇幅提到的咖啡界的大王国巴西，会为你打开对这全球最大咖啡产国在社会与经济文化方面的眼界，并能让我们对在中国推动咖啡经济有所思考。

可以说，《全球上瘾》这本书，让咖啡与我们的生活更亲近，让我对咖啡不再只有骨感的技术硬功底。

作为读者，我最喜欢书中“文学百年”这一章里的一首咖啡打油诗：

它的威力无与伦比，
尤其是对抗悲伤。
思想
在此获得力量。

美哉咖啡，实乃人类精神必需品。

衷心推荐本书给爱咖啡的朋友们，你将获得当代咖啡文化由来的解答。

江承哲

知名咖啡人/折石咖啡主理人

新版序

咖啡是我们最钟爱的饮料之一，其受热爱程度甚至超越了矿泉水。每个德国居民每月平均需消费一磅左右的咖啡豆，约等于一棵咖啡树的总产量。这样计算下来，每个德国人每年要消费12棵咖啡树的产量。咖啡果由工人采摘，采摘之后，工人们首先要将咖啡豆从咖啡果中剥出来，然后清洗并晒干。之后，咖啡还要经过长距离的运输才能到达消费者手中，因为咖啡树只生长在赤道周围的狭长地带。咖啡豆被运到德国后，还要被烘焙、磨成粉、打包。这之后，才变成我们在商店所购买的咖啡。作为一种我们平常所喝的饮料，制作咖啡所耗费的时间与精力可一点也不平常。

德国进口的咖啡占全球咖啡总产量的15%左右，是位居美国之后的第二大咖啡进口国。但咖啡的粉丝远不限于德国人和美国人，它在全球都极受欢迎。所以，咖啡作为世界上最重要的贸易品之一的地位毋庸置疑。它甚至在很长一段时间内是世界市场上的第二大原料，地位仅次于原油。今天，咖啡是约2500万农民及其家庭赖以生存的原料，只有极少数农产品的经济价值能与之相媲美。

此外，也仅有极少数原料能有咖啡这般的文化魅力。自咖啡约500年前传入德国，它便搅动了周围的世界。它代替酒成为欧洲最重要的饮料，参与了启蒙运动时期这一理性时代，为启蒙运动的精神追求提供了生理支持。同时，咖啡还是一种具有极大政治意义的原料，许多重大冲突伴随着它的发展。它是关于奴隶、压榨、平等和南北关系等争论中绕不开的关键词。咖啡成为连接世界的纽带：每颗咖啡豆不仅穿梭了漫长的时光，其足迹也曾到过世界的各个角落。

史学家们曾多次探究咖啡的历史，但至今为止，对于咖啡的历史尚未有综合性的总结。大部分描述仅限于咖啡的某一方面，或者是其消费史，或者是其地理产区。只有全局视野才能帮助我们全方位地了解咖啡的世界。创造这种全局视野正是本书作者雅各布的目标。

这本1934年首次印刷的书堪称“教科书式的古典专著”，因为其创造性地将咖啡的历史写成了浪漫的故事。作者不仅讲述咖啡的消费史，还讲述了其生产以及将生产和消费连接起来的中间环节——贸易。不同于枯燥的历史描述，作者用叙述的方式将咖啡的浪漫史向读者娓娓道来。开篇写到的也门牧羊人如何发现咖啡的这段历史就已奠定了这一基调。雅各布不愿意干巴巴地堆积事实，他想给大家讲一个动

人的故事。

该书在1934年以《咖啡的传说和风靡》为名出版。一经出版，评论界便一致发出了友好甚至狂热的评论，尽管《柏林证券报》和《证券周刊》呼吁大家抵制这位1889年在柏林出生的犹太裔作家，但有名望的评论家们并不为他们的呼吁所动。比如著名的德国作家赫尔曼·黑塞（Hermann Hesse）就曾夸赞雅各布不是"一个等着写千篇一律的科普文的半桶水的写书工具"，而是"一个值得认真对待的作家……一个诗人"。

但这些高度的评价在当时的纳粹德国并没能帮这本书逃过浩劫。1935年，雅各布的所有作品被全面禁止。1938年，在纳粹德国吞并奥地利事件（"Anschluss" Österreichs）之后，雅各布在维也纳被捕，并被送到纳粹德国三大中心集中营之一的达豪集中营。幸得他当时的未婚妻，也就是他后来的妻子朵拉（Dora）的不懈奔走，雅各布终于在一年以后重获自由——带着重病和内伤。被释放后，他马上移民去了美国，直到第二次世界大战结束后才重回德国。但战后的德国已经不再有他的立足之处，他只能过着从酒店到旅店的颠沛流离的生活。1967年，雅各布在奥地利的萨尔茨堡与世长辞。

因为书中涉及的咖啡的历史发生在各个不同的国家，雅各布在考证史料时必须查阅不同国家的文献。加之咖啡还跨越了化学、地理、经济学等不同知识领域，他在撰写书籍时还必须钻研不同学科。雅各布写道，为写这本书，他光查阅资料便花了五年之久，虽然这五年他不是全部用来干这一件事儿，因为他的主业是《柏林日报》[1]的一名记者。1932年，为了搜集资料，他乘坐齐柏林飞艇，从德国南部的腓特烈港飞到了巴西东北部的累西腓。

该书是读者接触那些几乎从未被当代咖啡史提及的古老书籍的桥梁。即使在今天，它也是研究咖啡欧洲史不可或缺的专著，尤其是雅各布在书中详细描述的咖啡在欧洲的最初岁月。咖啡刚传入欧洲那几年也具有重大的历史意义，因为这几年为咖啡的获得以及咖啡和咖啡文化的传播铺平了道路。雅各布的这本书也为咖啡与咖啡文化的传播做出了前无古人、后无来者的贡献，之后几乎所有关于咖啡的书中都能看到该书的影响。可以说，雅各布的这本

① 该报德文名为“Berliner Tageblatt”，全称为“Berliner Tageblatt und Handelszeitung”，即《柏林日报及商报》。成立于1872年，在德意志第二帝国时期是发行量最大的报纸。1933年被强制与希特勒保持思想统一，1937年被纳入德意志出版社。——译者注

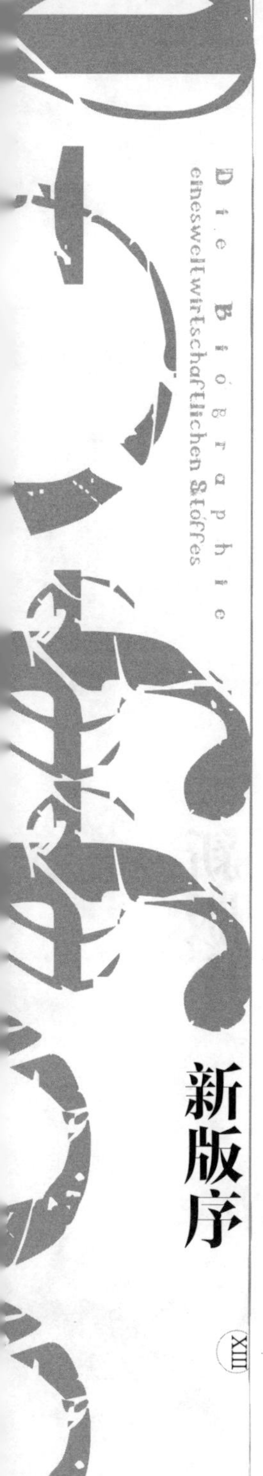

书本身已经成为了咖啡历史的一部分。

时隔数十载，在“原料的历史”系列书籍中将这本堪称“咖啡史中的教科书”的专著再次出版的原因之一在于，雅各布的创作方式直至今日仍然独树一帜。他的书为“原料的历史”系列书籍秉承的传统创作方式注入了意义非凡的活力：它是首批将原料作为历史的中心进行描述的书籍之一；为了向人们讲述咖啡这一不同寻常的“英雄”的故事，它还创造了独特的文学形式。雅各布知道自己做出了何种贡献，文学界也毫不吝啬对他的夸赞：《新德国百科全书》[1]称他为“科普著作之父”。

但几十年后，他书中的内容是否还跟得上时代？又或者他的书会不会随着时间的流逝变成一杯食之无味的“冷咖啡”呢？这么多年过去了，雅各布在20世纪30年代费尽千辛万苦搜集而来的资料难道还没有被后人的发现超越吗？这些问题是很现实的。

他书中的某些段落体现了他写作的那个年代的一些特征，这使得他书中的部分内容在今天的读者看来是难以接受或者傲慢的。比如他在书中描写“穷人”时，形容他们是“到最

① 德文书名为《*Neue Deutsche Enzyklopädie*》。——译者注

后对一切都无动于衷的群体”。有时，雅各布以“人类专家”的口吻描述英国男人、荷兰男人和天真的印度尼西亚人民，这会引起读者的不满。更令人不悦的是，他还把自己表现得像一个“女性专家”，并猜测咖啡“对大脑的作用”恰恰有可能损害最优秀的女性“对和谐的需求”。那么，雅各布本人写作时用的是什么口吻呢？是在20世纪30年代带来可怕后果的大国沙文主义的傲慢口吻吗？

雅各布在他那个时代就像个孩子，同时又是目光如炬的批评家。他的咖啡史不是一首弘扬民族主义的叙事诗，而是一场宣扬世界主义的激情演讲。这一点在关于阿拉伯和土耳其文化的第一卷中尤为突出。他在写到维也纳被土耳其人包围以及随后在1683年发生的维也纳之战时完全不带任何文化傲慢。要给雅各布划分立场，必须回忆一下雅各布在写这一部分内容时，其他人是如何描述维也纳被围一事的。1933年，维也纳庆祝解放250周年。于是，数万崇尚法西斯主义和纳粹主义的维也纳人以此为由，煽动人民对土耳其人、犹太人和其他外族人民的仇恨。而作为世界主义者，雅各布在介绍咖啡的来源时不带任何对咖啡来源地及那里的人民的仇恨情绪。对他而言，咖啡与现代开

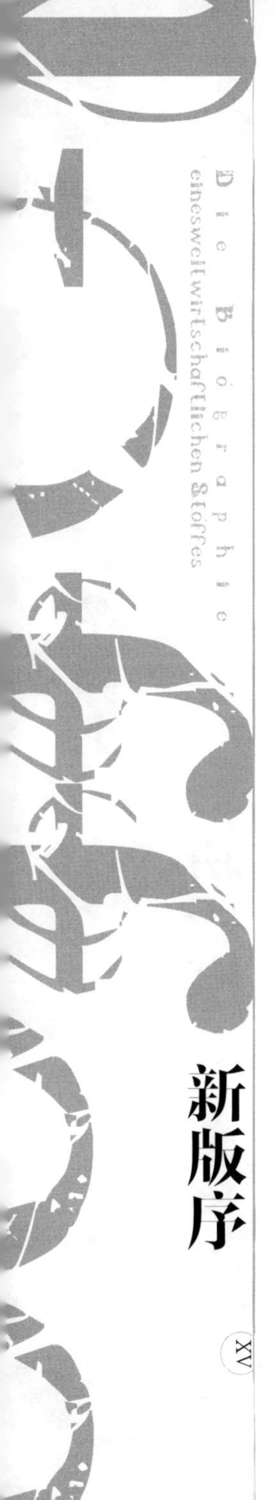

化的文明有着最深层的联系。雅各布将真实可靠的历史叙述成动人的故事，使得他的书至今为止仍在所有写咖啡史的书籍中独树一帜。

他的语言多是激昂的，几乎不放过任何一种修辞手法，词藻华丽。因此，他的许多句子听起来就像歌剧女演员那些节奏紧凑、情绪激昂的唱段，边唱边期待着掌声。偏好朴实散文的读者有时会觉得他的一些句子读起来像多余的炫技。写过一本关于雅各布的专著的文学家安娅·克拉伦巴赫（Anja Klarenbach）曾不无道理地指出，雅各布的语言有时过于激昂。但她同时也回忆了雅各布曾说过的一句话：必须要如创作赞美诗般创作一本关于被人们认为已经消亡的物质的书，因为只有这样，我们所生活的“客观世界”才能“重获尊严”。

该书按清晰的时间顺序分为五卷：在第一卷中，雅各布讲述了咖啡在伊斯兰世界的传播史。他将咖啡的起源追溯到了公元9世纪的也门，这与今天许多考古学的发现是一致的，尽管我们几乎没有任何关于咖啡早期历史的史料，直到1500年后，咖啡的历史才被清晰地记载。也门曾被土耳其人占领，他们了解到咖啡是可饮用的，并开展了咖啡贸易。雅各布以乔格·弗兰茨·哥辛斯基（Georg Franz

Kolschitzky）的故事结束了第一卷。根据雅各布所述，哥辛斯基是第一个在维也纳开咖啡馆的人。但雅各布的这一描述建立在一个轶闻的基础之上：据说，第一间维也纳咖啡馆是由一个名叫约翰内斯·迪欧达托（Johannes Diodato）的美国人于1685年开的。尽管维也纳咖啡馆后来大名远扬，但它绝不是欧洲咖啡馆的鼻祖，而是后起之秀。但维也纳人有可能是最早通过加入蜂蜜和奶油，将原本不过滤、不加糖的黑咖啡改良得更适合欧洲人口味的开创者。

在第二卷“民族的健康”中，雅各布讲述了咖啡在南北欧的发展历史，讲述了咖啡这一迅速崛起的新饮料初入以啤酒和葡萄酒为主导的饮料市场时所遇到的阻碍和打击。

随后，在第三卷“农民、商人和国王”中，他描写了17世纪出现在荷兰殖民地的第一批咖啡种植园，这里是现代咖啡经济的起点。此外，雅各布在该卷中还以咖啡的消费为中心，追溯了咖啡在整个18世纪的历史。

在随后的第四卷“咖啡和19世纪”中，他将笔墨集中在对欧洲，尤其是普鲁士和奥地利的咖啡文化的介绍上，对于北美仅寥寥几笔带过。他将笔墨如此分配是完全合理的，因为欧洲人当时是咖啡的主要消费者。直到19世纪末

20世纪初，北美才成为主要的咖啡进口国。在第四卷的最后一段，雅各布的目光转而投向咖啡的生产和证券交易，精辟地描写了全球的咖啡经济。

在雅各布生活的时代，全球的咖啡经济由最大的咖啡生产国巴西主导。因此，他在本书的最后一卷“巴西的霸权”中讲述了咖啡在巴西的历史。他将这段历史追溯到了20世纪30年代那次大规模的咖啡豆焚烧事件之前。即使以今天的眼光来看，雅各布亲历的这次焚烧仍是一次非同寻常的事件。

最后，这本无论内容还是形式上都别具一格的专著以一首“终曲”结束。后来，雅各布又在本书再版时补充了一章“续写及展望”，继续讲述咖啡直到20世纪50年代的历史。

本书已印刷了两个德语版次和一个口袋书的版本，它们之间仅有细微区别。本次出版的版本以1952年的第二版为基础，保留了其中的大部分插图。此外，附录中补充了两篇文章。其中一篇接续雅各布，讲述了咖啡从20世纪50年代至今的历史，另一篇则分析了该书的诞生背景及叙述技巧。

最后，我们要对所有帮助过我们的人道声感谢：感谢奥格斯堡大学图书馆的加布丽艾拉·碧拉女士为我们在搜集关于原料，尤其是关于咖啡的资料时提供的大力支持，感谢雅各布的遗产管理人汉斯·约尔根·格尔拉赫先生提供的大量档案资料和为本书再版提供的多方面支持，感谢克尔斯汀·格鲁特女士提出的质疑使书中的多处表述更为清晰，尤其要感谢马努埃尔·施耐德先生——作为该书此次新版的责任编辑，他为该书的成功再版做出了至关重要的贡献。最后，还要特别感谢他为补充文章的编写提出的启发性建议。

阿尔民·雷勒　因斯·索恩特根

于奥格斯堡

2006年9月

自序

这本书讲的不是拿破仑或凯撒大帝的英雄事迹，而是一种寻常的物质——同时也是一个古老、忠诚、富有力量的“英雄”的前世今生。人们如何讲述铜器和小麦的历史，这本书就将如何讲述咖啡的历史，看它与人类的相处，谈它对社会表层和深处的影响，讲它的经历以及为何有此经历。

那么，这本书讲的仅仅是一种物质的历史吗？

不！

世界上没有任何东西应该被简单地称为“物质”。

凡是曾与人类思想有关，又被人类思想继续传递的，其本身就是一部思想史。

海因里希·爱德华·雅各布

1934年

第一卷
神奇的力量

Kaffee
Die Biographie eines
weltwirtschaftlichen
Stoffes

第一章

也门的夜

失眠的羊群

在也门，火热的、红彤彤的太阳一大早就爬出来普照大地，直到很晚才恋恋不舍地离开。由于黑夜时间太短，由熔岩和石灰混合而成的地面因为不够时间冷却，到了夜里也依然滚烫。这就是也门的夜：短暂、滚烫、寂静。

往西再走几公里，就到海边了。但这海很浅，很暖，也不宽阔。人们自古以来称之为“红海”。

也门的小山丘上植被不多，山丘与山丘之间长着灌木丛。矮小的金合欢树安静地站在沉寂又灼热的空气中，金中带棕的金雀花像马鞍一样用它们柔软的身躯包围着山脊。山上长着苦的芦荟和甜的海枣，放眼望去是一座铁锈色的高山——这就是土壤肥沃的萨伯尔山（Sabor）。很久以前，那里曾火山喷发，熊熊的火焰从那里滚落。所以，如今那儿已经寸草不生，人类也鲜再涉足。只有一些野生山羊考察团曾偶尔爬上山顶。他们进入那无人区，并非奉谁之命，而是因为崇尚冒险。数周之后重回山下，他们已是瘦骨嶙峋、衣衫褴褛。

那里的羊群为一个名叫“舍和德特（Schehodet）”的清真寺所有，该寺名字意为“见证”。这个清真寺属于安拉，就像世界上一切事物一样。

人与动物之间自古以来就存在契约，这里也不例外：山羊向寺里的人们提供羊奶和羊毛，寺里的人们给它们提供牧羊人、牧羊犬和保护。但寺里的僧人没少违背契约——他们吃了山羊的肉后，将山羊的皮在干燥的空气中风干，然后制成精美的皮革。山羊的皮甚至被制成了先知穆罕默德手中的《古兰经》，传递神的旨意。但绝大部分生活在山丘之间的山羊过得还是惬意的，虽然它们更愿意迁移至一个不用被狗追、被人赶的地方，因为那样生活会更轻松些。

牧羊人们的生活太无聊了，所以他们自古以来就热衷于信口开河、胡说八道。比如荷马史诗《奥德赛》中的牧羊人墨兰提修斯，难道不是自己假想了他的羊群的忙碌、贪婪和躁动吗？但能让一位名叫克劳狄俄斯·埃利安的罗马作家写下如此荒谬文字的牧羊人更是非同一般的骗子：“山羊在呼吸方面有一个得天独厚的优势：它们不仅能通过鼻孔呼吸，还能通过耳朵呼吸。而且，他们还是偶蹄动物中最敏感的。它们为何有这样的特点我无从得知。既然山羊是普罗米修斯所造之物，也许只有他能解释为什么……”

清真寺的牧羊人自然很了解他们的羊。他们深知羊厌恶安宁，喜欢攀爬、踢腿、咬树，对盐有着无法自拔的热爱。知道它们偶尔会离家出走几个星期，也知道它们在那之后一定会再回来。但后来发生的一件事即使对于牧羊人而言也是前所未见的，也给他们带来了诸多烦恼：在那之前，山羊和人一样过着时长12小时的白天，日落之后便睡去，安静得犹如山上的石头。突然有一天，羊群竟然开始失眠了！

它们整夜在岩石上“啪哒啪哒”地走来走去，嬉闹、喊叫。它们用头四处乱撞，山羊胡随之荡来荡去。这样的状态持续了七八夜。到了白天，它们用通红的双眼扫视牧羊人，然后像离弦的箭般突然狂奔。

一个老牧羊人说：“肯定是那只专门偷羊奶的鸟来过了。”他口中的“专门偷羊奶的鸟”便指夜鹰。他说，它们会在黑夜中抓住山羊的乳房，喝它们的乳汁，让山羊们陷入疯狂。

一个年轻的牧羊人嘲笑着说道：“根本就没有什么专偷羊奶的鸟。”

老人不可思议地看着他说道：“什么？四天前的夜里，难道你没听到夜鹰的叫声吗？”

年轻人答道：“夜鹰肯定来过，但它不喝羊奶。夜鹰还没有我的手掌大呢，它上哪儿找东西撑着自己，好去够到山羊的乳头呢？”

老人反驳道：“你这个笨蛋！难道它不会用自己的利爪紧紧地抓在石头上吗？”

说到这儿，他们已经剑拔弩张地向对方举起了手中的棍子。另一个老人将他们拉开并说道：“我们还是快把伊玛目①从山上请回来吧！”

伊玛目，即清真寺的教长回来了。他坐在牧羊人中间，感觉跟一头山羊也没什么两样：身材瘦弱，胡须稀疏，双眼又大又红，脸上泛着皮革色。随后，几只山羊被领来了。它们的乳头看起来并无异样，不见被鸟嘴吮吸后留下的痕迹。

他说：“既然这样，你们的山羊肯定是中毒了。”

牧羊人们嘟哝道：“哪里来的毒药呢？”

伊玛目命令：“去跟踪它们看看！”

---

① 穆斯林祈祷的主持人、带领人。——译者注

但观察发现，山羊们所吃的与平时并无差别，依旧是款冬和鼠尾草。它们像往常一样在那里拉拽含羞草、金雀花，撕扯灌木，奶水也一如既往的充足。一切如常，除了不睡觉。

神奇的饮料

一天，一个牧羊人兴奋地跑回来喊道：“找到啦！我们找到那株神奇的植物了！”

跟门徒道得待在阴凉房间内的伊玛目抬起头来，看到牧羊人站在他的面前，向他递来一根树枝。

这是一根笔直的细枝，看起来更像一根灌木枝。枝上长着色泽类似月桂的深绿色的坚硬叶子。花柄上密密麻麻地开着如茉莉花般短小、洁白的花朵。有些花已经凋谢了，凋谢的地方长出了果实。这些果实像小颗的樱桃，穿着鲜艳的紫色外衣。将其捏在两指之间，可以感觉果肉中包裹着一颗丰满、坚硬的果核。伊玛目一脸疑惑地将树枝拿在手中仔细打量着，心想：这东西就像一株植物综合体，分别来看每个部位都如此熟悉，组合在一块儿倒说不上来这是什么了。

他不敢相信地问道：“山羊就是吃了这树上的东西吗？”

牧羊人答道：“是的，绝不会错。我们以前都没注意到这些树，突然才发现有一片树林变得光秃秃了。”

伊玛目又问道：“它们长在何处？”

牧羊人回答：“北边。”

于是，牧羊人领着伊玛目和他的门徒道得爬过乱石堆和光滑的岩石，穿过种类繁多的灌木丛，终于在逾三个小时的跋涉后到达了那片小树林。伊玛目站在两座山丘中间的低洼空地，空气又湿又热。他打量着眼前的这些树，心想：这究竟是什么树？它们高2～4米，外形看

开花结果的利比里亚咖啡树枝

起来完全不像树，更像长得比较高的灌木。

在此之前，从没有人见过它们。伊玛目想试验一下这些树叶和花朵的神奇效果。但他刚摘了一片叶子和一朵花儿塞入嘴中，便立刻吐了出来。它们吃起来味道既不苦也不甜，既不油也不咸，说不上来是什么味道。它们的气味也难以形容，是一种毫不讨喜的气味。

在返回的途中，道得提议回去查阅植物学的书籍。堆积在寺庙图书馆的书籍中记载了阿拉伯人所有的植物知识。但即便如此，他们也没能在这些书中找到关于这种植物的只言片语。

回到房间，伊玛目若有所思地说道："我认为这些树根本不是野生的树。它们本被种在花园中，只是后来因无人打理而成了野树。"

道得质疑道："那儿怎么可能曾经有花园呢？我想即使鬼魂和幽灵也不会跑到那样的荒山野岭建花园吧。"

伊玛目说："我指的不是传统意义上的花园。你知道，几百年前，我们的国家被信奉基督教的人占领，而且不是来自北方的白人，也不是罗马人和法兰克人，而是来自也门以西的非洲的黑人。他们从阿比西尼亚[①]的咖法地区出发，带着他们最爱的植物和动物，漂洋过海来到这里。我想，这种树就是他们带来的咖法树……"

年轻的道得摇摇头说道："如果这树是有神力的，那么我们一定会有关于它的记载。它只是普通的树而已，我想真主安拉绝对没有赋予它特别的能力。"

正当道得说话的时候，天空已经悄悄被染成了玫瑰红，从院子里飞来一只铜绿色的昆虫。它兴奋地在僧人们带回来的树枝上方盘旋了几圈。道得继续说道："这些牧羊人肯定欺骗了我们。他们可历来就善于讲童话和编故事。谁知道他们是不是恶作剧地往山羊的身上放了棱角尖锐的甲虫或有毒的虱子呢？现在他们肯定在嘲笑我们，因为我们居然相信他们所说的，相信神创造了一种令人失眠的植物。我们作为学者和虔诚的教徒，现在遭受的就是如此的对待！"

之后，道得离开了房间，伊玛目开始祷告。夜幕慢慢降临了，天空由绿转蓝，呈现出一幅静谧的画面。闪着银光的太白星久久地注视着这院子，给人的感觉却是冷冷的。

驮着水袋的驴子们被牵回山上，它们"嗯昂嗯昂"地叫着走进院子。因为清真寺内没有水井，人们每天早上和晚上都要在别处打水将羊皮水袋装满，然后让驴驮回山上。

僧人们听到驴叫，便拿着陶罐从各自的房间冲出来，将驴背上的

① 即今埃塞俄比亚。——译者注

水袋倒得一滴不剩。因为陶罐透气性好，所以在皮袋里已经开始发臭的水在罐子里还能保鲜数小时之久。

伊玛目这时也已走出院子，将他的那份水装进罐子。与此同时，那树的来历和牧羊人是否撒谎的问题仍在他的心头挥之不去。他脑海里闪过一个念头：做一杯果汁。于是，他从拿回来的树枝上摘下叶子和花朵泡入水中，用一把勺子将它们捣碎。除了花和叶，他还捣碎了果实，果实捣碎后露出了黑色的果核。但那果核过于坚硬，无法掰开，冷水也无法将它泡开。这时，伊玛目突发奇想地将水和花倒掉，只留下了果核。他将果核放到灶上加热，直到它们开始流出汁液。然后，他又烧了一壶开水，将十多颗加热过的果核扔进了沸腾的水中。开水即刻变成了黑色的汤汁，随后一股从未闻过的诱人香气从烧水的铁壶中飘出。

伊玛目从中倒了满满一杯冒着热气的汤汁灌下了肚。这味道简直苦到了极致：味如劣质的沥青、烧焦的土、魔鬼易卜劣斯[①]的踝关节。喝完之后，他便躺倒在自己的床上。

不一会儿，这位清真寺的掌门人莫名其妙地醉了！他醉了！这"醉"不同于人类所知的任何一种，对于这位掌门人而言更是陌生。

他感觉心脏在第五和第六根肋骨间跳动，时而奔放，时而含蓄，还掺杂着极其轻微的疼痛。他冒了些汗，感觉四肢轻飘飘的。以往这个时间，他已经习惯性地躺下，慢慢进入睡眠状态了。但此时此刻，他的身体虽然躺下了，大脑却很活跃。他不仅大脑在思考，而且心中还生出眼睛，"看"到了自己的思想。他从左到右、从上到下地仔细打量着自己的思想，就如同打量一辆马车般，不放过任何一个细节。

① 易卜劣斯（Iblis），伊斯兰教指出的魔鬼名，阿拉伯语音译，原意为"邪恶者"。《古兰经》称其为安拉用火造化的精灵，因拒绝服从安拉命令，不向用泥造就的人类祖先叩拜而被贬为魔鬼，专门诱人犯罪。——编者注

与此同时，他的思维越来越快，且快而不乱，反而比之前清晰了好几倍。以往他花费在思考一件事情上的时间足够他现在思考12件事情，且所有的思绪有条不紊，而非一团乱麻。他的思绪变得透明可见，且走得很快很远，虽远却不模糊。

伊玛目就这么躺着，汗水微湿额头，呼吸变得急促。不仅他内心的眼睛看到了自己的思想，他肉体上的眼睛也看到了平日所未见的。他看到摆在他面前的羊皮纸书原来是有宽度、长度、高度和亮度的，看到自己每日所穿的长袍柔顺地悬挂在钉子上。他用欣喜的目光将房间内的所有物件都打量了一遍，不是草草地从它们的表面扫视过去，而是充满感情地全方位打量。他内心欢喜，浑身充满力量，仿佛刚从持续了30个小时的睡眠中醒来，吃了天使带来的从神而来的食物，浑身充满能量，一辈子都睡不着了。他就这样躺着，直到躺不住了，他从床上跳起来，反复在房间里踱了好几个小时。

半夜，当祷告时辰来到时，伊玛目挨个房间地将里面的僧人叫醒。僧人们起来，半梦半醒地坐在床上打着哈欠。他们顺着哈欠将睡意呼出体外，然后伸个懒腰。带着疲倦和不情愿，他们开始遵照先知穆罕默德的旨意在半夜向真主安拉呼求。

他们祷告着，内心第无数次觉得穆罕默德的旨意是有违人的天性的。因为世界在被造之初就被分成了白昼和黑夜，换句话说就是醒和睡，它们本应互不干扰。先知穆罕默德该有多么神奇的意志力，才能在睡眠仅四个小时后便起来祷告呢！而这些僧人们做不到，因为他们只是凡人。

这时，伊玛目朝他们走来，用一种色黑味苦的饮料沾湿他们的嘴唇和舌头。这饮料味道不佳，却香气宜人。它能让人保持清醒，只需浅尝一口，就会忘记自己刚刚才被从睡梦中拉起，再也感受不到浓浓的倦意，也感受不到悬在肩下的两臂的重量，地心引力仿佛失了效。

夜复一夜，每到祷告时刻，伊玛目和众僧便喝一点用咖法树上的果实熬的汁水。出于感激，他们给这种神奇的水起了一个有双重含义的名字。他们不仅称之为“咖法之水”，还称之为“咖瓦（kawah）”，意为令人兴奋的、飘飘欲仙的。取名“咖瓦”，也因为他们想到了伟大的波斯国王卡乌斯·凯（Kawus Kai）。他曾摆脱地心引力，驾着一辆带翅膀的车在天上兜过风。

第二章
与葡萄酒神的较量

陌生的力量

以上故事的素材来源于安托纽斯·法乌斯土斯·乃罗纳（Antonius Faustus Nairone）。他是一位马龙派教徒和一位学者，后来成为了巴黎—索邦大学的神学教授，于1710年逝世。

这个故事在西方国家迅速传播，其真实性如何呢？我在许布纳斯（Hübners）于1717年编写完成的《自然、艺术、山脉、手工业、贸易和报纸百科词典》中也读到过这个故事。但这并不能使我相信其真实性。整个传说被有意地赋予了东方童话的色彩。山羊粪便和咖啡豆的相似性可能是故事灵感的来源。就这样，山羊成为了“被咖啡树征服的动物”。

这个故事的核心内容根本不在于“动物发现了咖啡”，虽然在远古时期，动物的天性在人类斗争的过程中扮演了重要角色。它所传达的关键信息是，人类很快意识到了咖啡豆中蕴藏的神奇力量。比这个山羊的故事更为传奇的是关于咖啡起源的另一个神话。根据一个新波斯的传说，先知穆罕默德卧病在床，非常嗜睡。天使加百列奉真主之命，带着一种不知名的饮料来拯救穆罕默德。这种饮料色黑如克尔白天房[①]——一座来自真主的、值得敬拜的高大神殿，穆斯林们在麦加向其朝拜。这种味苦且涩的热饮被称为"咖威（kaweh）"，意为"令人兴奋"的。

故事的真假我们不予置评，但毋庸置疑的是，咖啡有一种神奇的力量，一种对古希腊罗马世界而言完全陌生的力量。在旧世界[②]和旧世界的历史中，葡萄酒不可或缺。旧世界的居民熟知用葡萄所酿的酒及其周边衍生产品带来的兴奋感，但从未喝过这种不含酒精、全靠咖啡因来令人兴奋的饮料。直到阿拉伯文化在强势进入哥特式的中世纪时，带着它最强有力的伴侣之一——咖啡亮相。

咖啡有时被称作"伊斯兰教的'酒'"。事实上，阿拉伯文化中喜分辩、爱辩论、固执己见、冷静和理性的特点以及整个伊斯兰文化都与咖啡给大脑带来的生理影响有关。希腊的斯多葛派也崇尚冷静、理智和顺应天命，但只有征服世界的阿拉伯人做到了一边挥舞利剑，一边宣扬这些与杀戮相矛盾的品德。无酒精的兴奋感、对理性的推崇、穆斯林四处传扬的"精神幸福和信仰幸福相辅相成"的幸福观无一不是咖啡带来的。世界上许多伟大的建筑，从阿尔罕布拉宫到巴格达的清真寺，其设计者皆为喜爱喝咖啡之人，而非喜爱喝酒之人。这些建筑物具有摩尔式风格，其塔形如食指，线条缠绕交错，色彩明

① "克尔白"为音译，也被译为"喀巴"，阿拉伯语原名"kaaba"，意为"方形房屋"，是位于沙特阿拉伯麦加城禁寺中央的方形高大石殿，世界穆斯林礼拜的朝向和朝觐中心，外部罩着黑色锦缎幔帐，其东南角是一块黑色的陨石。——译者注

② 旧世界是一个重要的地理和历史名词，对应的是哥伦比亚发现美洲后的新世界，泛指亚非拉三大洲。——译者注

快，不拘一格，正如住在里面的阿拉伯男人的语言风格。这些建筑物风格的独特程度不亚于阿拉伯哲学家伊本·森纳和伊本·鲁什德提出的哲学体系。

是的，咖啡就是伊斯兰教的‘酒’。但在拥有这一地位前，它必须与真正的酒一较高低，还要征服深受葡萄酒影响的古希腊罗马文化。无论穆罕默德是如传说中说的那样早已知道咖啡的存在，还是直到天使加百列救他时才第一次见到咖啡，穆罕默德对葡萄酒的反对态度在咖啡改变人脑之前已经改变了人心。

在《古兰经》的“牲畜”一章，穆罕默德谴责了世人的饮酒行为。葡萄酒是人类几千年来逃离日常生活、逃避自我的唯一途径。没有葡萄酒，就没有古老民族的生活、文学、文化和艺术。葡萄酒曾是整个古希腊罗马文化最重要的组成部分。

既然葡萄酒如此重要，这位伊斯兰教的创始人何以如此反对饮酒呢？在他之前的宗教体系并无禁止饮酒的教规，尤其是穆罕默德创建伊斯兰教时参照的两大宗教——基督教和犹太教，也未曾反对过饮酒。

根据犹太教《圣经》中“创世记”第四章的记载，诺亚在那场洪水消退后便开始种植葡萄，是种植葡萄的第一人。但“创世记”第四章中也提到了因饮酒而引发的人祸。诺亚醉酒失去了意识，摔倒在地，以致他的长袍都散开了。他的一个儿子看他的笑话，另两个儿子则恭敬地用大衣遮住他的身体。这个故事告诫世人不要饮酒过度，却并未禁止世人饮酒。

《圣经·旧约》中也没有任何其他文字禁止饮酒，除了一处例外。但这个例外过于特殊，与犹太人的日常生活毫无关联。它是写给所谓“拿细耳人”，也就是甘心许愿离俗归主的人的条例。“民数记”第六章中写道：“无论男女，许了特别的愿，也就是要归主的愿，他就要远离清酒、浓酒。也不可喝什么清酒、浓酒做的醋，也不可喝什么葡萄汁，也不可吃鲜葡萄和干葡萄。在一切离俗的日子，凡葡萄树上结的，自核至皮所做的物，都不可吃。在他一切许愿离俗的日子，不可用剃头刀剃头，要由发绺长长了。他要圣洁，直到离俗归耶和华的日子满了。在他离俗归耶和华的一切日子，不可挨近死尸。他的父母或是弟兄姊妹死了的时候，他不可因他们使自己不洁净，因为那离俗归主的凭据是在他头上。”[①]即使是这段文字，也没有太多关于酒的内容，更多的是在告诫拿细耳人不要因饮酒而使自己不专注，从而影响离俗。它所说的是酒能麻痹人的身体，分散人的精神。除了酒，这段文字还提到了剃刀和尸体：剃刀违背头发的自然生长力，会破坏人类最重要的生命象征之一；靠近尸体会让人不洁净（犹太人认为，尸体上的化学分解物很容易转移到生者身上）。酒、剃刀和尸体在这段文字里的地位是同等的。

但是，即使在这段文字中，酒也只在某种特殊状态下才具危险性，即并不常见的“离俗”状态。离俗的日子一满，便不再受禁酒令的约束。与上述对拿细耳人的戒令相反，《圣经》中有多处记载将葡萄酒列为上帝赐给人类最美好的礼物之一，这点也符合犹太教的世俗幸福观。葡萄酒是犹太人的婚礼上和逾越节晚餐时不可或缺的饮料。整个巴勒斯坦地区过去就是一片红蓝相间的葡萄园。《圣经》的“传道书”中写道：“你只管欢欢喜喜地去吃饭，心中快乐地喝你的酒。”犹太教的法典《塔木德》中写道：“人死后来到天上，必须解释为什么拒绝上帝所应允和恩赐的享乐。”

因此，葡萄酒作为一种民族性的饮料和社交的催化剂，深受以色

① 本段译文参照中文版《圣经》（和合本）。书中所有《圣经》内容的翻译皆参照该版。——译者注

列人的重视。只有牧师和法庭审判人员被禁止在工作时间饮酒。伊斯兰教的创始人穆罕默德在犹太民族的律法中找不到任何与《古兰经》中的禁酒令相似的戒令，在基督教的教义中他也同样没有收获。

而基督教对葡萄树的尊崇比犹太教更甚。在《圣经》对“最后的晚餐”的记载中，葡萄酒被称为耶稣基督的血。基督教教义中的禁欲和节制也不包括对饮酒的节制。葡萄酒和面包一样圣洁，否则，人们也不会将它视作圣子为世人流血牺牲的象征。基督教要求人们不要追求肉体欲望的享受，而要追求在天堂的永生。因此，托尔斯泰曾认真提倡过“灭人欲”。即使是教义如此严苛的基督教，也认可葡萄酒能温暖人的身体，拉近人与人之间的距离，在精神和信仰上使人愉悦。

耶稣基督不是反酒主义者，但穆罕默德是！仅因直觉认为葡萄酒不是好物，穆罕默德便将葡萄树拉下神坛。他的“直觉”胜过了犹太人或基督徒一切对葡萄酒不满的理由（事实上，犹太人和基督徒从来只要求过人们不要过度饮酒，不要因酒失礼）。凡信仰伊斯兰教的地区，再无人种植葡萄树，再也不见葡萄酒文化。地中海周围的南半圈地区，葡萄树消失得无影无踪。

德国旅行家格尔哈德·罗尔夫斯（Gerhard Rohlfs）旅行至利比亚的昔兰尼加省时，看到了酒神狄俄尼索斯神庙的废墟。他了解到，该地的预算中有一部分是用于进口葡萄酒的。过去，当葡萄酒之神狄俄尼索斯还受人崇拜时，北非人是不需要进口葡萄酒的，因为他们完全可以自给自足。

因此，伊斯兰教的忌酒在经济地理上也引起了不小的变革。随着穆罕默德创建伊斯兰教并禁止饮酒，在地中海以南地区，古希腊罗马文化充满魅力的一部分消失了，因为古希腊罗马文化曾经就是酒文化。

著名的毒理学家路易斯·莱温曾说过：“世上懂得如何酿造葡萄

酒的人不只诺亚一个，还有很多人通过偶然的发现和对发现的概括发明了多种酿酒的方法。”

但是，只有希腊文化将葡萄酒拓宽心灵的功效神化了。诺亚对于犹太人而言始终是一个人，而在古希腊罗马文化中，狄俄尼索斯是一个神。

希腊神话中有很大一部分都是关于葡萄酒的传播的。有时，对酒神的祭拜超越了其他众神，有时，酒神又反被其他众神压制。根据希腊悲剧，狄俄尼索斯被彻底压制，引起了人类灵魂的剧烈不安和社会秩序的可怕动荡。

奇怪的是，在消灭葡萄酒的过程中，穆罕默德没能在犹太教和基督教中找到任何支撑的证据，在希腊文化中却找到了。在希腊人灵魂深处的某些地方，显然是做好了禁欲的准备的，就像希腊文化中的“和谐”和“节制”一样憋着一口气，等不及与对酒神的过度崇拜现象较量一番。希腊神话中的日神阿波罗一直是酒神狄俄尼索斯的敌人，直到后来他们之间结成了同盟。

尼采曾说过，希腊悲剧在最早的时候除了酒神的痛苦之外没有其他素材可写。为什么是“痛苦”呢？这很奇怪。难道在古希腊人的眼中，酒神受着追求清教徒式生活的人的折磨与迫害吗？在这些对抗酒神的狂热分子中，有一个人的遭遇十分悲惨，他就是底比斯王蓬托斯。希腊悲剧诗人欧里庇得斯的描述如下：他的身体被酒神的祭司们撕成了碎片。

蓬托斯若答应了与酒神狄俄尼索斯建立同盟，他的王国便不会被摧毁，他的生命也不会这般结束。美国20世纪20年代的禁酒运动带来了一系列可怕的事件——谋杀、资本犯罪、贿赂、社会根基的腐烂。这说明，古希腊神话十分清楚人类必须做什么：希腊人认为，人必须与酒神站在同一个阵营，为的就是避免来自酒神的攻击。诗人们将酒神称为“理奥斯（Lyaios）”，意为“解忧者”。如果谁拒绝让酒神为其解忧，拒绝享受葡萄酒带来的快乐，葡萄酒就会成为暴力的“解忧者”、社会秩序的破坏者、不饮酒者的惩罚者。酒神希望人类热爱喝酒，喜欢看到人类迷人、沉醉的样子。借用莎士比亚《仲夏夜之梦》中的一句话，酒神喜欢看到人的眼睛“神奇狂放地转动”。

当然，希腊人懂得“适度”。比如，苏格拉底的圈子中从不过度饮酒。蓬托斯的悲剧只针对排斥葡萄酒、绝对禁酒、禁欲的做法。顺便提一下，“悲剧”一词的古希腊语为“tragodia”，意为“山羊的叫声”。值得注意的是，山羊旺盛的精力在阿拉伯的咖啡神话中扮演了重要的角色，在希腊神话中却是象征葡萄酒的图腾。山羊永远是以醉态出现的，无论是因为喝了令人迷醉的葡萄酒，还是喝了令人精神振奋的咖啡。

“如果我们……认识到，艺术的向前发展离不开日神阿波罗和酒神狄俄尼索斯的结合，那么我们已经将我们的审美学推进一大步了。”这是尼采写在其巨作《悲剧的诞生》开头的话。他接着写道：“为了更接近这两种推动力量，我们首先将二者视为分开的两个艺术世界：梦的世界和醉的世界。”说到这儿，我们先稍作停顿。狄俄尼索斯确实是个醉神。但是，就我们目前所知，我们不能确定阿波罗是不是梦神。日神及其创造的多立克艺术的特征是清晰、理智，这与被我们称为“梦”的现象毫无共同点。因此，当我读到尼采将阿波罗视作梦神时，我感到很诧异。

酒神的劲敌

与尼采相反，我们认为，梦和醉是伴侣，而非敌人。灵魂在睡梦中的形成、潜意识在睡梦中的再现与灵魂在醉酒状态下的漫游不是对立的。醉酒使人进入睡眠，进入睡眠后再进入睡梦。属性相同、只是程度不一的事物不可能成为相对的两极。尼采笔下的阿波罗和狄俄尼索斯事实上不是敌人，不像葡萄酒和咖啡。

尼采所写的阿波罗的箭筒里空空如也，没有武器能与葡萄酒的力量抗衡。所以，他笔下的阿波罗形象与酒神形象的相似点比他所认为的还要多。逻辑至上主义、启蒙运动和“苏格拉底式思考”导致的古希腊罗马文化的衰落没有如尼采预期的那样发生在欧里庇得斯的时代，而是发生在许久之后到来的阿拉伯人和阿拉伯人的咖啡主宰的时代。咖啡与酒神一起很快战胜了睡神，与醉酒一起驱逐了梦。咖啡成为了酒神的劲敌，甚至强过其曾经的对手、德尔菲圣地的主人——阿波罗，最终甚至成为了阿波罗的敌人。因为被咖啡支配的大脑的最终理想与阿波罗的理想是不一致的。咖啡令人逻辑狂乱、思绪迸发，这与阿波罗性格中的平静、理智完全没有任何关系。尼采曾区分过希腊人的狄俄尼索斯和野蛮人的狄俄尼索斯。也许，咖啡在文化历史中曾是一个“野蛮的阿波罗”？

我们有必要想象一下，如果存在于希腊文化中的不是希腊人的阿波罗，而是野蛮人的阿波罗，希腊文化会是什么样子？如果咖啡与葡萄酒在古希腊罗马时期是旗鼓相当的对手，古希腊罗马人的生活又会是什么样子？《百科全书》的作者狄德罗和达朗贝尔看起来曾经相信至少曾有一个希腊人是知道咖啡的，她就是特洛伊人海伦。他们在《百科全书》中提到了《荷马史诗》中的一处描述，该处写到了一种神奇的药水，而它的功效与咖啡的功效相同。

该描写出现在《奥德赛》的第四段，奥德修斯之子忒勒玛科斯在寻找失踪父亲的途中有一次来到墨涅拉奥斯的宫殿，坐在宴席上。所有人都在哭泣，内心充满悲恸，止不住地大声啜泣：

但宙斯之女海伦想出一个主意。
她迅速将一种汁液滴入他们喝的葡萄酒中，
任何人喝下它就会立刻忘记忧愁。
即使是双亲同时去世，
亲爱的兄弟、儿子惨死面前，
也不会流一滴泪。
宙斯之女海伦的手中就握有这种神奇的汁液。
这是在埃及时，
托昂之妻波吕达姆娜送给她的。
在埃及肥沃的土地上，
生长着各种草药，
有的对人有利，
有的对人有害。
那里的居民个个精通药理。

这段细致入微的描写可以说是关于咖啡因对神经系统作用的一种近乎临床的描述。酒精从来只能转移悲痛，而咖啡因能立即抑制眼泪的分泌。众所周知，人在喝完浓咖啡后是不可能哭的。海伦握有的令人一整天都流不出一滴泪的忘忧神药从何而来？从埃及！甚至可能从埃及和埃塞俄比亚的咖法地区而来！（这个假设是否有些大胆？）早在伊斯兰教诞生以前，咖法就长着咖啡树。在那里，咖啡树是家喻户晓的明星。

但是，只有海伦拥有这种神奇的药水。单独这一瓶药水还无法真正威胁到葡萄酒，无法动摇古希腊罗马人对葡萄酒的喜爱，直到人们从也门炎热的山谷中大量地采集咖啡果。

咖啡和葡萄酒，一个代表清醒，一个代表沉睡。因为葡萄酒带来的最终结果是睡眠，而咖啡带来的是加倍的清醒。

醉的对立面不是如同尼采所认为的那样是“梦”，而是“清醒”。阿拉伯人从咖啡豆中熬出了使人清醒的力量，为未来的世界发现了一种神奇的饮料，这是阿拉伯人送给世界的礼物。穆罕默德的儿子们是第一批敢于思考睡眠的坏处的人，他们认为：如果你将一半的生命用于睡觉，那么你的生命也只有一半。

阿拉伯人发现的咖啡让人不再意识模糊，不再昏昏欲睡，咖啡让人摆脱地心引力，飘飘欲仙。没有咖啡，就没有现代文明。咖啡给人制造了一种从未体会过的感觉，这感觉就像《一千零一夜》中的那句：“他好像永远无需睡眠。”

第三章

神奇的咖啡因

灵丹妙药

伊玛目和他的僧人们第一次在寺中大口地喝着咖啡时，他们知道自己吞下的是什么灵丹妙药吗？不知道。因为科学界直到几百年后才给这种汁液起了名字。1820年，德国化学家隆格（Runge）第一次从中萃取出咖啡因。咖啡因是一种生物碱，一种黄嘌呤生物碱化合物，以针状结晶的形态存在，形似鸟的白色绒毛和雪花，味微苦，无臭。

咖啡因不仅藏在咖啡树的种子里，还藏在大自然的每一个角落中，只是戴上了各式各样的面具，等着人们去揭开。也许地球上的每一棵灌木中都含有这种物质，苏丹人吃的可乐果中有它，南非土著布须曼人煮的蜜树茶叶中有它。生活在亚马逊地区的印第安人将瓜拉纳的种子烘焙后，也可以获取咖啡因。古老的巴西人将马黛茶——一种冬青属树木的叶子一煮，便能喝到这种刺激大脑的饮料。

神奇的是，几乎地球上每个地方的人都能发现这种没有气味的物质，尽管它从来没有直接裸露在人面前，没有向人招呼说“我在这儿呢”。最初，一定是身体和灵魂深处的渴求使然，才让人类踏上了盲目的“神药”寻找之旅，没有任何感官或科学的支撑。这种物质曾以多种形式存在，但是，直到它以咖啡的形式出现，才对文化产生了至关重要的影响。苏丹人的可乐果没有改变世界的文化，虽然它的咖啡因含量高于咖啡。但长在埃塞俄比亚、由阿拉伯人发现的咖啡做到了。

俄罗斯裔的瑞士学者、巴塞尔的教授古斯塔夫·冯·邦吉（Gustav von Bunge）曾解释过，人们渴求咖啡因，是因为它含有只要很少的量就可以渗入身体各个细胞、富含氮元素的黄嘌呤。所以，人们渴求咖啡因，只不过是身体细胞在不自觉地渴求更多氮元素。

但是，不管咖啡因是不是真的“顺带”被摄入人体内的，它一进入人体就引起了剧烈的反应。毫不夸张地讲，是一种美妙极了的“心醉神迷”。它能迅速舒张所有血管，让身体所有部位都畅通。中枢神经、脊髓、大脑统统都被咖啡因占据，令人清醒万分。它渗入呼吸中枢、延髓，给全身带来气体交换的舒畅感；它像一个拥有强壮臂膀的英雄，减轻了心肌的负担；它让四肢的疲惫消失不见，让骨骼肌更有力；它加速了大肠的蠕动，减轻了肾脏的负担。一旦摄入咖啡因，人体的所有细胞都有焕然一新的感觉。

美国生物学家霍拉提欧·伍德曾研究过咖啡因对血液循环和肌肉的影响，心理学家霍林沃斯曾研究过咖啡因对智力发展曲线的作用。他们的研究条件都十分优越。有可靠数据表明，到1912年为止，霍林沃斯进行了近76000次测量和实验。伍德最终将咖啡因对肌肉的作用总结如下：“咖啡因是注入脊髓反射中枢的兴奋剂。它让肌肉系统更有力地收缩，且之后不会疲劳。摄入咖啡因后，人的整体工作效率得以提高。”

随后，他还补充了一个重要的结论:“如果受咖啡因刺激的肌肉总是更有力量（且之后还不会加倍疲劳），那么我们就可以总结出：咖啡因不仅能增强肌肉的收缩能力，还让肌肉的工作方式变得更经济，也就是说，用同等的能量完成更多的工作。”

这一今天人类工作中不可或缺的经济法则后来还通过一项研究得到了补充。1925年，科学家阿勒斯和弗朗伊德进行了一项关于大脑和能量的研究。他们发现，喝了咖啡之后，人学习新知识的过程变得更加轻松，但是，人对已学知识的复述能力没有得到提高。（因为大脑中塞满了新的画面和文字。）此外，研究还证明，喝了咖啡后，抽象思维的人脑海中开始涌现更多直观的元素，且人的思绪变得简洁明了，语言表达则变得更为详尽。比如，人对某个运动的描述会包含更多视觉印象。“人体组织间有意义的联系越来越多，无意识的自动联系越来越少，因为咖啡增强了大脑的协调能力。但饮用咖啡后，人对已存储在记忆中的知识的复述能力不升反降……”关于咖啡对大脑的作用，再清楚不过的表述如下：咖啡独特的、刺激性的、颠覆性的效果在其整个历史中一再将自己置于冲突之中。

霍林沃斯、伍德和其他科学家们20世纪时做实验的对象仅有几万人，得出的结论已经如此惊人。相比之下，自中世纪结束起，从阿拉伯海岸扩散到地球每个角落的咖啡消费者的人数已经不计其数。咖啡改变了世界！它对肌肉、大脑的作用和给人带来的全新活力改变了世界的面貌！

为什么今天的纽约高楼林立、车水马龙，与1300年的罗马大不一样？这背后无疑有很多原因。其中最重要的一个原因是，自从咖啡出现后，人理论上的工作时间不再是每天12小时，而是24小时。

整个欧洲古典文明和中世纪文明只拥有“麻醉品”（从生理学的角度而言，酒精饮料除了麻醉作用之外别无他用），却没有解除麻醉的药品。当感到疲惫、昏昏欲睡时，人们没有任何药物能让身体保持清醒。

我们都知道，望远镜和显微镜的意义有多重大——没有它们，我们就看不到最大的和最小的物体。而发现咖啡的重要性不亚于发明望远镜或显微镜。因为咖啡不知不觉地增强和改变了大脑的能力。在人类尚未发现咖啡之前的几千年中，当人的身体疲惫时，就不得不停止手上的工作。但这时的休息会改变工作的本质——因为一觉醒来，重新开始工作的你已经不再是休息前的那个你了。在咖啡被发现之前，没有人（意志力超常的天才除外，这样的人每个世纪都有）能进行“微分运算”，因为这要求工作者的思维始终保持高度的精确性。

神奇的是，自从咖啡出现以来，大量绝非天才的普通人都仿佛拥有了天才般的头脑。在古典时期，数学、化学、物理，甚至所有文理科学，尤其是医学及其下属科学只为一小部分人所理解、应用和发展，因为整个人类社会对葡萄酒的依赖让绝大部分学者缺少“探索性思维”——崇拜酒神的文化将他们推向了另一个方向。

自近代以来便在我们的文化中占据主导地位的、与综合思维相反的分析思维要追溯至咖啡身上，因为咖啡令思考本身成为了概括性行为。如今，不计其数的人在各行各业从事着在古代只有阿基米德、海伦等天才才能胜任的“微分运算”。

一杯咖啡就是一个奇迹，一个用最佳比例精心调制的奇迹，就像一段钢琴和弦。

恰到好处的比例

纵使我们的味觉神经跟听觉神经一样敏锐，我们的味觉系统也品尝不出纯粹的咖啡因，用分子式表达就是$C_2H_{10}N_4O_2$，即便有所感觉，也只有轻微的苦味。只有当味蕾遇见脂肪、矿物质、乙醚、苯酚、乙醇、丙酮、氨，再配上几十颗小咖啡豆，才能品尝到一种仿佛随波浪沉浮的味道。这种味道就叫“咖啡”，它令我们心醉神迷。

重要的是各元素之间恰到好处的比例。若比例失调，就会导致明显的不适，令人作呕。举个例子，对可口的咖啡味道的形成非常重要的三甲胺主要生成在鱼的腐坏过程中。三甲胺是有害的，甚至是一种植物性毒药，但当它以合适的比例与烘焙后的咖啡豆混合时，就能为咖啡的味道锦上添花。

万物相生相克。这句话道出了物理学和自然哲学的浪漫真谛，道出了自然哲学家奥肯和谢林的哲学理念，在我们拆解咖啡豆中的微型“行星系统”时提醒我们，一颗小小的咖啡豆中有怎样的相吸相斥，又有怎样的联系，各元素的比例又多么恰到好处。

决定人类的不只有人本身，还有人的饮食，通过人的嘴入侵的恶魔。我们永远无法解答，为什么有些时代，人们要的是“醉”，而在另外的时代，人们要的又是“醒”。

咖啡一路走来，还带来了一些别的东西。现代的化学实验发现了一些奇怪的东西。例如，汉堡的诺特博姆教授发现，除了咖啡因，咖啡中还含有第二种生物碱——葫芦巴碱。但德国化学家汉奇（Hantzsch）证明，这种生物碱不过是尼古丁的主要成分。

当我第一次听说咖啡和香烟作为当今最重要的两种提神之物在化学上有共同点时，我想到了地质学上的一个知识。据说，在多瑙河跟莱茵河分别向东和向北奔流之前，两条河的河水在施瓦本某处的地底下是融合的，就好比咖啡和香烟，在各奔东西之前，它们所含的元素也曾有过短暂的交集。

因为，万物相生相克。

第四章

迫害和胜利

咖啡之争

舍和德特清真寺的僧人们第一次喝到“咖瓦”是在什么时候呢?这个时间很难确定。

可以确定的是，伊本·西纳，这位亦被充满经院哲学气质的欧洲中世纪称作阿维森纳（Avicenna）的伟大的阿拉伯医学家，早在公元1000年左右就已经知道咖啡了。但他那时没把它称为“咖瓦”，而是“蹦客（bunc）”。直至今日，埃塞俄比亚仍用此名称呼咖啡。

但那时，咖啡还不是全民性饮料。虽然阿拉伯人和波斯人都喝咖啡，但我们必须认清楚一个事实：阿拉伯和波斯都不种植咖啡。它更多地是被商队跨越红海、千里迢迢从埃塞俄比亚和索马里兰等地带来的。那时的咖啡价格高昂，只有上流社会才喝，极有可能不是作为日常饮品，而是作为一种保健品。

12世纪和13世纪，咖啡也许就是这样默默无闻。一位名叫阿朴杜-卡德尔（Abd-El-Kadr）的酋长说咖啡直到公元1450年前后才为也门人所知（这位酋长的手稿藏于巴黎图书馆），从根本上来说是不可能的。但有可能的是，曾到过埃塞俄比亚的吉玛尔-艾丁（Dschemal-Eddin）——别名达巴尼（Dhabani）——那时将咖啡树的种植和养护之术教给了也门人，使也门得以摆脱对商队和进口的依赖。于是，咖啡的价格不再那么居高不下了。

但那时，喝或不喝咖啡仍然并不重要，直到它进入（它参与创造的）阿拉伯世界的方言系统中，引起了一场宗教之争。人或许不会主动有什么愿望，但是，一旦有人颁布禁令，人心便被愿望塞满了。在圣城麦加，一个宗教狂热分子热切地渴望揭开咖啡的神秘面纱。他的渴望传染了整个奥斯曼帝国。

公元1511年，埃及苏丹任命了一位新的麦加总督——克哈伊尔-贝格，一个骄傲、野心勃勃的年轻人。他不喜欢世界老气横秋的样子，寻求万象更新。他经常对他的仆人们说："一双穿旧的拖鞋其实已不再是拖鞋。"因此，人们笑称他为"拖鞋哲学家"。有人将坊间流传的取笑他无止境地扫除旧俗的打油诗说给他听。他很愤怒，命人查明作者是谁。经查，这些打油诗总是出自那些喝咖啡的人之口。他们坐在清真寺旁阴凉的列柱大厅内，任由自己愉快、轻松的灵魂直冲云霄，就像建筑艺术家们雕刻的呈旋涡状上升的装饰。

克哈伊尔-贝格感兴趣的并非这些打油诗，也非打油诗的作者（这些对于他而言貌似太微不足道了），而是那个令人兴奋的"它"，那个赋予普通人智慧和快乐的"它"，那个能轻松地让人嘴里说出笑话或反驳之言的"它"。

因为骄傲和羞于启齿，他隐瞒了自己的真实理由。他真正想做的，只是以《古兰经》为标准来评判咖啡和喝咖啡的行为。他内心充满骄傲地想着："即使有人告诉我，人们早在100年前就开始饮用咖啡，又怎么样呢?《古兰经》不认可任何一种习俗的年岁，因为它自己是永恒的。它是握在拥有辨别能力的人手中的一把行刑刀。”

不久以后，他在议会中召集了他任命的乌理玛[①]、穆夫提[②]、军官、哲学家和法学家。他原本晴朗的脸上此刻阴云密布，他的年轻活力变为了愤怒。

首先，他命人制作了将被拿来研究的咖啡。两名奴隶通过烘焙咖啡豆，再将其捣碎后放在水中烹煮，制成了咖啡。烹煮过程中，香气四溢。克哈伊尔-贝格恨不能将这香气压制，因为它如天堂般美妙。他说：“但这并不意味着什么。《古兰经》教导我们，魔鬼也会伪装。”

所有人都一脸庄重地保持着沉默。克哈伊尔—贝格拿起一粒咖啡豆，将它高高举起，让每一个人都看到，然后说道：“《古兰经》在‘筵席’一章中教导我们：饮酒、赌博、拜像、求签是魔鬼的恶行。”

在场的一位穆夫提说道：“它不是酒，是炭！将它放入嘴里，你会品尝到炭和木头的味道。”

“你是说它是灰烬？”

“它确实与灰烬相似。”

“那么它也是泥土。你知道的，《古兰经》禁止的无生命的物体中也包括泥土。”

一位法学家又说道：“你错了，大人。此泥土不同于田地里的泥土。它是丧失了生命的植物。就算这种植物是被禁止的（而我们中没有任何人知道这点，因为我们在这儿的目的就是来制定此规定的），

① 伊斯兰教学者的总称。——译者注

② 伊斯兰教教法说明官。——译者注

它现在呈现在我们面前的样子也是被允许的，因为它已受过了火的洗礼。”

“是的！”另一位白胡子的老乌理玛说，“火洁净万物。火可裹住物体，改变物体的样子，从而洁净它们。即使咖啡果的花和肉不洁净（这点也无人知道，因为我们在这里的意义就是确定这点），它现在也已经是转变后的状态。不洁净的物体可以借由洁净之物变得洁净。想想哈里发艾布·伯克尔的狗。它本只是一条狗，是不洁净的。但当它掉入盐湖中石化后，它便洁净了。”

贝格很愤怒，但他没有说话，因为正在教训他的是这个国家最具智慧的人。他将他们遣走，好让自己思考。第二天的同一时间，又将他们召集起来。

“真主啊！”贝格虔诚地说道，“奉至仁至慈的真主之名：我们的出发点错了。我们不必评价这植物本身，只需讨论其功效。我相信，它是醉人的，就像葡萄酒或蜂蜜酒一样。在场有两位医生，哈金兄弟。他们将向我们阐述他们对植物的功效的看法。”

大哈金说：“这可不是件易事啊。因为只有非穆斯林才能评价醉人之物。我从未亲口喝过葡萄酒或蜂蜜酒，但我听说，饮酒后，人的感觉会变愚钝。但我一喝咖啡，就觉得自己的感觉比之前敏锐了一倍。”

贝格大声说道：“如果安拉想增强你的感知能力，他会亲自显能。”

“是的！”几个穆夫提附和道。衡量咖啡的天平已经往一方倾斜：若它赋予人超自然的能力，它就是极端邪恶的魔法。人不可能有四只手，尽管拥有四只手可能比只拥有两只手更让人幸福。

贝格温和地说道：“我们中间没人知道什么是醉。但你们没人会否认，咖啡能驱散睡意。那么，它该如何面对《古兰经》的第六章

‘牲畜’？‘牲畜’一章中难道不是写着‘他使天破晓，他以夜间供人安息，以日月供人计时’吗？我记得，《古兰经》随后还写道‘这是全能者的布置’。”

这下，所有人都“咻”地一声起立，松开了一直抓着下巴的手（他们刚刚一直紧紧攥着下巴上的胡子）。他们伸出食指高喊着：“禁咖啡！我们决定了！”

“慢着！”小哈金掷地有声地喊道。他说：“大人适才也征询了我这个医生的意见。我能说说我的想法吗？”

“请！”

“我也不识酒的功效，因为我同诸位一样都是穆斯林。但麻痹知觉不是只有酒才有的特效，我们被允许服用的鸦片也能如此。”

贝格略带怒气地说道：“你的所言令我想起了《古兰经》第六章第38节所说的‘真主欲使谁误入迷途，就使谁误入迷途；欲使谁遵循正路，就使谁遵循正路’。”

小哈金回答：“如果你允许的话，我想斗胆说一句：如果咖啡是邪恶的魔法，那么鸦片也是。如果人不能人为地被唤醒，那么也不应人为地进入睡眠。第六章第96节写的是‘安拉以夜间供人安息’，而非白天！但服用鸦片后，人白天也睡着。那么大人，为什么喝咖啡的人不能在夜里醒着呢？”

这场智者的集会如大海般波涛汹涌。绿色的丝绸袍子随他们身体的动作沙沙作响，瘦削的手、轮廓分明的黄色脸庞、鹰钩鼻、不断开合的嘴唇剑拔弩张。一半人赞同大哈金的说法，而另一半人却支持小哈金的说法。贝格只能束手无策地呆坐在那里。他不敢以一己之言让天平偏向左边或右边。他只是说：“跟随真理吧，这是安拉的旨意。”

他们争吵了数小时之久。他们的观点如此相左，分裂程度不亚于虔诚的穆斯林之间的隔阂。一名军官将黑色的咖啡豆比作天堂美女的眼眸，在她的眼眸中，黑暗如浸过油般闪着光。一名穆夫提听到这里怒发冲冠。他向这名军官怒喊出第44章的经文："攒楛木的果实，确是罪人的食品。像油渣一样在他们的腹中沸腾，像开水一样地沸腾！"

他们的争吵越来越大声，越来越激烈，直到日落和祷告将他们拽回和平。为了防止他们再次争吵，一名90岁的老翁说道："看着你们，我想起了一种士兵们玩的游戏：一条绳索，20个人将其往西拉，20个人将其往东扯。我还想起了曾走过许多地方的穆卡达西。他在生命的最后写道：'安拉好像喜悦于我的圣洁和不圣洁。我曾与泛神论神秘主义者共同饮汤，与僧人共同吃粥，与水手在船上共享生食。有时，我就是虔诚本身；之后我又食用禁物，且是心甘情愿地明知故犯。我曾入过大牢，也曾受人敬仰。有权有势的王公贵族曾对我垂耳倾听，之后我又受到杖责。'大人，既然我们无法在议会中明确咖啡豆的属性，不如就让我们各走各路吧！一部分人将远离咖啡，因为他们认为咖啡是被禁之物；另一部分人将追寻咖啡，因为他们认为咖啡是被允许的。"

一些人嘟囔着："这可不像一个穆斯林会说的话。"

最终，大家达成一致，将喝咖啡归入"被厌恶"[①]的一类行为，既非"被禁止的"，也非"被允许的"，而是不受欢迎的。

深夜，克哈伊尔–贝格站在房顶，俯瞰圣城麦加。比麦加大的城市比比皆是，却没有比麦加更为神圣的。这里的一块巨石上已永远地刻下了易卜拉欣的足印，这里有赐予人幸福的圣寺。从这个多边形的世界的各个方向而来的人带着虔敬的肉体和灵魂涌向克尔白天房。然

① 伊斯兰教教义中有一个纲领将人的行为分为五大类，分别是：强制的、受欢迎的、被允许的、被厌恶的和被禁止的行为。

吉达的阿拉伯咖啡馆

开罗的阿拉伯咖啡馆

后，他们围绕着天房巡游并呼喊："我在这儿！奉你的旨意！"

贝格凝视着这座被夜幕笼罩的城市。天鹰座和天鹅座在空中闪烁，猎户座和金牛座用一如往常的星光将对永恒的赞颂写入宇宙，麦加城的庙顶则无声地阅读着这赞颂。

整座城市一片漆黑，只有几处亮着红色。贝格向城墙望去，甚至可以见到亮红色的小圆圈，那里的火把在熊熊燃烧，喧闹声不断，还传来微弱的小提琴演奏的声音。

贝格惊得身体抽搐了一下，心想："这不是黑夜该有的样子！"于是，他召来守卫将聚在一起饮咖啡的人群驱散，将他们的铜制饮具摔到咖啡馆的地上。这群孤独的饮者起来反抗，却被捆绑押走。他们的亲友赶来，哨兵遭到袭击，是夜，二死多伤，三间咖啡馆被付之一炬。

第二天，咖啡被禁。不是因为它违背了《古兰经》，而是因为它"引发了暴动"。麦加城内外的咖啡饮者们受到了为期八日的密切追踪，在这震慑性的一周内，被发现偷饮咖啡的人被捆绑起来，脸朝后坐在驴背上游街示众。据说，那时有很多妇女出于醋意告发自己的丈夫，因为咖啡让她们的丈夫选择了案头，而非她们的枕头。

贝格就所发生之事写了一份陈述寄往了开罗。他向苏丹说明了自己采取的措施，并先斩后奏地请求苏丹批准。苏丹陷入了尴尬的境地，因为他本人及其所有的宫廷侍从都是咖啡的热爱者。于是，苏丹给贝格写了封回信，在信中建议贝格取消对咖啡的禁令，他写道："即使最熟知《古兰经》的人也找不到任何一个禁止咖啡的理由，很明显的是，引发街头暴动的不是咖啡，而是你扣押民众的做法。"

麦加是世界的中心。麦加发生了什么，很快就会传到阿富汗、波斯、埃及、利比亚、美索不达米亚、叙利亚和安纳托利亚。贝格在咖啡之争中所遭遇的滑铁卢很快随着骆驼商队的足迹和朝圣者的归来传遍了整个伊斯兰地区。咖瓦成为了"令人兴奋之物"，它在宗教和政

君士坦丁堡的咖啡馆

治中都开始产生影响。咖啡豆中蕴藏的令人清醒和反叛的力量获得了官方的认可。贝格不得不将其收缴上来准备焚毁的咖啡豆如数退还。自此，咖啡贸易走出也门的山谷，迈向世界各地，日益兴旺。

最出色的斗士

随着咖啡的受热捧，咖啡的反对者也再次兴起。咖啡引发口角之争，口角之争又再升级为夹枪带棒的暴力冲突，确是不争的事实。1521年，在开罗，常常光顾饭馆的人（他们在饭馆只喝咖啡）和偶尔才下饭馆的人（他们追求敬虔，渴望在夜晚获得宁静）之间发生了类似的冲突。马上又有人冒出来声称，咖啡就是批判之源。他们称，听说人们在指责苏丹的自私自利，又说苏丹听信谗言。

于是，20年前将也门的首条咖啡禁令废止的埃及又第二次将咖啡列入了黑名单。但此次禁令只适用于公共场所，在自己家中，人们照喝不误。所以，这次禁令形同虚设。

虽然咖啡在埃及只是半合法的饮料，但这并不影响埃及人饮用咖啡的习惯。在阿勒波、大马士革、巴格达和德黑兰，人们肆无忌惮地公开饮用咖啡。喝咖啡有无数个理由：它在炎热的白天能带来凉爽和舒适，在凉爽的夜晚能给肉体和灵魂带来温暖。人们尤其喜欢在山的边缘喝咖啡，因为咖啡的香气能驱散下沉的干热风给大脑带来的不适感。从过去到现在，咖啡都是治疗偏头痛的良方。

其间，宗教界又有过反对咖啡的声音。当德尔维什们看到铜制的咖啡壶坐在火上，黑色的“魔鬼之饮”在壶里吐着泡泡时，他们的嫉妒之火便爆发了。有些偏激分子曾宣称，在最后的审判那日，喝咖啡的人脸会黑如咖啡。对于当时信奉伊斯兰教的埃塞俄比亚人和非洲人而言，这并非侮辱，因为这是他们天生的肤色。

那时，伊斯兰教教义的影响力势不可挡。这是一场对曾令十字军在叙利亚和巴勒斯坦进行残酷大屠杀的基督教的复仇。这场复仇战，伊斯兰教赢了一半。君士坦丁堡衰落了，拜占庭帝国四分五裂，巴尔干半岛的人民要么被杀，要么被强制入伊斯兰教。另一方面，来自土耳其人的冲击也促成了帝国的统一，小的苏丹统治区被打破，伊斯兰教和奥斯曼主义合而为一。1517年，苏莱曼一世（Soliman I）实现了埃及、阿拉伯和奥斯曼帝国西北部的大一统。

在中央集权的奥斯曼帝国，咖啡的意义变得空前重大。它令在外的战士精神抖擞，令在内的哲学家们神清气爽，甚至妇女也开始饮用咖啡。人们发现，它可以让孕妇的分娩更加轻松。一部土耳其法律甚至规定：丈夫若禁止妻子喝咖啡，则妻子有充分的理由与其离婚。由此，咖啡这一风靡全国的饮品被纳入“食品”的范畴。在公民的意识里，咖啡成为了与面包和水同等重要的食物。

尼罗河畔的农民咖啡馆

相比之下，虔诚派和德尔维什对咖啡的攻击只是小部分教徒的不同意见罢了。在某种程度上，他们的看法是对的：咖啡作为“令一人强若两人”的饮品，真的成为了一个神，不断地通过食道进入人们体内（人们喝咖啡的次数也许胜过了呼求安拉的次数）。其被神化的程度不亚于当年希腊人对葡萄藤的神化。

那时，葡萄酒和咖啡又陷入了一场新的地位之争。才被奥斯曼帝国征服的曾信奉基督教的地区依旧种植葡萄，咖啡开始入侵这些地区。尤其在君士坦丁堡，在咖啡的入侵之下，酒馆纷纷关门。“黑色阿波罗”再一次证明自己是伊斯兰教最出色的斗士。

“现在，咖啡豆胜了！” 土耳其诗人贝利吉（Belighi）曾如是欢呼，“它胜了！它深受医生喜爱,曾长久地令法典官们争执不下，令《古兰经》四分五裂。它征服了大马士革、阿勒波和开罗！在金角湾，借着博斯普鲁斯海峡的海风，它吹散了葡萄酒的气味。”

自此，咖啡的香气成为了君士坦丁堡的象征之一。如果你走近海边，正如詹姆斯·贝克（James Baker）在日出后所做的那样，看到“圆顶尖塔从雾蒙蒙的海面上升起，就像镶嵌在棉被上的珠宝”，你很快能闻到一股香气，那就是咖啡香。它无形地飘在君士坦丁堡的上空，无论是温暖的早晨还是充满海的味道的夜晚，它都必不可少。

来自阿勒波的哈金（Hakim）和来自大马士革的杰姆（Dschem）于1554年在这座位于金角湾旁的城市开了咖啡馆，这是最早开咖啡馆的两个商人。他们的咖啡馆被称为“高教养人士的学校”，但咖啡本身却很快被人称为“棋士和思想家的牛奶”。因为人们日日夜夜都能在咖啡馆轻拂宽大的丝绸衣袖，对着双色棋盘冥思苦想，一只手移动棋子，另一只手摩挲着下巴。

第五章
英雄哥辛斯基

战争中的咖啡

奥斯曼帝国不断壮大。它从其新的中心，即曾经的世界统治中心君士坦丁堡向东南西北四处扩张。接近1460年时，塞尔维亚和波斯尼亚被奥斯曼帝国纳入管辖之下，两年之后，瓦拉齐亚也被其统治。1517年，奥斯曼帝国将叙利亚、美索不达米亚、汉志和埃及划入其版图，两年之后阿尔及利亚、30年后黎波里、50年后突尼斯也被划入奥斯曼帝国。克里米亚、摩尔多瓦、特兰西瓦尼亚和匈牙利或与奥斯曼帝国结为联盟，或成为其附庸。

如此，伊斯兰教成为一股强大的势力，在疆土面积上给西方国家带来了前所未有的威胁——尽管它没能征服西班牙。这股并非来自没有后方的南部，而是来自东部鞑靼人的冲击力因此比以往更加野蛮。

但是，对匈牙利的征服已是战无不胜的伊斯兰教幸福的顶峰了。1683年，它从顶峰跌落、破碎。它的这次衰落直到1918年第一次世界大战结束才停止。

土耳其人在维也纳的失败是这个常胜民族独一无二的一次转折，与咖啡的历史有着惊人的联系。它们同时进行，不可割裂。神圣罗马帝国的皇帝利奥波德一世（Leopold I）预见了土耳其人将对维也纳发起征战。他透过其派去君士坦丁堡的使者，早已对这场战役做好了准备。但是，这位皇帝曾幻想能避免这场战事，因为奥斯曼帝国的苏丹并不希望开战。然而，野心勃勃的大维齐尔卡拉·穆斯塔法在宫廷中的地位受到撼动，他需要这场战争。因此，他打响了战争。

利奥波德一世逃往林茨。他与德意志神圣罗马帝国的侯爵们和波兰国王商讨组建一支能与土耳其大军抗衡的军队。匆忙设防的维也纳被穆斯塔法率领的大军包围，维也纳成为了困兽。维也纳险些首日就被拿下，因为其军火库附近的一条巷子发生了一场火灾。幸亏市长里本贝尔格（Liebenberg）和上尉施塔尔黑姆贝尔格（Starhemberg）沉着冷静，才没让市民陷入惊慌。土耳其人挖掘战壕，从地上地下冒出来，用炸药轰城，步步紧逼。维也纳人处境艰难。夜晚战火不熄，白昼轰炸不停。城墙之外，敌军也死伤无数，但他们始终前仆后继地维持着半月形的包围圈，就像天上的半月一样循环往复。

七月尚可挺住，但八月维也纳爆发了一场痢疾瘟疫，有人考虑投降让城。若不是因为一次奇迹，被围困的维也纳人就放弃抵抗了。如果是这样，那么土耳其人便能畅通无阻地沿着多瑙河上游的路通往林茨，帕绍、巴伐利亚和施瓦本都将被攻占。如此，谁敢说土耳其人今天不会生活在博登湖边？欧洲有几百年的历史面貌也将与真正的历史不同。维也纳战役是历史上的第二次普瓦捷会战。在普瓦捷会战中，法兰克人卡尔·马尔特尔不仅捍卫了法兰克王国的领土，也将整个欧洲从撒拉逊人手中解放出来。

让维也纳人敢于死守这座濒临崩溃的城市，直到援军来解围那天的人，名叫波勒·乔格·哥辛斯基（Pole Georg Koltschitzky）。这个男人来自塞尔维亚的松博尔，曾长期从事土耳其语翻译的工作，也曾在奥斯曼帝国生活过。他自告奋勇地穿过土耳其人的阵地，给统领援军的洛林公爵送去一封信。

他和他的仆人米夏洛维基（Michalowitz）穿上土耳其服装，于8月13日偷偷潜出维也纳，从土耳其军队的帐篷间穿过。尽管那天大雨瓢泼，哥辛斯基仍用土耳其语唱着歌。他假装不经意地停在一个品行高尚的军官的帐前。这位军官是一个虔诚、善良的人。他走出营帐，看两个浑身湿透的同胞甚是可怜，便问他们要去哪儿。他们答道，他们要去营地的前方，往西边去，那里有维也纳人的葡萄园，他们想去那儿摘葡萄吃。军官让他们小心维也纳人种的葡萄，尤其小心维也纳的

穿着土耳其传统服装的间谍哥辛斯基。
根据当代的描述绘制而成。

农民，他们是残暴的基督徒，会屠杀每一个穆斯林。他给他们喝了足够的咖啡，并说道："安拉所赐的比基督徒的葡萄更能满足你。"随后，经不住他们的央求，他带他们从营地的西门离开。

离开营地后，他们首先悄悄穿过葡萄园，走到了卡伦堡山附近，然后犹豫不决地去了克罗斯腾新堡，后又返回卡伦堡村。在一个有山有水的岛上，他们看到了很多人。但他们最初无法辨别眼前的这些人是不是土耳其人。后来，他们看到将脸裸露在外的妇女在河里游泳，因此断定这些人是基督徒无疑了。于是，二人将帽子拿在手中挥舞。这些基督徒突然看到两个土耳其人出现，便端起火绳枪向他们射击。一颗子弹打穿了米夏洛维奇的土耳其长袖。

哥辛斯基大喊道："我是个基督徒，从维也纳来的。"人们用船将他带到了德方军营。8月15日早晨，他将托付给他的信件转交给了洛林公爵。带着口袋里的回信和口授的任务，他和米夏洛维奇又冒雨连夜往回赶。他们走的道路必须经过努斯多夫，而这里的岗哨分外严密。所以，他们深情拥抱了对方，向上帝做了祷告之后便兵分两路了。但米夏洛维奇后又折返，因为觉得一个人太无助了。二人战战兢兢地在拂晓中继续前行。穿过已被烧毁的罗绍，他们到达了阿尔泽巴赫街。五个土耳其人尾随他们身后，既出于好奇，也出于疑心。无处可逃时，他们二人躲到一片废墟下，打开了一扇地下室的门，沿着楼梯跌跌撞撞地摸进了地下室。哥辛斯基很快就睡着了。接近下午时，一个土耳其人偶然进入了地下室。看到地下室中的二人，他吓了一跳，仓皇而逃。因为不知道土耳其人是否出去找帮手，他们也离开了地下室。此刻，他们多么渴望再出现一名军官，给他们一点"神奇的饮料"。拖着饥饿和疲惫得半死的身躯，他们终于在日出时来到了维也纳的城门前。

哥辛斯基的冒死外出和平安归来成为了被围困的维也纳人心灵上

的转折点。突然之间，无论老幼都感受到，外面还有基督徒呢，一支强大的队伍正在集结，解放的时刻即将来临！为了告知洛林公爵哥辛斯基已安全返回，施塔尔黑姆贝尔格上尉在当天夜里命人从圣斯特凡大教堂的塔顶释放了三束焰火信号。

哥辛斯基和米夏洛维奇获得了军方约2000个古尔登的奖赏。维也纳市长亲口承诺将赐予哥辛斯基公民权，此外还将赠予他一所房子（位于利奥波德城海德巷8号），并将签发一份允许其经营任何一门生意的许可证。

当德国和波兰的军队终于发起解围之战时，九月已经过去了1/3，开始向2/3迈进。

9月12日，饱经折磨的维也纳人终于看到了波兰人的长矛和旗帜在卡伦堡山顶出现。与此同时，这支基督徒军队的首领们也是第一次看到气势恢宏的敌军。

当时在波兰军队服役的法国人都彭写道："伟大的上帝啊！当我们站在山顶，呈现在我们面前的是多么壮观的场面啊！广袤的维也纳大地上扎满了华丽的营帐，就连利奥波德城所在的岛屿上都布满了帐篷。双方军火交织，火光冲天，炮声隆隆。这座帝国首都被笼罩在烟与火之中，放眼望去，只能看见塔尖。不仅如此，上万名土耳其士兵两次在他们的营地前展开战术队形，队伍从多瑙河畔排到了山边。还有数不清的鞑靼人群乌泱泱地上山涌向森林。场面热闹非凡，所有人都向基督徒的军队冲来……"

这是土耳其斋月的第25天，德国人的9月12日。一支由步兵和骑兵组成的援军呈楔形慢慢向前推进。在西尔维茵和珀茨来恩斯多夫附近，以及多瑙河和多恩巴赫之间的半圆地带，两军短兵相接。基督徒大军的炮兵如此靠近土耳其士兵，以致其有时在40步开外的地方朝葡萄园内射击。然后开始了一场如威尔克伦（Vaelkeren）所说的"装甲车、铠甲、帽子、刀剑、大炮和手枪混杂的战斗”。但战斗中有一个阻碍：战士都隐藏在葡萄藤中，往往只能通过帽子分辨敌友。波兰国王索别斯基命令波兰的步兵穿上秸秆做的围裙，与相似的土耳其军服区分开来。

中路的士兵举步维艰，而两翼的攻击则猛烈很多。来自巴登的路德维希（Ludwig Wilhelm）王子火速夺取了努斯多夫，陆军统帅戈尔兹（Goltz）则带领他的萨克森军队占领了固若金汤的海利根施塔特。但中路的波兰军由于行进速度过慢，一开始损失惨重。波多茨基（Potocki）家族的亲王们被丢到地上，波兰王室马术教练米亚奇恩斯基（Miaczynski）和他的骑兵们被敌军打得落荒而逃。直到国王亲自上阵，波兰和巴伐利亚的骑兵队才被从葡萄园区带到开阔的土地上，并沿着阿尔泽巴赫街攻克了黑尔纳尔斯战线。在不莱腾希和黑尔纳尔斯的中间地带，两万身着半身甲的骑兵挥舞着军刀，带着长矛和火枪向踉踉跄跄的土耳其人奔去。

这时，随着烟雾的散开，土耳其军阵形的中心出现了一个显眼的红色帐篷。帐篷顶上飘扬着从麦加带来的神圣的绿色教旗。这标志着现在要么赢，要么死，一切都无济于事了。巴登、法兰克和巴伐利亚的军队已经杀到了土耳其军营，梅尔奇伯爵的轻骑兵已来到了维也纳的城墙下。他们向施塔尔黑姆贝尔格伯爵喊话，让其突围出城。但此时，一件奇事发生了：交通壕中竟然没有一个活着的土耳其士兵。早在洛林的查理公爵带兵到达韦灵时，一部分负责包围的士兵就已经仓皇向东逃走了。

土耳其人的逃跑如此突然，并且不符合其此前英勇抗敌的作风，以致国王索别斯基担心这是土耳其人的计谋。他禁止任何一个士兵在作战时脱离联军的队伍，也不允许任何一个人沉迷掠夺。但土耳其人没有再发起进攻。

他在穆斯塔法的军营中收缴了数不清的战利品。索别斯基在给妻子写的信中说道："土耳其人的统帅走得如此匆忙，只带走了一匹马和一件衣裳。他的军营有华沙和利沃夫那么大。"他们收缴了两万五千顶完好无损的帐篷、两万头活生生的牛、骆驼和骡子、一万只绵羊和十万马耳脱[①]完好的粮食。可怕的艰苦生活突然就结束了。被围困的维也纳人从城中蜂拥而出，看到堆积如山的餐具里装满了蜂蜜、米饭和动物油，他们相拥而泣。过去那些黑暗的日子里高得离谱的物价很快就降了下来，人们甚至花六个第纳尔[②]就能买上一磅牛肉。

战利品中也有些他们从未见过的东西，他们或报以嘲讽，或打算干脆毁掉它们。比如，他们找到了鹦鹉，在大马士革帕夏的营帐中发现了一只被驯服的非洲长尾猴。当他们找到500个装满干干的、散发着好闻气味的黑色"饲料"的袋子时，利奥波德城的居民和巴伐利亚的骑兵们之间在夜里还发生了一场争执。他们还从未见过如此巨大的袋子。

一个巴伐利亚的骑兵少尉说，他曾对这种东西有所耳闻，这是骆驼的饲料。即使没有这些饲料，骆驼繁殖得也已经够多了。这种背着两个驼峰的长颈牲畜对一支基督徒的骑兵队而言是毫无用处的废物，应该由骑兵倒进多瑙河里。

但利奥波德的市民不同意，因为这些饲料袋是在他们的土地上被找到的。在他们争执不下的时候，骑兵们已经不屑地点燃了一个袋子，燃烧的袋子里散发出一股让人舒服的焦味。这时，维也纳的新市民哥辛斯基走了过来，他的仆人为他举着火把照亮。他的身上不再穿

① 中世纪的谷物计量单位，合100～700公升。——译者注

② 起源于伊斯兰世界的一种货币。——译者注

Wer sucht/ der findt.

Deß Türckischen Groß-Vizirs Cara Mustapha Bassa Zuruck-Marsch/ von Wienn nacher Constantinopel.

A. Groß-Vizir.

ACh weh mir armen Tropff! jetzt muß ich billich klagen!
Mir lage stäts im Kopff/ die Christenheit zu plagen/
Ich bildete mir ein/ Wienn hätte ich gewiß/
Ey ja wol hintersich/ es wurd ein anders G'biß
Davor mir eingelegt/ es ist nit außzusprechen/
Wie ich hab eingebüst/ das Hertz möcht mir zerbrechen:
Ich andern Grueben grueb/ und fiele selbst hinein/
Das Land ich zwar verderbt/ und gienge blind darein/
Kunnt meinen Fall nicht sehn/ es blieb nicht ungerochen/
Der tapffre Stahrenberg/ hat mir den Stahren gstochen/
Nun hab ichs übersehn/ daß Machomet erbarm!
Die Christliche Armee die machte mir erst warm/
Daß ich alls ließ im Stich/ ich brachte kaum zu decken/
Den Kotzen noch darvon/ ach weh mir Alten Gecken/
Wienn lachet mich jetzt auß/ welchs ich vor mein geschätzt/
Daß es so tapffer mich hat auff den Esel gsetzt.

B. Deß Vizirs Weib/ sambt ihren Freunden und Kindern.

Ach was bedeutet diß/ was mueß ich da ansehen/
Ist diß mein lieber Mann/ wie muß ihm seyn geschehen?
Wo ist die Beuth von Wienn? So er uns mitgebracht/
Ey schöner Groß-Vizir, wo bleibt der grosse Pracht/
Den du vorhin geführt/ wo seynd die schönen Kleyder?
Wo ist dein stoltzes Roß? ach ach ich sihe leyder!
Den dürren Esel nur/ und förcht bey dieser Sach/
Daß endlich mich der Strick/ noch gar zur Wittib mach:
Ich mueß vor Hertzen-Leyd/ mir alle Haar außrauffen/
Ihr Freund und Kinder secht mit Jammer an! den Hauffen/
Den er mit sich geführt/ wie seynd sie zugericht/
Dieser ist Krumb und Lahmb/ und jener nichts mehr sicht/
Ist diß die Tapfferkeit/ der starcken Muselmannen/
Daß sie lauffen darvon/ verlassen Stuck und Fahnen/
Gezelt und Proviant: ich kan nicht reden mehr/
Vor lauter Schaam und Spott/ es jammert mich zu sehr.

C. Die gesambte Rott der Türckischen Soldaten.

Ey daß der Teuffel hätt/ wie seynd wir doch betrogen/
Wie hat der alte Schelm uns dißmahl vorgelogen;
Es hiesse täglich nur/ frischauff ihr Janitscharn/
Wienn ist uns schon gewiß/ aber es fehlt dem Narren:
Wir hofften reiche Beuth/ dafür wir Stösse kriegen/
Die Köpffe/ Füß und Händ vor Wienn wir liessen ligen/
Die Helfft kombt kaum zuruck/ wir seynd gantz ruinirt/
Der Teuffel hole den/ der uns so angeführt.

D. Mufti.

Das hab ich vorgesagt/ es werde so ergehen/
Wie ich mir bildet ein/ so ist es auch geschehen/
Ich rathet treulich dir/ laß doch die Wienn-Statt seyn/
Weil du dann nicht gefolgt/ so bleibt die Schand auch dein.
Nimb nur damit verlieb/ dem Sultan fall zu Füssen/
Damit dein alter Halß/ nicht mög' am Strange büssen/
Diß wär der rechte Lohn/ auff solche tapffre That/
Dieweil du nicht gefolgt/ dem treugemeinten Rath.

Fliegendes Blatt
mit einem Spottgedicht auf Kara Mustaphas Flucht von Wien

“只有想不到的，没有找不到的”——飞舞的纸张上印着嘲讽穆斯塔法逃离维也纳的诗。

着土耳其服装。正如市长所承诺的，他在解围当晚就拥有了维也纳市民的身份，并在利奥波德拥有了一所房子。只不过他目前还没有找到合适的行业。

哥辛斯基动了动鼻翼，吸入一口烧焦了的空气。“圣母玛利亚！你们在做什么？”他走进争吵的人群中喊道，“你们正在焚烧的东西是咖啡！如果你们不知道这是什么，就把它们送给我吧。我知道如何使用。”

这个勇敢的波兰人为维也纳做出了如此大的贡献，他们无法拒绝他的任何要求。因此，他们将“毫无用处的饲料”送给了哥辛斯基。接下来几天，哥辛斯基秘密和几个维也纳的议员进行了会谈。终于，他找到了他的事业。

在欧洲的萌芽与风靡

哥辛斯基当然不是第一个听说过甚至喝过咖啡的中欧人。游历东方的基督徒在很早以前就曾带回过关于咖啡的消息，只是并没有引起人们的注意。有些人对咖啡的疏忽尤其明显，比如1548年罗列过土耳其人饮品的安东尼奥·美纳维诺（Antonio Menavino）。恰好十年后的1558年，皮勒·贝隆（Pierre Belon）在列举阿拉伯最重要的植物时也遗漏了咖啡。（也许贝隆将咖啡视为了一种非洲植物。）

史上第一篇提到咖啡的游记出自于来自施瓦本地区的雷奥哈尔德·劳沃尔夫（Leonhard Rauwolf）之手。他来自奥格斯堡，是一位出色的医生，于1582年（恰巧比哥辛斯基在维也纳开咖啡馆早100年）出版了《踏上东方》（*Reise in die Morgenländer*）。他曾于1573 ~ 1578年间在近东生活过，最远去过波斯。他在近东各处都见过喝咖啡的人，这是他们几百年来根深蒂固的习惯。游记中记载：“他们手中端着一种饮品，其色如墨，可治胃病。他们习惯于清晨饮用，无论场合公私，无论面对何人，使用陶或瓷碗。但每个人都只小抿一口，便将小碗递与他人，因为他们是围圈而坐。他们将一种大小和颜色与月桂果相似、被他们称为'布努（bunnu）'的果子放入水中。这种饮品在那儿非常普遍，因此，集市上不少人售卖晒干的布努果，与售卖水果的商贩无异。"

这篇游记的特点之一在于，劳沃尔夫医生在其中将咖啡的阿拉伯名称与埃塞俄比亚名称"蹦客"进行了同时使用（至少在称呼咖啡果时是如此）。欧洲也曾差点儿将咖啡称作"蹦客"或"布纳（buna）"。由约翰·许布纳编写的一部时代已久的《交际百科全书》（*Konservationslexikon*）[①]坚信，德语中的"豆（bohne）"一词来源于前面提到的"buna"。（这当然是荒谬的说法，因为"bohne"一词来源于古哥特语中的"baûna"。）

第二个对咖啡进行描写的人是意大利人普罗斯佩洛·阿尔皮尼（Prospero Alpini）。他和中世纪巫师皮特罗·达巴诺（Pietro d'Abano）一样是帕多瓦的植物学教授。阿尔皮尼在巫术之国，即曾经的埃及写过一本植物学书籍。他在书中也描写了一种"所结果实类似布努果"的树。阿尔皮尼写道："我在我身份尊贵的土耳其朋友哈里-贝的花园里见到一棵树，结着普通的果实，被他们称为'bon'或'ban'。所有阿拉伯人和埃及人都用它们制作一种黑色的饮料，他们用它代替酒，也将其如同我们卖酒般公开进行售卖。他们将其称为'考法（caova）'。这种果实来源于阿拉伯半岛南部。我所见的那棵树的树叶尤其繁茂，耀眼夺目，四季常青。"

---

① 该书事实上可能并非为许布纳所编写，许布纳只是为其写了前言，但因长久以来不知为何人编写，因此世人皆认为该书出自他之手。该书的初衷在于向读者传授一切在社交聚会中必需的知识。——译者注

看过植物学家的描述之后，我们再回到劳沃尔夫医生的有趣记载："他们饮用这种汤水养胃、缓解便秘。此汤还可有效治疗肝浮肿和脾脏痛。当然，考法也是一种治疗子宫炎症的特殊药物。在埃及，妇女在生理期普遍会小口地喝定量的热考法，尤其当生理期没有如期而至时。临床表明，考法能有效清洁身体。"

法国人文主义者贝鲁斯（Bellus）是首个将咖啡种子寄往欧洲的人（1596年）。他将种子寄给了法国的医生和植物学家克鲁修斯[①]（Clusius），并向其说明如何使用："首先用火焙干，然后在木研钵中将其研碎。"于荷兰逝世、生前曾作为国王的园林监察员，在维也纳生活过很长时间的克鲁修斯曾在其两本著作中提过咖啡，分别是《稀有植物史》（*Rariorum plantarum historia*）和《异物志》（*Exoticorum libri decem*）。

意大利人文主义者皮特罗·德拉·瓦拉（Pietro delle Valle）于1614年航行去往东方。他以书信的形式记录了此次旅行。因为误听，他一直将咖啡称为"咖内（cahne）"。1614年，他从君士坦丁堡寄出的信中写道："土耳其人有一种黑色的饮料。他们夏天拿它当清凉饮料喝，冬天喝它暖身体，用的都是同样的原料。人们将它在火上煮过后喝热的，小口小口地慢慢品尝，但不是在吃饭期间（因为这会妨碍进食），而是在饭后，就像吃饭后甜点一样。它促进社交，丰富娱乐，他们很少有朋友聚在一起时不喝它的。他们称它为'咖内'。它是生长在麦加附近的一种树的产物。据土耳其人说，它能健胃消食，可预防风湿和黏膜炎。他们还说，晚饭后饮用此饮料会使人难以入睡。所以，它很受想在夜里学习的人的欢迎。"当瓦拉12年后和许多东方人回到意大利时，他也许也向惊讶的罗马人展示了咖啡豆。

① 又名Charles de Lécluse。——译者注

出身有名的贵族和骑士之家的莎士比亚迷托马斯·赫伯特于1626年带领一个英国使团去了波斯。他记录道："世上没有任何东西比被他们称之为'口和（coho）'或'口发（copha）'、被土耳其人称为'卡菲（caphe）'的东西更受波斯人的喜爱了。这种饮料看着像来自地狱的冥河水，如此的黑、浓和苦。它的原料是一种类似月桂果的果实。据说，趁热喝下它有益身体健康。它能赶走你的忧愁，擦干你的眼泪，平息你的愤怒，让你内心欢喜。尽管如此，若不是传说它是天使加布里尔为了让穆罕默德重获力量而创造的，它也不会如此受波斯人的喜爱。穆罕默德曾不无炫耀地说过，自己每次喝了这种神奇的饮料就能感受到一股力量，足够将40个男人从马背上举起和与40个女人同房。"

这也许是西方人对咖啡做过的最美的描述，只不过不是最准确的。除了托马斯·赫伯特，从来没有任何人认为咖啡因的效果是使人清醒。相反，很多人认为它令人意识模糊。尤其是那个曾在宫苑见到骟马一幕的印度侯爵夫人。她满脸疑惑地问道："为什么不给它喂点咖啡呢？自从我的丈夫喝了咖啡以后，他晚上就再也不来我这儿了。"这是许多阻碍人们正确认识咖啡的故事中的一个，流传了数百年。就像有河的地方就有河岸一样，有咖啡的地方从来没有停止过是非之争。在关于咖啡是非的讨论中，我们还将经常听到这个故事。

还有一个跟哥辛斯基有关的故事：当他在那个巷子里、在圣斯特凡大教堂的阴影下开第一家咖啡馆时，有很多学者都从书中知道了咖啡的存在，但从未喝过。他们第一次喝咖啡的情形表明，这种"土耳其人的粪土"起初并不合这些学者的胃口。

维也纳人一直喝的是葡萄酒。但从古罗马时期起便长满维也纳西部山地的金绿色葡萄藤已全然被毁。它们与城市的近郊一同被付之一炬，结实、粗糙的葡萄藤被砍下做栅栏，骆驼和驴的尸体跟臭气熏天的水牛尿液让这片土地变得几乎和中亚草原一样荒芜。

维也纳人忍受了几年因无法自给自足而不得不高价从别处进口葡萄酒的痛苦。他们多么怀念狄俄尼索斯给他们带来的快乐啊，所以他们对黑色阿波罗并没什么兴趣。

另一方面，哥辛斯基在土耳其军营中收获的咖啡豆的数量太大了，以至于如何处理这些咖啡豆成为了一个棘手的难题。如果他不想一把火烧了这些咖啡豆，又不想把自己埋在咖啡豆堆里结束自己的生命，就必须把咖啡卖出去。“好吧，”他说，“既然客人们不喜欢喝土耳其咖啡，那我们就得把它做成维也纳风格。”他拿来筛子将咖啡过滤一遍，滤出其中的沉淀物，然后将使维也纳人咳嗽的咖啡渣倒掉。正因为如此，他永远都被土耳其人、塞尔维亚人——总而言之，所有相信咖啡渣中才藏着真正力量的巴尔干民族所鄙视。哥辛斯基并不在意。他“将咖啡豆洗净”，然后将其扔掉，只保留“清洗咖啡豆的热水”；再用餐刀尖取上才一年的新鲜蜂蜜放入水中搅拌，又加入三勺牛奶以降低咖啡水的浓度。

如果舍和德特清真寺的伊玛目经历过这“可怕”的一幕，他恐怕会晕厥过去。这些“异教徒和坏蛋”只会嘲笑、滥用和伪造被留在土耳其大营中的“穆罕默德的象征”。因为将糖浆和牛奶与咖啡混合在一起的做法被虔诚的土耳其人形容为“给咖啡挂上了耻辱牌”。

这一切与哥辛斯基又有何关联呢？风靡全球的牛奶加咖啡是他发明的。在这以后，咖啡馆有客人了，且很多人对新的咖啡很是喜爱。为了给客人更好的享受，哥辛斯基做了两个改变：他与面包师皮特·温德勒合作，让他供应半月形的小面包。这种半月状的小面包使维也纳人每天都想起被土耳其人围困的艰难日子，想起敌人的失败和对月祈祷的伊斯兰教的失败；他的第二个发明是引入煎饼（德语名为“krapfen”），一种圆圆的以糖浆作馅的饼，由声望极高的面包师塞斯莉（或维罗妮卡）·克拉普夫（Cäcilie Krapf 或 Veronika Krapf）供应。

于是，有了咖啡、牛奶、小面包和煎饼的黄金搭配，第一家维也纳咖啡馆——后来层出不穷的一切形式的咖啡馆的源头，诞生了！

第二卷

民族的健康

Kaffee
Die Biographie eines weltwirtschaftlichen Stoffes

第六章
威尼斯人的商品

战士与商人

就这样，经过一次影响世界格局的战役，大量咖啡进入了维也纳——神圣罗马帝国的东南门，但它对德国还远远未能产生影响。

从维也纳撤离的联军没有带走咖啡。如果咖啡那时被带到了德累斯顿，那么德累斯顿的历史学家哈舍（Hasche）在记录维也纳战役结束三天后，也就是9月16日在德累斯顿举行的庆功庆典时，一定会对此有所记载的。10月1日，从维也纳带回的战利品被摆放在德累斯顿军械库公开展览。据记载，展出的有"五个做工精良的由彩色卡其布和棉绳制成的土耳其帐篷、六枚金属火炮，此外还有一头大象，但因感冒，不久后便一命呜呼了。还有许多骆驼，也因无法适应气候而很快相继死去。除了许多罕见的手稿，展出的还有一本《古兰经》，即阿拉伯人的《圣经》，五颜六色的丝绸纸张上镶着金，甚是好看"。如果咖啡当时在展出之列，那么记载中一定会有所提及，但萨克森士兵没有将咖啡带回来。

所以，现在还远没到讨论哥辛斯基的第一家咖啡馆对德国的影响的时候。可能多瑙河沿岸流传着维也纳人喝咖啡一事。就像维也纳人一开始对咖啡的态度是犹豫不决的（咖啡不能满足其任何需求），南德人最初也不知该如何对待咖啡。在维也纳诞生第一家咖啡馆三年之后，位于多瑙河畔雷根斯堡的第一家咖啡馆问世了（1686年）。那里是通往纽伦堡的商路的起点——咖啡最远也就传到了纽伦堡。

与所有商品一样，咖啡也要遵循亘古不变的供求规律。但当时真的有人供应咖啡吗？它是以战利品的身份出现在维也纳的，没有人想过经陆路从东方带新的咖啡穿过匈牙利、塞尔维亚和保加利亚。即使没有土耳其战争（维也纳战役后，帝国皇帝入侵了巴尔干半岛）的连年阻碍，从远隔千山万水的东方陆路运输商品的价格对德国而言也过于高昂。对于北德和中德而言，只有经过威尼斯的海上路线可以考虑。

威尼斯与土耳其的关系很特别。土耳其入侵欧洲东南部时，处处都能见到威尼斯人在希腊的海边和周边列岛做生意——他们的家乡没有可供耕种或畜牧的土地。他们住在在木桩上摇摇晃晃的房子里或不知疲倦地行驶的船上，威尼斯和土耳其之间几百年来的战争从未完全中断他们之间的贸易。当年，东西方之间维也纳到君士坦丁堡的陆路出于政治原因被彻底阻断，而摩里亚半岛周围的水路，从安纳托利亚和埃及进入意大利东部的亚德里亚海的路径从未被完全切断。这条商路对伊斯兰教徒和基督徒具有同样重大的意义。

威尼斯人是在海上与土耳其人进行过最激烈的战斗的人。但另一方面，他们也可能是在战前向敌人售卖造船木材的人。好胜心和商人本质在威尼斯人的身上体现得淋漓尽致——在战士和商人间斡旋成就了最狡猾的外交家。

威尼斯的贸易做到了南部和东部各处。只有北部是威尼斯人不想触及的地方。意大利人的喜恶好像仍然受罗马人的国界的影响。

多么不可思议啊！这个敢于每天早上直视东方的太阳、在大海上乘风破浪的城市共和国竟然厌恶大山！只能说，阿尔卑斯山是威尼斯人的一堵心墙，在它面前，他们丧失了思考和感知的能力。否则，络绎不绝地行走在去往菲拉赫、克拉根福特，翻越陶恩山去往萨尔茨堡和巴伐利亚的商路上的就会是威尼斯商人了。但他们将陆上商品贸易这块肥肉全留给了并不那么积极进取的德国人，自己却死守海上。在翻越阿尔卑斯山运送商品之前，他们宁肯让人匪夷所思地用船将商品从黎凡特运到佛兰德斯。

德国没有咖啡

异国商人在德国做生意不需要冒生命危险，德国大街上的抢劫和袭击案绝不多于其他任何一个地方。那时所有国家的警力都非常充足。但是，由于三十年战争[①]，德国出现了各种形式的“贪污”。雷根斯堡的主教古伊多巴尔都斯（Guidobaldus）曾谴责这是“没有流血的诈骗”。他于1668年披露，其实所有人都知道“船员和马车夫私自将商人托付给他们运输的商品售卖、抵押或典当给陌生人，中饱私囊……”他还要求国家抓捕并严惩这些人。

到德国的意大利商人很少，去意大利的德国人却很多。他们或骑马，或乘马车，先越过奥地利卡林西亚境内的阿尔卑斯山，再穿过塔格利门托河谷，沿着清且浅的塔格利门托河去往威尼斯，途中还会经过格莫纳和波托古鲁阿罗。威尼斯这座坐落于潟湖之上的城市中央有

① 三十年战争，是由神圣罗马帝国的内战演变而成的一次大规模的欧洲国家混战，也是历史上第一次全欧洲大战。它是欧洲各国争夺利益，树立霸权的矛盾以及宗教纠纷激化的产物。战争以哈布斯堡王朝战败而告结束。——编者注

横跨格兰德运河的里亚尔托桥，还有德国商馆（意大利语为“Fondaco dei Tedeschi”），即“德国人的货仓”。在这里，德国人需要的东西应有尽有。

意大利语中的“fondaco”一词来源于阿拉伯语的“funduk”。阿拉伯人又借用了希腊语中的“pandochos”一词，大意为“百宝箱”。威尼斯人在地中海沿岸各地兴建坚固、多层的商馆，它们集旅馆、仓库、办事处和城堡于一体。来自纽伦堡、雷根斯堡、奥格斯堡和乌尔

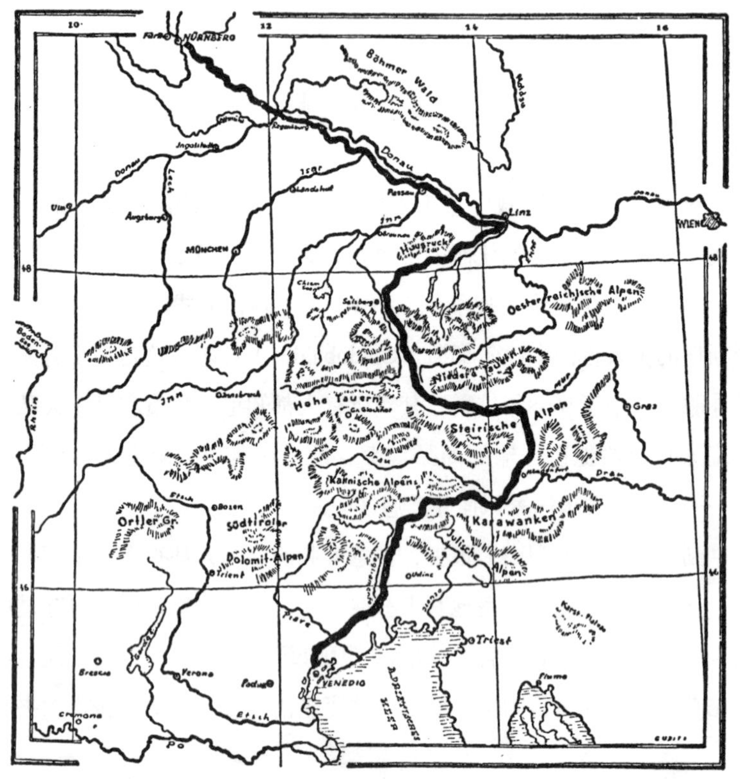

威尼斯—纽伦堡商路（途经乌迪内、菲拉赫、克拉根福特、圣维特安德格兰、弗里萨赫、穆尔河谷、拉德施塔特陶恩山脉、哈莱因、萨尔茨堡、林茨、帕绍、代根多夫、雷根斯堡）。1600年左右该路线耗时13～16日。

姆的商人均汇集在里亚尔托桥旁的德国商馆，从这里进口香料，然后让德国的马车夫运到边境。

这些商人背井离乡地生活在这座虽然建在水上，却以狮子为市徽的城市。他们虽然睡在干净的白床上，但舒服的床底下是令人不安的木桩。白天，威尼斯海上商队的职员会到德国商馆销售商品。

但德国人不能在没有威尼斯共和国参与的情况下单独给买卖契约盖章。威尼斯任命了“贸易经纪人”，负责监督契约的订立、记账和征税。艺术史上有一个惊人的巧合：著名的大画家提香（Tizian）曾是这些经纪人中的一员，至少他挂着经纪人的闲职并领着一份薪水。他好像没有干过任何活，也没有人强迫他把画室搬到商馆，每日听喧闹的噪声，看搬运工们忙忙碌碌的身影。否则，他的画就是佛兰德斯派风格了。

黎凡特的奇珍异宝——香料、丝绸、颜料、珍珠、胡椒、丁香料、神香、姜等从这里出发，经过曲折漫长的旅途，最终到达德国。马车载着施蒂利亚的矿石和要经船运往埃及的布料顺着商路往下走。大部分被运往北方的商品曾经被统称为“香料”。商品的数量并不是特别多。一年之内从阿尔卑斯山另一面运过来的货物数量不过是现在两辆火车穿过圣哥达隧道所运输的货量。

咖啡在不在这些商品之列呢？在，不过数量极少。咖啡对于当时的威尼斯人而言重要性仅次于盔甲，相比之下，雷根斯堡和纽伦堡对咖啡的需求小太多了。在纽伦堡以北，咖啡更是没有立足之地。因为它在中德和北德遭遇了一个劲敌，在它的威力面前，葡萄酒也不过一介弱不禁风的书生。

它是北欧的统治者，一个巨人——它就是啤酒。

第七章

啤酒的统治

无酒不欢

当时啤酒在北德占据重要地位的时间还不长，不过250年。啤酒一家独大的时代开始得更晚。

早期的日耳曼人虽然和色雷斯人、斯基泰人等其他原始民族一样饮用啤酒，但并未像古希腊人崇拜葡萄酒般将啤酒神化为生命的核心。但另一方面，啤酒那时也已经拥有举足轻重的地位了。它的原料是大麦和小麦，古罗马历史学家塔西佗（Tacitus）曾惊讶地发现其味道“类似变质的葡萄酒”。就是这样一种饮料，让通常丝毫不具备批判思维的罗马人写下了一段颇具历史哲学意义的话：“如果我们助长日耳曼人的酒瘾并向他们提供取之不尽的啤酒，这也许会成为比任何武器杀伤力都大的利刃。”但古日耳曼人所饮的啤酒必定不同于我们今日所饮。根据可查的证据，八世纪以前，德国还没有啤酒花，1070年以前，也没有人使用啤酒花酿酒。

但是，德国人对罗马文化的了解越多（至少在边境地区），他们啤酒的消耗量就越小。罗马士兵、商人、法学家所到之处，啤酒更是销声匿迹。根据古罗马史学家普林尼（Plunius）的记载，在西班牙和高卢（在罗马地区）燃起的啤酒酿造的星星之火很快就被葡萄酒浇灭了。他也写道，人们曾将啤酒称为“谷物女神的力量”。但当时葡萄酒更为强势！在位于古罗马界线以西和以南的德国，葡萄酒的影响也胜过啤酒。在这片曾被罗马殖民过的德国土地上，啤酒直至今日也未曾当过绝对的霸主。

地中海岸的人口迁移让德国人深刻认识到了葡萄酒的优势地位。在伟大的中世纪的日耳曼，啤酒毫无地位。在多瑙河畔和苏黎世的宫廷中，在博登湖畔、内卡河畔和美因河畔，人们自然是不喝啤酒的。直到中世纪末，啤酒才作为一股强大的工业力量，强势地从最北边的海岸往南扩散。一颗巨星从一座500年来一直身处北海浓雾之中的骄傲的城市升起！

它是宠儿，是财富，为汉堡人民服务。

不超过100年前，麦加的咖啡征服了奥斯曼帝国。此时，啤酒也踏上了从汉堡到荷兰、日德兰半岛、瑞典和俄罗斯的征程。汉堡的帆船载着沉重的货物在斯卡格拉克海峡和卡特加特海峡、松德海峡[①]和贝尔特海峡穿梭。船上有啤酒以及特别的啤酒伴侣——鲱鱼罐头。船只航行到哪里，哪里就有喝啤酒、吃鲱鱼的狂欢。鲱鱼咸嗓，啤酒解渴。须德海岸、弗里斯兰诸岛、卑尔根、赫尔辛堡、格但斯克、里加、格尼斯堡[②]，到处都是翻着白浪的黄色海洋；狂风之中，处处呼啸着汉萨联盟的旗帜。

① 又名厄勒海峡。——译者注

② 即现在的加里宁格勒。原属德国普鲁士，第二次世界大战后被划分给俄罗斯，后更为现名。——译者注

据史料记载，14世纪，罗斯托克的货船运出的商品同样多为啤酒，目的地多为布鲁日。但丹麦人经常半路打劫，将啤酒劫回自己的城市。莎士比亚为丹麦人的嗜酒成性写下了永垂不朽的篇章。哈姆雷特的叔叔掌权的宫廷嗜酒，每当国王举起酒杯时，甚至还要鸣炮：

昏天暗地的滥饮让我们在远近各国中臭名昭著。

人们叫我们酒鬼，在我们的名字前添上肮脏的形容词。

确实，它让我们的行为失了我们最重视的规矩[①]。

总而言之，那时的北欧无酒不欢。站都站不稳的战士们带着啤酒、战斧和利剑远航。在连桅杆都结冰的天气，啤酒能让身体感到暖和。沾满水和啤酒沫的船帆因此发臭，浓烈的麦芽味随风弥漫在空中。带着酸味的啤酒桶口冒出一道道黄白相间的手臂般粗的泡沫，就像诺曼人黄白相间的胡须。

无论西北还是东北，整个北方成为了一个巨大的啤酒窖。人们的眼里、血液里、肝脏里、声音里、心脏里、感觉器官里，啤酒无处不在。无论用理性思考还是用感性感知，任何事情都离不开啤酒。汉堡对丹麦的战争成本中，啤酒支出往往占主要部分。濒临波罗的海的施特拉尔松德市拨给其军队的款项中，整整2/3都用在了啤酒上。吕贝克市为海战支出的2640德国马克中，有1140马克用于购买啤酒。根据汉萨同盟留下的书籍记载，当时20名海员平均每天可以消耗260升啤酒。在汉堡市一份出自1400年、记录了近1200个商人和政府单位负责人的名单中，有460名酿酒工人，100多名桶匠。据其记

① 如果哈姆雷特生在当代，在巴西研究院1932年的咖啡世界贸易记录中读到他的国家——小小的丹麦每年人均咖啡消费量为11.5磅，位于所有咖啡消费国之首时，他一定会惊讶万分。

载，45%的手工业者从事的工作都与啤酒有关。

酿酒师同时也是商人和啤酒贸易的垄断者。他们想方设法在荷兰和弗里斯兰销售啤酒，直到接近1400年时，荷兰为了保护哈勒姆本地的酿酒业而禁止从北德进口啤酒。于是，佛兰德斯自己也成为了酿酒大国。我想起了英雄人物甘布里努斯（Gambrinus）——查理大帝时期的一个公爵，他那时已懂得酿酒术。后来，菲利普国王统治的喝葡萄酒的西班牙人占领佛兰德斯时，他们在大街上、市场上和行会里都遭遇了啤酒的顽强抵抗。

外貌革命

大约在中世纪与近代之交，从北欧的艺术中衍生出一种新的美：魁梧男子的美。这种类型的美在哥特式时期尚未出现。无论是瑙姆堡大教堂、斯特拉斯堡、班贝格、马格德堡的人像雕塑，还是骑士和神父的墓碑雕塑，没有任何一个雕塑渲染身材的高大，因为哥特式时期的艺术家和其他所有时期的艺术家一样，创作时都崇尚自然主义。早在中世纪时，真实的人物形象与美术作品中的人物形象就互为灵感。不考虑画中本人对肖像作品的要求，我们完全可以相信当时的北欧没有肥胖之人，或者即使有也只是个例。人们只会说他们不过外形比较夸张（比如《堂·吉诃德》中的西班牙人桑丘·潘沙），而不会将他们归为一种“类型”。像约翰牛[①]一样代表英国容克[②]的形象在中世纪

① 约翰牛，英文名为“John Bull”，一个文学作品中的虚拟形象，一个矮胖的绅士，源自讽刺小说《约翰牛的生平》。后逐渐成为英国人用以自嘲的形象。——译者注

② 容克，德语 Junker 的音译，意为“地主之子”或“小主人”。原指无骑士称号的贵族子弟，后泛指普鲁士贵族和大地主。——编者注

是不可能出现的——因为根本就没有长成这样的容克。

人文主义兴起初期，欧洲东北和西北的居民的体形突然发生了变化：苏格兰人、荷兰人、丹麦人、挪威人、瑞典人、芬兰人，尤其是北德人的体形开始发胖。身材肥胖的恰恰都是上层人士：王侯、艺术家、学者、军官和宗教界、美学界、音乐界的大才。这简直太匪夷所思了！自地球存在以来，还从来没有任何一个时代的人的体形与其健康、权力、智慧和地位成正比。1400 ~ 1700年之间，这个体形规律在北欧不胫而走，无需任何人传播。

北欧这个时期的许多重要人物都身材魁梧：瑞典国王古斯塔夫·阿道夫（Gustav Adolf）、英格兰国王亨利八世（Henry VIII）、德意志神圣罗马帝国军官乔格·冯·弗伦茨贝尔格（Georg von Frundsberg）、马丁·路德、德国人文主义学者皮尔克海默（Pirckheimer）、德国神学家约翰·冯·施陶皮茨（Johann von Staupitz）、德国著名雕刻家皮特·费舍尔（Peter Vischer）、德国著名诗人汉斯·萨克斯（Hans Sachs）、德裔作曲家亨德尔（Handel）、著名音乐家巴赫、丹麦—挪威国王克里斯蒂安四世（Christian IV）、萨克森选帝侯弗里德里希三世（Friedrich III）、普法尔茨—劳恩堡公国的伯爵及选帝侯奥腾里希（Ottheinrich）、勃兰登堡的大公弗里德里希·威廉海姆（Friedrich Wilheim）以及不计其数的其他人。

站在他们面前，就像站在一块种满肉的菜地面前。他们认为自己有如此身材是理所当然的，所以，他们无法理解我们今天为了美而修改他们画像的行为。众所周知，古斯塔夫·阿道夫有一张在吕岑会战中骑在战马上的画像，画像上，国王真实拥有的大肚子不见了。在当时，苗条可是病弱的表现。人文主义学者伊拉斯谟（Erasmus）、尤金王子（Eugen）和腓特烈大帝（Friedrich der Große）确实不是身强体壮之人，而是“紧张的瘦子”。但若在当代，身材苗条的他们身着晚礼服或休闲西装，看起来一定比巴赫或亨德尔健康。

但只有北欧迎来了“胖子掌权”的时代——南欧一如既往地以瘦为美。饮用葡萄酒的人，如西班牙人、南法人和中法人、意大利人、希腊人、匈牙利人和多瑙河沿岸的葡萄农不在这个庞大的新群体之列，即使有，也只有极少数。因为，这个新群体的出现缘于一种新的饮品：啤酒。

葡萄酒清理人的内脏，且其效力只作用于中枢神经系统（浓红葡萄酒除外），而啤酒是一种高营养含量的饮料，喝一口啤酒等于同时摄入蛋白质、糊精、营养盐、糖、啤酒花和麦芽。1升啤酒含5克蛋白质、50克碳水化合物。如此数量的营养物质以液体形式——而且还以碳酸为主要成分进入人体，也许这是导致这场外貌革命的原因。在啤酒刚成为全民饮料时，这场革命还没有迹象。

在啤酒大消费时代，也就是15～17世纪，人们不像今天一样只在餐厅或啤酒厂喝啤酒，每家每户均可酿酒，这恰恰是危险所在。一切享有公民权利的人都有酿酒权。当权者对此喜闻乐见，因为每一口酒都是要纳税的。啤酒的消费要接受监管，从选帝侯约翰·乔格（Johann Georg）1661年颁发的税令中可以大致窥见，那时城市或乡下都有人违法酿酒。有明文规定，家庭酿造的啤酒不可“以任何名义进行售卖或公开零星售卖”，但没有人在意这条禁令，人们依旧可以在任何地方获得啤酒。

一种物品对法律的影响也许是评价其对人类生活的意义的最好标准。德国科学作家尤里斯·贝恩哈德·冯·洛尔（Julius Bernhard von Rohr）于1719年收集整理了“德国家庭法中所涉必备实用物品”。在1000页的篇幅中，他花了逾50页来介绍“与啤酒酿造有关的东西”。啤酒对德国人的经济和生活所产生的影响由此可见一斑。同样受到如此影响的还有德国人的姓。15世纪时，德国诞生了很多带“啤酒”的姓，如“啤酒男”“啤酒朋友”“啤酒车”等。[①]这些滑稽又常见的姓名将一个人与他最爱的饮料合而为一。

人们的一天以啤酒开始，又以啤酒结束：早上喝啤酒汤，中午是啤酒汤配其他食物，晚上再来一碗热腾腾的啤酒煮鸡蛋。啤酒的口味多种多样，比如有加葡萄干的和加糖的，啤酒还被用于煮鱼或香肠。尽管啤酒是冷饮，但它以各种你能想象得到的形式出现在不同场合：有客来访时，与人会晤时，洗礼仪式上，丧葬酒席上。人体内碳酸泛滥，人的相貌也随之改变。因为血液中的碳酸要在呼吸过程中排出，因此，长期大量摄入碳酸不可能不给个人和民族带来相应的后果。

许布纳在1717年出版的《交际百科全书》中已经告诫读者，不要饮用不纯的啤酒，因为它“虽能增肥”（肥在那时是种赞美），但会“引起便秘和使人呼吸困难、短促，尤其使人迟钝……”啤酒使人迟钝！书中写道：归根究底，啤酒没给悠闲、谨慎的北方人带来什么好处。体内年复一年不断膨胀的碳酸球让他们思考和感知的弧线越来越长、越来越稳定，换言之就是越来越迟钝。啤酒馆内人头攒动，烟雾缭绕。人的脑袋瓜犹如大海上的浮标，虽然随波起伏，却又是上了锚的。他们的声音浑浊不清，说起话来一副烟嗓，不似喝葡萄酒的人那般阳光洒脱——啤酒使人忧郁又易怒。

斯堪的纳维亚在20世纪的今天通过其体型革命干成了一件大事：北欧少年的身材受到了广泛的认可。连歌德都曾梦想拥有这样的身材！在反对啤酒的人中，没有人比他的渴望更强烈。他曾对科内波尔（Knebel，魏玛宫廷的皇子太傅，也是歌德的好友）怒吼，啤酒使神经麻木，使血液浓稠直至堵塞。他说：“如果继续如此下去，不出两

---

① 啤酒一词德语为“bier”，那时出现了“Biermann”（啤酒男）、“Bierfreund”（啤酒朋友）、“Bierwagen”（啤酒车）等诸如此类的姓。——译者注

三代，我们就会看到啤酒肚和烟嗓将德意志变成什么样子！这将最早体现在我们文学的肤浅、畸形和贫瘠之上，而我们那些同行们还将对此颓废景象高声颂扬……”

不可能的正面交锋

咖啡是否将与啤酒巨人正面交锋？答案是，不可能！尤其在占优势地位的啤酒痛击葡萄种植业，甚至开始将德国某些地区的葡萄藤连根拔起之时，这场正面交锋更是毫无可能。

早在啤酒取得关键性胜利之前，葡萄酒在德国的发展轨迹就很特别。中世纪时，北欧和东欧也种植葡萄。至于为什么后来不再种植，外行人声称是由于气候变化，但这种说法是毫无依据的。更合理的原因是：在连年战乱的时代，疲于战争的人们放弃了复杂的葡萄种植术和葡萄酒酿造术，转向了简单许多的啤酒酿造。

在勃兰登堡公国的沙地上种植葡萄不是件易事，不像在莱茵河或多瑙河边（公元280年，罗马皇帝普罗布斯的士兵在这里栽下第一株葡萄藤）。尽管如此，中世纪盛期，葡萄酒还是温柔地向东扩展。细小的葡萄藤占领了易北河流域的波西米亚、西里西亚、勃兰登堡和波美拉尼亚的山丘。一同种下的也许还有美好的生活和习俗。葡萄种植一直延伸到默默尔附近，并有长驱直入立陶宛之势。

于三十年战争爆发的六年前逝世的旧兰茨贝格的传教士之子尼古拉斯·劳伊廷格曾称赞当地的葡萄酒出口业和葡萄的质量，不过一代人的光景，葡萄就几乎从人们的记忆中消失了。也许易北河砂岩山脉地区的葡萄种植也“由于各种病害、霜冻等变得越来越困难”，但是，根据选帝侯约翰·乔格的记载，1661年时人们仍种植葡萄，但葡萄的收成少得可怜，以至于不得不取消葡萄酒进口税。萨克森的后方无法再满足德累斯顿餐桌上的葡萄酒需求。像北德、东德和中德的各处一样，萨克森也加入了啤酒的阵营。

在柏林，“葡萄酒酿造师大街”和“葡萄山路”等街名尚能让人想起这里曾是葡萄酒的天堂。巴尔尼默丘陵地带和平缓的泰尔托山地曾经是一片金绿色的海洋。九月的秋风温柔地给葡萄梳着头，十月就是收获葡萄的季节。时过境迁的柏林！1578年颁发的《勃兰登堡葡萄酒酿造师行为准则》（die Brandenburgische Wein-MeisterOrdnung）非常清楚地描写了葡萄酒的酿造过程。比如，“即使葡萄酒被烧焦酿出了烧酒，酿酒师也应严格按照准则操作，并力求酿出有益的烧酒”。但是，有什么益处呢？半个世纪后，当三十年战争来袭时，烧酒挺住了，而葡萄酒却在短暂的昙花一现后逃跑了。

它又逃回了德国的西部和南部，回到了莱茵河、美因河和多瑙河的河谷。被三条河流环绕的南德地区是啤酒的天下。尤其自从甘布里努斯占领了巴伐利亚高原后，啤酒便拥有了绝对的霸主地位（在相对较晚的时期，因为布伦瑞克的酿酒师的到来才实现）。如此情形下，咖啡要如何真正从维也纳和雷根斯堡打入这里？这里的人不认为咖啡是必需品，甚至认为咖啡的功效“很不德国”。

普法尔茨的丽兹洛特郡主（Liselotte von der Pfalz）可能是其中最重要的代表。她成为法国奥兰多的菲利普王妃后被迫生活在巴黎。这位依恋故土的王妃乐此不疲地在她的信件中抨击喝咖啡的行为。1712年12月，她在一封信中写道：“我既不喜欢茶和咖啡，也不喜欢巧克力。但相反地，啤酒汤却能让我感到莫大的快乐。但我在这儿喝不着啤酒汤，法国的啤酒糟透了……”1714年10月22日的信中她又写道：“咖啡、茶和巧克力我不喜欢，也无法理解人们为何喜欢这些东西。一道由酸菜和熏肠做成的菜对我而言就是没有任何东西可以媲美的美味佳肴……一碗熏肉白菜汤胜过一切巴黎人贪恋的甜品。”1716

年2月26日的信中她写道："我很少吃早饭。即使吃，我也只吃黄油面包。我无法忍受一切国外的调料。我不喝咖啡，不吃巧克力。我讨厌它们。我就是非常想念德国的味道，在吃喝方面，只有祖先留下的传统美食让我喜欢……"

但这种非家乡美食不可的生活方式也有其消极的影响。咖啡在中欧的发展比在西欧慢，它在这里成为国民饮料的时间比在英格兰和法国迟了80年。这便导致这里的饮酒风气更浓，持续时间更长。近代伊始，德国便已经成为了被酒精淹没的国家，三十年战争中，所有阶级对酒的依赖都是一样的。大量饮用烧酒、啤酒、葡萄酒（在葡萄酒不太昂贵的地区）仿佛成了那可怕的几十年中唯一的"百忧解"。在几乎处于相同处境的英格兰人开始极力戒酒时（这点我们之后还将详细讲述），德国人整体而言对戒酒方法所知甚少。

酒精曾是人的第二生命。它的功能早已不是"满足"人的需求，而是不断"创造"新的需求，让整个人类社会深陷其中无法自拔。无论皇亲贵族还是平民，无论手工业者还是学者，无论农民还是士兵，所有人都掉进这个深渊，摔得粉身碎骨。无节制的酗酒使人的身体和灵魂都变得麻木，其伤害几乎大过第二次世界大战。

一些皇宫通过张贴告示的方式禁止"非基督式的、牲畜般的饮酒方式"。但很少有人将这条禁令放在心上。很有自知之明的萨克森选帝侯在自己的餐厅里挂了一张油画，画上一群猪和狗坐在一块布告牌旁。油画下方写着两行话，大意为：

看什么看，你这个好吃好喝之人，呐，这里有你的兄弟；
滥饮之后，你也一样。

汉诺威的大公夫人索菲·夏洛特（Sophie Charlotte）曾描述过，

荷尔斯泰因的公爵曾喝下很大一杯酒，以至于之后全吐了。她描述道："……后来他又再灌下了第二杯，以显示他对我的热情。"只有在崇尚葡萄酒文化的地方，也就是意大利的边缘地区、奥地利的蒂罗尔和施泰尔马克的宫廷，人们的举止才更为得体。在坐落于以葡萄酒为饮料之王的维也纳的德国皇宫里，滥饮和劝酒本是不可能发生的。尽管如此，在奥地利的漫长历史中，曾有一位名为米夏埃尔·冯·威尔特海姆（Michael von Wertheim）的伯爵当着国王的面在议会上小便。此事成为了莫大的笑柄。

在那段特别的历史时期，一位名叫雅各布·巴尔德（Jakob Balde）的耶稣会士——一名优秀的传教士成立了一个"瘦子协会"。因为他发现，1638年时，苗条、挺直的德式身材在上层社会中变得尤其稀缺，每个人都挺着肥胖的啤酒肚。戈特弗里德·威廉·莱布尼茨（G.W. Leibniz）1690年左右从意大利回来后，为时过早地宣称，北方人现已不再那么"放纵和酩酊大醉"。关于酗酒的"陋习"，他继续写道："如果我们的祖先复活，我们一定会制止他们酗酒的"。而事实上，17世纪的人对酒的依赖远远超过我们的祖先。

人称"强力王"（August the Strong）、来自萨克森的奥古斯特国王48岁生日时，多恩霍夫伯爵夫人（Dönhoff）举办了一场盛典。1718年有文字记载如下：易北花园张灯结彩，女人们都打扮成牧羊人的模样。就连鹦鹉、猴子和黑奴——总之一个富裕的巴洛克宫廷一切的应有之物全都参加了庆典。但庆典之上却发生了一件在意大利的宫廷绝不会发生的事情。启蒙运动早期的学者和政治家约翰·米歇埃尔·冯·罗恩（Johann Michael von Loen）写道，国王所在之处觥筹交错，突然之间下来一道严格的命令，禁止任何人离开花园，因为国王身边的人决定喝趴来自华沙的客人。由于萨克森和波兰共受同一君主统治，撒克逊人曾将大个子的波兰人视为仇敌。几乎不饮酒的波兰人脸色发白，身体摇摇晃晃，脚步踉跄地围着国王跳舞。这位纂史人充满同情地写道："一个可怜虫的内衣都被汗水打湿了，看起来生不如死。还有一个人威胁道，如果不立即让他离开花园，他就当着国王的面为所欲为。"

酒精如此祸害德国宫廷，臣民也如此上行下效。当受过良好教育的有教养的贵族，如萨克森的多纳（Dohna）伯爵出访他国时，其与众不同的举止不免令人意外。法国国王亨利四世（Heinrich IV）向玛利亚·冯·美第奇（Maria von Medici）介绍他时说："这就是他！您会将他看作一个德国人吗？"

中欧的文化和礼仪曾如此堕落。匈牙利纂史人赫尔曼·瓦姆贝里严肃地提出一个质疑：虽然土耳其人曾作为侵略者入侵维也纳，但他们"自己的家乡是不是有比当时的欧洲更为伟大的文化值得炫耀呢？"

当然，在一些宫廷中，王宫贵族和学者们可能是另外一种统治风格。勃兰登堡的选帝侯弗里德里希·威廉海姆的宫廷便拒绝放纵无度的生活。早在那样一个放纵无度的时代，柏林已经名声在外。

大选帝侯弗里德里希·威廉海姆不止在一个方面显示了西方统治者的特征。他将目光投向大西洋国家，看到了当德意志帝国在受人辱骂的战争中自取灭亡时，荷兰是如何扩张和赢取殖民地的。在勃兰登堡向瑞典发起的波美拉尼亚战争期间，荷兰人本杰明·劳勒（Benjamin Raulé）向弗里德里希提供了一支舰队。战争结束后，弗里德里希没有解散舰队，而是将其派往几内亚，去非洲掠夺殖民地。效力于勃兰登堡—普鲁士的少校及旅行学者奥托·弗里德里希·冯·德格罗埃本（Otto Friedrich von der Groeben）在西非建造了大弗里德里希堡作为殖民地，并在西非的黄金海岸插上了勃兰登堡的旗帜。非洲的酋长们向柏林派去使者，向勃兰登堡的选帝侯献上了崇高的敬意。就连塞内加尔河畔都有被勃兰登堡统治了数十年之久的殖民地，直到妒火中烧的荷兰人出手制止。

是什么促使这个小小的地区的选帝侯远征他国？不只是巴洛克式的对权力的欲望。在那个“船只满载香料在海上穿梭”的时代，免税原料自然是一大动力。西非可供应黄金、糖、优质木材、棕榈油、花生、鸵鸟毛、象牙等资源。

人们说只有长在家乡附近的东西才是好的，但这个观点弗里德里希绝对无法赞同。奇妙的是，在弗里德里希位于柏林的皇宫中（且极有可能只在小范围内），早在17世纪70年代已有人喝咖啡。而且，弗里德里希及其夫人所喝的咖啡来自荷兰。弗里德里希想必是通过宫里的荷兰医生认识咖啡的，因为他有咖啡。这位英年早逝的优秀学者原名科尔内利乌斯·德克尔（Cornelius Decker）。他的父亲在家乡经营着一家小旅馆，旅馆里画着一头彩色的牛，因此，街坊们给他起了科尔内利乌斯·彩牛（Cornelius Bontekoe[①]）的绰号，他便干脆以此为笔名。他研究笛卡尔，曾先后在阿姆斯特丹和汉堡生活过，写过一本让化学界发现酸碱本质的著作，最后被弗里德里希请到奥德河畔的法兰克福[②]的大学执教。

笛卡尔发现了人类思维不断变化的本质，并写下了“我思故我在”的至理名言。威廉·哈维（William Harvey）1618年发现了人类赖以生存的血液不断循环的规律，在生物学上做出了同等重要的贡献。一有机会，德克尔就向学生强调：哈维发现血液循环是近代或整个世纪最伟大的事情。人体内竟然有一条永无止境的“河流”哺育着各个器官，就像尼罗河哺育着埃及。此前，没有任何人知道它的存在——

① 荷兰语为“bontekoe”，意为“彩色的牛”。——译者注

② 德国有两个城市名为法兰克福，我们平日所说的法兰克福多指美因河畔的法兰克福。——译者注

至少知道得不那么清楚。它椭圆形的运行轨迹也妙不可言，如同天体的运动轨迹一样，首尾总是相接。心脏向主动脉供应的血液会在23秒后通过静脉重回心脏。当你发现血液循环的秘密时，你也就发现了人类天性的另一面：好动、爱旅行、不安分。

那个时代的人的另一个兴趣就与之有关：航行世界。人们沿着椭圆形的轨迹环游世界，将地球的各个地方联系起来，将商品带到世界的各个角落。德克尔的学说足以促使统治者进行航海和贸易。他由大及小地得出一个结论：因为只有流动的血液才是健康的，那么一切能加速血液循环的东西必定也是有益的。

尤其茶和咖啡是其中佳品，它们能加速血液的循环，活跃人的思维。喝咖啡的人的视力和血液循环都没有问题。

德克尔在医嘱中夸大了茶的作用。他在其《医学基础理论》（*Medizinische Elementarlehre*）中甚至写道："我们建议全国人民、甚至全世界人民喝茶！每个人，无论男女，每天——如果可能的话甚至应该每小时都喝点茶。从每天十杯开始，随后增加，只要胃和肾脏可以承受……"如果今天我们听说一个病人每天要喝50杯茶，我们一定会想，德克尔当年在柏林的皇宫肯定要了一些人的性命。总而言之：在一个统治者毁于碳酸、酒精和中风的时代，的确需要德克尔这样的智者。

德克尔38岁时便去世了，还没来得及亲自验证在他死后才得以发表的论文《延长寿命的方法》中的长寿之法。1685年1月10日，他奉命给弗里德里希搬书上楼，由于光线过暗摔下楼梯，并因此去世。

就这样，他的血液停止了循环。一个生命结束了，带走了未尽的话语。随着德克尔的去世，咖啡也在柏林消失了。

这时距哥辛斯基为维也纳和维也纳人发现咖啡已有两年。

第八章

马赛医生的致命一问

马赛第一家咖啡馆

在所有嫉妒勃兰登堡与黎凡特地区和东方的贸易往来的人中，最引人注意的莫过于马赛人。他们的居住地不像威尼斯人那般神奇，但他们的出身也是部传奇。

他们最早是从福基斯地区迁出的希腊人，于公元前600年左右在曾经的高卢地区的中部建成了马赛港。（因此他们现在仍使用典型的希腊名字。）他们与当地的高卢女子结婚，后来罗马人来到这里，又与希腊人和凯尔特人[①]所生的后代结合。再后来，汉尼拔（Hannibal）率领非洲人经过罗纳河口，1000年后，长着淡黄色头发的哥特人从北方而来，弥补了当年西姆布赖人在地中海畔这块五彩的混血板上留下的空缺。

---

① 高卢人也自称凯尔特人。——译者注

罗纳河下游有迪朗斯河和加尔河汇入，最后注入大海。在猛烈的战火和红火的贸易交织的年代，马赛人不断成长，变得强大、能言善辩。他们继承了希腊人的爱吹嘘，罗马人的男子气概，高卢人的贪恋女色，古迦太基人的热衷生意和挣钱。此外，马赛人还很能喝。他们喝酒不像其他南欧国家只为解渴，北方血统让他们对酒的需求更大。马赛人所起的要么是希腊名，要么就是法国名、德国名或法兰克骑士的名字。

他们带着满眼的笑意和醉意整日在大街上活动。油坊工人、葡萄农、木匠、石匠、造船工人、制帆工人、捕牡蛎的渔民……马赛人乐意成为各种各样的人，除了一种：法国人。当听说这个位于里昂上方的国家要无视所有骚乱、实现统一时，他们只是一笑而过。但很快，他们的笑脸变成了严肃脸，虽然还不至于惊慌。有一座叫巴黎的小城，不靠任何一片海，只毗邻一条不怎么重要的河流。有人预测，这座名不见经传的小城有朝一日会胜过马赛。谁会将这样的预言当真呢？但它竟然真的实现了，多么匪夷所思！直至今日，还有人在夜里走在马赛充满欢声笑语的加纳比耶尔酒吧街时会说："如果巴黎有一条像加纳比耶尔一样的大街，那它也许称得上是小马赛。"

但质疑归质疑，该发生的还是发生了。法兰西的国王们不断往南入侵，进入普罗旺斯，夺取了地中海及其沿岸地区。但他们却对骄傲的马赛置之不理！看着各商业中心欣欣向荣，马赛共和国的参议院感到既不可思议又沮丧。一夜之间，敢与威尼斯和日内瓦叫板的法国出口口岸就换成艾格莫尔特了吗？

但那时的马赛人有一个独一无二的好帮手。法兰西的国王们终究肉体凡胎，虽有加冕时的圣油庇佑，但也难逃生老病死。马赛与一条河流，或者更确切地说与一位河神的关系密不可分。这就是河神罗纳（Rhone），又名罗达努斯（Rhodanus），是一个拥有无上神力的固执的老男人。这条河并不经过马赛，相反地，它从离马赛很远的北边流入地中海。这时奇迹发生了：所有被它的水沾上的东西全部淤积。在距离大海尚有一天路程的地方，它已经制造了一个三角洲。河神放出话来：凡他所经之处的两岸都将成为沼泽，而被他拥入怀的地方将成为荒凉的草原。不久之后，那里只生长着毫无生机的咸味植物。这条古老的罗纳河用淤积物和荒原封锁了那几座著名的海滨城市，将它们与大海隔绝开来。就连曾趾高气扬地与叙利亚进行贸易的艾格莫尔特都在经历了一个世纪的繁华后突然成了内陆城市。

只有从未靠近罗纳河的马赛——多么明智的马赛——成为这场灾难中唯一的受益者。它成为与意大利隔海相望的法国海滨的唯一一个真正的海港。这时，法兰西的国王们终于痛苦地意识到了这个不可否认的事实，并寻求与马赛的和解。

一天，法兰西国王弗兰茨一世（Franz I）——一个性格开朗的爱国主义者仔细端详着世界地图。他想不通，为什么要通过威尼斯、比萨和日内瓦将他的国家的产品运往东方。他深知所有土耳其人都离不开法国，对于这一点他是骄傲的。朗格多克和加泰罗尼亚的织工生产的纺织品不久之后就可以在君士坦丁堡和亚历山大港买到。除此之外，骆驼商队更是将它们带到了麦加，然后再从麦加运往印度。若非亲眼见到一些意大利语的货单和账单，弗兰茨国王也许不会相信这些奇事的存在。这样，他便知道在以伊斯兰教为主的埃及的异教女性并不排斥穿着产自兰斯的布料。弗兰茨心想，是不是应该用法国自己的船只将这些布料运往黎凡特海岸呢?

答案是肯定的。公元1535年，再也没有任何法国人对这个答案心存疑惑。

大约100年后的1646年，一艘从东方驶来的船只停靠在地中海沿岸。船上走下一名刚从君士坦丁堡回来的男子，一个拥有个人房产的富人德拉·洛奇先生（De La Roque）。当他在家中（一栋美丽的别墅，从远处就能一眼看到）打开从东方带回的宝物之时，啧啧称奇的朋友们在琳琅满目的宝物中看到了一个金属水壶和炭色的豆子。当德拉·洛奇强迫他们喝咖啡时，他们的惊讶程度不亚于当年南欧的海港城市初遇咖啡时。

但这些豆子很快就消耗殆尽了，直到十多年以后，才有骡子再次从码头往山上的别墅区运输装满咖啡豆的袋子。1660年，一艘来自埃及的仅装载咖啡豆的巨轮突然停靠在这里。这些咖啡豆要被运去哪里呢？自然是它们该去的地方——药房。这种神奇得让人几夜不眠的东西其实并非饮料，而是一种药！这成了件大新闻。

但人们想错了。1664年，法国旅行家让·特维诺（Jean De Thévenot）的一本畅销书《东方之旅》（*Orientreise*）问世。像所有有闲又热爱生活的人一样，马赛人也热爱读故事。为了有故事可讲或自己创造故事，人们必须相信白纸黑字的印刷品。因此，他们互相朗读《东方之旅》一书中的“咖啡篇”。他们认识到，原来这种饮料与药品是不同的。

书中写道：

> 土耳其人无时无刻不在饮用一种对他们而言很常见的饮料。这种被称为‘卡威（cavé）’的饮料源自一种黑色的种子。他们将这种子放在平底锅中烘焙，烘焙好之后将其捣成精细的粉末。想喝卡威了，就拿出一个金属水壶，装上水后放上灶。待水一沸便往其中倒入一大勺捣碎的粉末。片刻之后迅速将水壶从火上移开，否则水就要溢出来了。将这种黑色的饮料重复煮10次或12次后，他们将其倒入瓷杯中，然后放在底部有绘画的托盘中端给大家。该饮品必须趁热饮用，但一定要小口慢饮，一饮而尽味道

> 不佳。这种饮料味苦色黑，且有焦味。小口慢饮的其中一个原因也是防止烫伤，因此，在咖啡馆里能听到一阵阵‘刺溜刺溜’的喝咖啡的声音。它能阻止倦意由胃部上升到头部，也能阻止你入睡。如果法国商人有许多信件要写，打算通宵达旦工作的话，他们将会很乐意在晚上十点之后喝上一两杯卡威的。至于其味道，喝上两次也就习惯了，不会再有反感。它能促进胃部功能，帮助消化。除此之外，土耳其人还相信它能治愈多种疾病，且影响人的寿命。在土耳其，人们无论贫富都喝这种饮料。法律还规定丈夫一定要保障妻子的咖啡供给。
>
> 那里有对外营业的咖啡馆，用大壶为客人煮咖啡。无论社会地位，无论信仰，所有人都可以相聚在咖啡馆。出入咖啡馆不是什么不光彩的事，人们去那儿就是为了消遣。咖啡馆前的长凳上铺着草席，想一边呼吸新鲜空气一边打量来往行人的人可以坐在那儿。有时，咖啡馆老板会请来笛子手、小提琴手和歌手以吸引顾客。如果你坐在咖啡馆里，看到有熟人进来，得体的做法便是向老板挥手示意：这些人的咖啡不用收钱了，他们现在是你的客人。这个讯息如何传递呢？只需要向老板轻吐一个词："dschaba"，意为‘免费’。

你会发现，在东方，没有人从药店购买咖啡。那里更多的是咖啡馆，就像葡萄酒馆一样。于是，几个商人——一部分为了水手，一部分为了市民——在马赛开了第一家咖啡馆。

医生的争论

很快就有两个群体开始大声表示抗议。第一个群体是以酒神为偶像的葡萄农。还记得吗？穆罕默德的门徒曾将地中海南部盆地周围的葡萄藤连根拔起。而现在，在那儿坐收了渔翁之利的咖啡又来了。蛮族的黑色阿波罗乘着海轮进入了信奉基督教的葡萄酒之城——马赛！它是来继续它的毁灭大计的吗？要把这儿的居民也变成讨厌葡萄酒的人吗？

在那些特殊的历史时期，任何事情都是非黑即白，非此即彼。任何一种热情都有很强的占有欲。没有人想过，咖啡和葡萄酒可以和平共处，一个咖啡爱好者同时也可以是葡萄酒爱好者。历史反复验证，这样的经验那时的人们从未有过。

酒神的不满煽动了葡萄园主和葡萄酒商的愤怒。他们还得到了另一个群体即医生的增援。医神之子们感到愤怒，因为咖啡不再是他们处方中的一味药。它曾与其他稀有物一样，在多年的历史中都只能凭借处方获得。人们要获得咖啡，必须首先询问医生，然后询问药店。现在马赛的咖啡买卖随心所欲了，医生的利益受到了损害。

他们以一场独特的运动回击此事：宣布咖啡为毒药！咖啡问世几个世纪以来，还从未遭遇过如此形式的打击。宗教和国家狂热分子都曾反对过它，但未曾有医生称它是有毒的。相反，阿拉伯、波斯和土耳其医生都称赞其有益于健康，并且不止一次地说过，咖啡能消暑提神，使人精神焕发，而马赛的医生却反其道而行之。

这或许是能解他们之围的较为高尚的理由了。也可能这些医生是第一批了解不同人与种族在生物学上的区别的人。对阿拉伯人和热带居民有益、对北欧民族更有益的咖啡（因为咖啡能暖身），对于蒙受上帝祝福的中欧人民——像马赛一样既不如麦加那般炎热、又不如伦敦那般寒冷的地方而言，是多余的。

因此，艾克斯城的两位医生卡斯提格里昂和弗奇在科伦布（Columb）进入马赛医生协会的公开面试中向他提了个问题：“饮用咖啡对马赛人民的身体是否有害？”

科伦布知道他们所期待的回答。他戴着医生帽站在一个小小的台上——那是在马赛的市政厅，为了这场面试还特意被布置过——在所有民众面前高谈阔论。他先毫不犹豫地陈述了一个事实：咖啡去到哪里，哪里就会很快成为它的天下。人们对它趋之若鹜，以至于任何警告和反对都无法阻止它的脚步。在雷鸣般的掌声中，这位年轻的医生继续说道：“我们惊讶地看着这种饮料如何因为其有口皆碑的功效，几乎完全将葡萄酒挤出市场。虽然我们实际上必须说，它无论在味道、气味，还是颜色、材料或任何其他方面，都无法与葡萄酒酵母相媲美。”当这些话响彻马赛市政厅内时，掌声、欢呼声不绝于耳。科伦布非常兴奋，他用黑色的长袍扇了扇风，又继续说道：“就连医生最开始也毫不吝啬对咖啡的溢美之词。为什么？因为阿拉伯人认为它是珍贵的，因为它是国产的产品，也因为它是由上帝通过山羊、骆驼或其他只有上帝知道的中介赐予人类和被重新发掘的。只要稍微有点头脑的人都会想，哈，多么蹩脚的理由啊。马赛的周边有足够喂养山羊的食物，这里的人也从未饲养过骆驼。无论如何，咖啡绝不适合这里。有人言之凿凿地告诉我们，咖啡性冷，会让人感冒，所以建议我们喝热的。但事实是相反的。咖啡的本性是干和热。我这么说，不仅仅是因为阿维森纳和阿尔巴努斯是如此写的，而且是因为人们能感受到它的效果。咖啡中富含的烧焦的小颗粒蕴藏着极大的能量，能渗入血液，刺激整个淋巴系统，吸收肾中的水分。此外，它们还能危及大脑。在吸收干大脑中的水分之后，它们让全身所有的毛孔打开，以阻止强劲的睡意进入大脑。咖啡的这些特点会导致持续的失眠，以至于人体的神经营养液流失。凡是过分依赖咖啡的地方，都出现了普遍的疲倦、肌肉麻木和阳痿。已经干枯得如夏天的河床般的血液被酸化，导致身体各器官水分不足，人骨瘦如柴。所有这些坏处最容易找上天生性情火爆的人，因为他们天生就拥有火气旺盛的肝脏和大脑，还有头脑敏锐和血液过热之人。基于上述理由，我们可以得出结论：饮用咖啡于马赛人民有害！”

马赛人自此就戒掉咖啡了吗？他们太具备法国人的特征了，所以很快就从这位年轻医生慷慨激昂的演说中嗅出了可笑的味道。哈，这些医生们啊！一群表面光鲜的人，在大量戏剧中，他们被视为跳梁小丑，一群夸夸其谈的受过教育的愚昧之徒，令人忍俊不禁。对于“不苟言笑”的英国人、德国人、荷兰人而言，这些医生的危言耸听或许还有所成效，但在性情开朗的南法人和持怀疑态度的马赛人那儿，这只能激起反抗。

但马赛医生的诅咒对咖啡而言确实是场灾难。这些言论虽然没影响大众，但是影响了学者圈本身。17世纪末，几乎所有法国医生都受科伦布的影响，站在了咖啡的对立面。他们只允许这种来自阿拉伯的植物被作为药物使用，不能作为日用品和商品。有人散播关于咖啡有毒的谣言，而且真的有人相信，虽然谣言漏洞百出。当法国财政大臣让–巴普蒂斯特·柯尔贝尔（Jean-Baptise Colbert）因劳累过度去世时，人们谣传是咖啡烧坏了他的胃。丽兹洛特郡主在某封信中写道，哈瑙–比肯菲尔德的郡主死于咖啡。人们解剖她的尸体后发现，这种可怕的饮料令其胃部长了100个溃疡，溃疡中填满了黑色的咖啡渣。（种种迹象表明，她应该是患了胃癌。著名的拿破仑尸体解剖的结果显示，癌细胞看起来与咖啡渣相似。）

但也有一些医生挺身而出，与这种荒谬的恶意中伤做斗争。其中做出最杰出贡献的当属西尔维斯特·杜弗尔（Sylvestre Dufour）：他想到与来自里昂的两位医生一起对咖啡进行化学分析。1685年，他和斯彭（Spon）和卡萨支纳（Cassaigne）共同首次对咖啡的构成进行了较为新颖的描述，同时从咖啡的化学性质出发分析了其对人体的影响。杜弗尔证明了咖啡可解酒、解吐，缓解月经不调；它可促进肾脏功能，强健心脏，预防水肿、膀胱结石和痛风；它还可治疗抑郁症和坏血病，于呼吸道和嗓音有益，能抗感冒和偏头痛。杜弗尔一定为此在人身上做了大量实验。在此过程中，他还见识了一类少见的咖啡饮者：睡前喝咖啡，喝完后仍能入睡。这让他觉得不可思议。（这类人精神高度紧张，咖啡消除了他们的紧张感和恐惧感，因此能帮助他们入睡。）

尽管有这些实验结果，法国人中依然流传着一个顽固的迷信：咖啡能榨干人体的水分。蒙彼利埃的苏格兰裔医生杜坎（Ducan）认为“咖啡对所有血液循环缓慢、新陈代谢不佳、体质湿冷的人都是有益的”这一说法非常正确。基于以上说法，很容易得出一个结论：咖啡对荷兰人、英格兰人及德国人尤其有益。但杜坎没有如此认为。因为发现法国人的血液循环没有加快的需求，他成为了咖啡的反对者。18世纪早期，咖啡的受众群中没有任何反对的声音，瑞士医生提索特（Tissot）却在《学者的健康》（*Von der Gesundheit der Gelehrten*）一书中赞同了杜坎的观点。他将柏林的宫廷医生科尔内利乌斯·德克尔称为“整个北欧的破坏者”。他认为，德克尔的“病人每天可以喝100杯茶”的谬论导致了极其糟糕的后果，其咖啡理论是荒谬的，血液循环的加快只是表面上看起来有益。“有些病人认为过于浓稠的血液是自己的病因，这是先入为主的愚蠢观点。正因为此，他们才去喝于己有害的咖啡。在他们桌上找到的装满热水的咖啡壶让我想起了释放世间一切邪恶之物的潘多拉的盒子。”

提索特和他的所有前辈一样，希望咖啡只存在于药店，至于日常的使用则是有害的，应当被禁止。“每日刺激胃纤维最终会导致胃纤维丧失功能；饮用咖啡使胃黏膜减少，神经受到刺激，变得特别活跃，人的力气流失，陷入日渐加重的高烧和疾病，而且往往病因不明。而且由此产生的高烧和疾病更难治疗，因为咖啡含脂肪，会黏在血管上。”提索特对于咖啡和酒精之间的世界大战毫不知情。另一方面，他不得不承认，“如果只是偶尔饮用咖啡，它甚至能帮助你厘清思路，并在某种程度上增强你的理解力，因此，文学家们也经常饮用。”他接着情真意切地提了个问题：“只是，给后世留下瑰宝级作品的荷马（Homer）、修昔底德（Thukydides）、柏拉图（Plato）、卢克莱修（Lukrez）、维吉尔（Virgil）、奥维德（Ovid）、贺拉斯（Horaz）等人也喝咖啡吗？”

这场由一个医生的问题引发，继而持续了数十年之久的争论只存在于学者之间，马赛的平民对此毫不关心。因为他们本就是酒徒，所以，把咖啡当成利口酒一样喝对他们而言并没什么坏处。但那时咖啡遭遇了一次铺天盖地的中伤，且通过印刷品、窃窃私语和大声咒骂扩散。这次中伤给咖啡带来的打击是前所未有的，胜过酒和医生带来的——那就是来自维纳斯女神的控诉。

南法人几乎从不阅读德国书籍。但有一本特别著名的书于1666年被译成了法文，名为《亚当·欧尔施勒格走近俄罗斯人、鞑靼人和波斯人之旅》（*Reise Adam Oeschlägers zu Moskowitern, Tataren und Persern*），作者对此次旅行［奉荷尔斯泰因的公爵之命与保尔·弗雷明（Paul Fleming）共同完成］做了基本真实的记载，遗憾的是他也写到了关于波斯国王马赫梅特·科斯温（Mahomet Koswin）的传闻。据亚当所写，“国王对咖啡的依赖如此之深，以至于他抗拒一切女性。一天，王后看见窗外有人将一匹马放倒在地上，要将其阉割。于是她问，为什么要让如此一匹良驹蒙受这样的屈辱。仆人答道，这匹马太过热情了，要剥夺其生育能力使其冷静。王后说，如此大费周章太没有必要了，用咖啡就好了。给马喂点儿咖啡，很快它就会变得像波斯国王面对他的妻子时一样冷淡了”。

这个故事让咖啡损失的粉丝数量比以往任何流言都多。不少人从此以后对咖啡避之唯恐不及。有着希腊人、罗马人、腓尼基人、哥特人和法兰克人血统的马赛人还想继续做一个人丁兴旺的民族，马赛还想儿孙满堂、千秋万代。他们笑看竞争对手巴黎人如何重新认识咖啡。

第九章

苏莱曼·阿加和巴黎人

土耳其使者

阳光下的镜子，镜子上的阳光。17世纪中期前后，日头好像赖在了法国，赖在了凡尔赛宫花园的上空。这里的统治者是太阳王、光的化身路易十四（Louis XIV）。他能聚集阳光，无论在室内室外，国王在哪里，哪里就有温暖、阳光和丰收。巴黎和凡尔赛宫因他而成为世界的中心。靠近这里的人生活幸福，远离这里的人则没有温暖，没有阳光，没有富足。

世间所有王公贵族和平民百姓都知道这一点，也感受到了这一点：太阳从巴黎的凡尔赛宫升起，耀眼的阳光洒在陆地和海面上。在太阳王的光照之下，他的臣子们也光芒万丈，比如让所有法国人富起来的工商业守护神柯尔贝尔，为法国设计防御工事的沃邦（Vauban），屡战屡胜的战神杜伦尼元帅（Turenne），既是歌颂爱情和美好的诗人，又是制定规则的立法者的布瓦洛（Boileau）。

1669年，这个充满神秘色彩的皇宫收到一个消息：奥斯曼帝国的苏丹马赫梅特将派一名使者来访。这真是一个让人为难又后果严重的消息！这是为什么？土耳其那时不应该是法国对抗德国天然的同盟者吗？当然是——要不是德意志国王的军队被引到东边并被牵制在那儿，波旁人就无法悄悄占领斯特拉斯堡和莱茵河左岸——但另一方面，他们之间的同盟是不人道、不道德的。因为路易十四是由基督教皇加冕的。虽然他从未通过使者或金钱唆使匈牙利人对抗德国皇帝，但土耳其人呢？这件事不能公开进行。即使在专制主义盛行的17世纪也要忌惮世界的看法，即使路易国王也有不可逾越的道德红线。

所以，最好秘密接见使者。但是，国王的尊贵身份容不得躲躲藏藏，国王行事必须如太阳般光芒四射，让所有人看见。因此，路易十四为了这次接见，专门让人给他置办了一套镶钻的新衣裳，像夜空中的星星一样闪闪发光。据当时一个知情人描述，国王这件（只穿了一次的）衣服花费了1400万里弗尔[①]。就连国王身边的人也都穿金戴银，耀眼夺目。国王的宝座设在一条宽敞的长廊上，长廊上还铺着绸缎；织着画的勃艮第壁毯悬在长廊一侧；一张由一整块银条切割而成的桌子摆在国王面前。

使者来了。他是一个人来的，把随从留在了门槛外。身穿一件朴素毛料衣裳的他缓缓向国王走来。对于盛大的接见场面他好像无动于衷，没有半点受宠若惊和毕恭毕敬。他走到国王面前，甚至没有向国王磕头（虽然人们原本期望看到这一幕），只是双手放在胸前向国王颔首。他保持这个动作站了一会儿后，从胸口拿出一封信，那是马赫梅特给他“西方的兄弟”写的。国王没有接过这封信，而是将眉毛向左边一个大

① 里弗尔，Livre，法国的古代货币单位名称之一。又译作“锂”“法镑”，1里弗尔合20苏。——译者注

臣站立的方向挑了挑。大臣接过信，将信打开后拿到国王面前。国王用耳语般的声音（这声音与他高挺的鹰钩鼻和打理体面的卷发形成了奇怪的对比）说道：苏丹的信看起来很长，我想稍后再读。

出自苏丹之手的东西竟然被推开了，西方好像在嘲讽东方，这让苏莱曼·阿加（Soliman Aga）觉得很过分，于是他立即进行了不卑不亢的回击。他用同样轻的声音问道："陛下看到信尾我们尊贵的苏丹马赫梅特四世的亲笔签名时，为什么没有起立呢？"整个宫廷上上下下目瞪口呆，就连宝石的光辉都停止了闪耀。国王回答："一国之主像自然规律一样，凡事只随自己的意志，不做别的权衡。"随后，这位土耳其人便被打发走了。

皇家马车将他和他的随从从凡尔赛带回了巴黎，他在这儿租下了一座宫殿。他穿着朴素的毛料衫面见国王，震惊了所有人。如今，他富丽堂皇的宫殿又让巴黎人看得眼花缭乱。民间传说，他的宫殿内部犹如另一个世界：波斯的人造瀑布在密室中流淌，君士坦丁堡的玫瑰香味如同被施了魔法般飘进苏莱曼的宫殿。这显然有点夸张。但当好奇的贵族终于得以踏进这座宫殿时，呈现在他们眼前的景象也足够神奇了。

透亮的晨曦迎接了这群客人。踏进宫殿，映入眼帘的是由香气怡人的木材建成的房间、上了釉的瓷砖、钟乳石制的壁龛，抬头看到的是五彩斑斓的圆顶。但最让人惊讶的是房子里没有一把椅子。但这个最不方便之处很快就带来了最大的方便，所有人都兴奋极了：他们可以坐在垫子上。半躺在垫子上，身体的重心得以转移，肌肉和头部得到放松。这让人想到"休息"二字——这与整个西方所熟悉的危机四伏、尔虞我诈的社交是相反的。而他们现在参与的也是社交，只不过是东方的社交。但盘腿而坐可不轻松。宫殿的佣人给他们拿来了轻便的长袍——丝滑的晨衣，也允许他们用手肘撑着以使自己感到舒适。

尽管如此，男人们起初一点儿也不情愿来，而是更愿意派自己的妻子来。这些贵族夫人们身着如云朵般轻薄的裙子在苏莱曼的魔法宫中穿梭。她们邀请苏莱曼与她们同坐在柔软的垫子上。一些深棕色皮肤的奴隶穿着上等布料的土耳其服装，一一给她们奉上锦缎绣花餐巾作为礼物，与此同时还给她们端上一种滚烫的、味道令人作呕的饮料。有几位夫人恨不得抿一小口后吐出来，但这似乎不合礼仪。在苏莱曼的宫殿里的美好停留是以喝咖啡为代价的——有失才有得。有人心想，如果往咖啡里加块糖会不会惹怒苏莱曼？一位侯爵夫人假装要用糖戏弄苏莱曼的鸟，然后趁人不备将糖放入了面前这杯味道奇苦的饮料里。苏莱曼的脸上闪过一个微笑，但他一个字也没说。第二天，他命人给所有女士的咖啡都加了糖。

这样，即使没有太阳王的关照，苏莱曼也能知道皇宫里发生的一些事，了解关于法国军备、军官、军队、手工业等的情况，也能了解到法国的同盟的情况，以及国王脑中的新格局。所有消息都来源于一群并不知道自己给苏莱曼透露了什么的人。他们只是给苏莱曼提供了线，苏莱曼用它们织成了一块完整的地毯。很快苏莱曼就知道路易国王确实完全不可靠。法国需要土耳其，只是利用土耳其对德国人的威慑力来保护其东部边界的周全。但是如果苏丹与维也纳对峙，法国国王绝不可能派一兵一卒到施瓦本的多瑙河畔增援土耳其军队。

这些消息的来源就是这些贵族太太们。咖啡改变了她们，带走了她们的羞怯，令她们说话变得轻松、自由、大胆——其实她们并不知道自己在说什么。她们更多是在打听苏莱曼的家乡有什么样的风俗习惯，其中最重要的就是这种奇特的饮料。它所含的看不见摸不着的油脂无形中改变了许多事情。

坐在她们中间的苏莱曼很乐意回答她们的问题。当他开口说话时，他原本如面前的饮料般浑浊的黑色眼睛变得炯炯有神。

他将咖啡如何被发现的故事娓娓道来：古时候有两个阿拉伯僧人，他们发现了咖啡树。直到现在人们还会向他们祷告。其中一位僧人叫夏狄利（Al Shadhili），另一位叫阿卜杜·埃德鲁斯（Abd Al Aidrus）。但是阿尔及利亚人不愿意承认虔诚的夏狄利是阿拉伯人。他们将夏狄利据为己有，因此，阿尔及利亚人为咖啡也取名“夏狄利”。

随着苏莱曼的讲述，充满童话色彩的远方仿佛就在贵族太太们的眼前。他捋着黑色的胡子，毫不忌讳地说道，其实他自己都不相信这个传说。也许夏狄利和埃德鲁斯压根不认识彼此。但无论如何有一点是确定的：埃德鲁斯对咖啡烹制所知甚少，因为他把只去掉外皮的咖啡果放入水中煮，包裹在最里面的咖啡豆却被丢弃了做肥料。人们很久以后才试验出唯一正确的烹制方法。所以，有些地区用小豆蔻、姜和丁香料烹制“果皮咖啡”，但这是错误甚至罪恶的。就像世上只有一种《古兰经》一样，世上也只有一种咖啡。

他的话听起来毋庸置疑。伴随着紫色的泡沫在金属锅里翻滚的声音，苏莱曼继续讲述咖啡的神奇故事。他说他曾见过咖啡种植园，在阿拉伯的西南部，被阳光和云雾围绕。为防蝗虫，人们将珍贵的咖啡树隐藏在柽柳和高大的角豆树之间。一些阿拉伯老人对咖啡如此热爱，甚至将磨碎的咖啡粉抹在黄油上吃。认为这种习惯很可爱的人肯定相信，咖啡令人虔诚、坚强和有教养。一位虔诚的导师艾哈迈德·本·加达卜（Achmed Ben Djadab）留下一句话：“谁去世时身体里有咖瓦，谁就不必忍受地狱之火。”因为咖啡使人行善，令人虔诚。阿拉伯语的“咖为（Kawih）”一词意为“力量”，喝了咖为之后，穆斯林在死前还能被送入天堂。

他就这样跟侯爵夫人们聊着天。当回忆也门的湿热地区时，他完全忘记了他现在身处的西方世界的贸易，忘记了政治，忘记了巴黎。

喝咖啡的维奇尔[①]（17世纪中期）

他浑身上下散发着穆斯林的另外一种完全不同的气质：一个神秘主义泛神论者的平静。15年后，土耳其人在维也纳战败，路易十四没有跨过莱茵河前来相救。土耳其人被打回老家[②]，但咖啡——“伊斯兰的‘酒’”，却征服了葡萄酒和巴黎。

① 伊斯兰国家历史上对宫廷大臣或宰相的称谓。阿拉伯语音译，意为“帮助者”、“支持者”、“辅佐者”。——编者注

② 德国历史学家兰克（Ranke）认为，路易十四之所以没有对土耳其人施以援手，原因在于国王希望土耳其人能够突进到莱茵河畔，突破斯特拉斯堡，然后他再率军进攻土耳其军队，成为德国的救主，并戴上神圣罗马帝国的皇冠。

对咖啡的敌意

真的“征服”了吗？不，咖啡的价格当时太高昂，所以无法真正扩大影响力。只有在马赛才买得到咖啡。每磅咖啡的价格为80法郎。从马赛买咖啡的人要么是富人中的富人，要么就是爱慕虚荣之人。他们有理由为来自土耳其的舶来品支付如此高昂的代价。

喜剧作家莫里哀（Moliére）是他那个时代最著名的反对爱慕虚荣之人。1670年，他创作了一部有关礼仪的喜剧著作《贵人迷》（*Bourgeois-Gentilhomme*）。创作时，他必须使用温和的语言，只因为这是为宫廷写的。在《贵人迷》中，对咖啡的抨击是本书最大的笑点。苏莱曼作为使者在巴黎待了整整一年，巴黎人对东方的好奇心四处泛滥。于是，莫里哀在作品中让一圈爱恶作剧的土耳其人围着一个小市民跳舞，他们想让他这个丈二和尚摸不着头脑的普通小民做土耳其的王子。

一些法国人可能从书中知道，“东方的时装”虽然很贵重，但很可笑，至少不可以戴着头巾、穿着睡衣在家里走来走去。

咖啡在对法国巴洛克式的服装风格有所不满的人那儿声名狼藉，推崇咖啡的人被认为是可笑的。一位内心正直的夫人觉得自己有必要反对咖啡。她不是个说教者，只是一个拥有一颗理智、柔软的心的母亲。她就是塞维尼夫人（de Sévigné）。

她写给远在普罗旺斯的女儿——里尼昂伯爵夫人的信件使用的是最温柔的语言。她擅长细节描写，这是此前的男性作家所著的法国文学作品所不具备的特征。1676年5月，她在一封信中祝贺她的女儿戒掉了咖啡。她写道：“梅利（de Méri）小姐也将咖啡扫地出门了。在经历了两次这样的争议后，咖啡可能在哪儿都不会受欢迎了。”此外，她还写道，她深信一切令人身体发热、心跳不舒服地加快的饮品都能加快血液循环。淋巴本身的状态与肠的温度关系非常紧密。内部清洁、温泉水，尤其是水果餐比咖啡的效果好。

这当然是经验之谈。塞维尼夫人对咖啡的敌意不同于对潮流服装的敌意，她有这样的敌意是因为她是一个忧心忡忡的母亲。她写给女儿的话是一位母亲写给女儿的最动听的话："我的宝贝，你想象一下，我现在双膝下跪，感受着你的感受，泪流满面地恳求你，不要再像上次那样给我写这么长的信。如果你一定要让我觉得我是让你虚弱和劳累的元凶，那么孩子，你就把我当作谋杀你的帮凶来审判吧！"里尼昂夫人那时已不再是小孩了，但她的体弱多病一直令她的母亲担忧。所以，1679年11月8日，星期三，塞维尼夫人在信中写道："我见了杜彻纳（Duchêne）医生，他由衷地喜爱你。我觉得他比其他医生都认真。他很惊讶，你的身体居然瘦弱到了如此地步。他希望你改喝牛奶为吃燕麦糊和喝鸡汤。因为如果你不让自己的血液变得健康起来，后果将非常糟糕。杜彻纳医生也认为，咖啡让血液流动过快，且让血液的温度升高。他说咖啡只对患有黏膜炎和乳房病的人有益，身体瘦弱如你的人绝不能喝。我的女儿，你要知道，咖啡表面上给你的身体带来的所有力量不过是一种假象。这股力量来自血液循环的加快。而恰恰相反，你的血液循环应该温和一点。我的女儿，你要记得，杜彻纳医生是出于深厚的友谊才为了你向我说了这么些话……"

咖啡仍然还作药用。至于效果，只能说甲之蜜糖，乙之砒霜，医生也无法给出更恰当的解释。社会上流传着一句话："诗人拉辛（Racine）将像咖啡一样陨落。"但这句警告毫无分量。要是他陨落了就好了！伏尔泰（Voltaire）曾指责塞维尼夫人将那句预测写进了信中。但在塞维尼夫人写给女儿的信件中却找不到这句话。看来是伏尔泰弄错了。

塞维尼夫人喜欢戏剧家高乃依（Corneille），所以站在老一辈诗人的阵营中反对年轻的拉辛。她内心柔软，却偏偏喜欢高乃依作品中的顽强不屈和古典主义的强硬。拉辛——这个在苏莱曼来到巴黎三年后便被咖啡俘虏的年轻人让她感到生气。他的创作不选取适合戏剧的古典素材，而是选取来自东方的接近当代的素材：巴雅泽和他的哥哥穆拉德四世（Murad IV）的故事，一个甚至还在进行时的来自奥斯曼帝国皇室的悲剧。用今天的话来说，这是一个具有新闻意义的即时素材。为了补救素材的大胆，拉辛用特别激昂的手法对素材进行了处理，但补救失败。这部“土耳其戏剧”于1672年1月5日首演。3月16日，塞维尼夫人在给女儿的信中毫无保留地描写了自己对这部剧的反感，她说剧中没有任何东西是美好的、令人肃然起敬的，“不像高乃依写的台词让人战栗”。相反地，主人公冷酷至极，结局令人猝不及

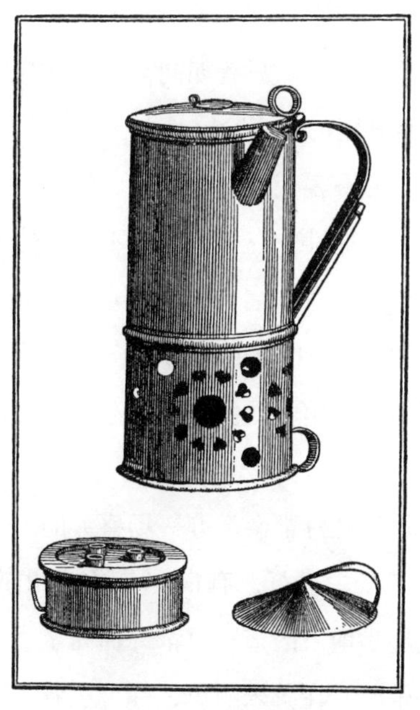

咖啡壶、酒精灯和熄火装置

防，屠杀莫名其妙。“我们看不到土耳其人的礼仪；他们结婚不用大费周章……”全篇没有提到咖啡。但可能写了这句：“拉辛的作品不会流传很久。我们拭目以待，看我的判断是不是错的。我们的朋友高乃依万岁！”

没有“咖啡”二字！伏尔泰怎么会在80年后指责塞维尼曾说过咖啡和拉辛会以一样的速度消失呢？可以肯定的是，塞维尼夫人对拉辛的好感和对咖啡的好感一样少。但也许伏尔泰的脑子里有一个文字游戏：“高乃依”代表乌鸦，“拉辛”代表根。按照塞维尼的风格，她完全有可能希望乌鸦能把根拔起，顺便把咖啡树也连根拔起。

咖啡馆的起源

在上流社会为了喝或不喝咖啡争执不下的苏莱曼·阿加时代，普通市民压根儿就喝不上咖啡。只有如同宫廷一样与外界隔绝的贵族家庭中才有咖啡。巴黎真正的上流阶层是不会去公开场合的。

将这些身份低微的看客变成咖啡消费者的是另一个男人。他与苏莱曼·阿加没有任何相似性，以至于令人不敢相信他也是个东方人。这位“平民版苏莱曼·阿加”名叫阿尔迈尼尔·帕斯卡尔（Armenier Pascal），他于1672年在圣日耳曼的市场广场上开了第一家咖啡馆。它算不上一间真正的咖啡馆，更像一个仿造品，建在一块用于举办博览会的场地上。

那时的广场上每年九月都会举办一场盛大的工商娱三界博览会。博览会集中在九条巷子中进行，有140个摊位展出产品。不仅巴黎人在此汇聚一堂，就连小地方的市民也都蜂拥而至。有博览会的时候就一定会有移动的游乐园。在游乐园里，你可以看到矮人和巨人，单峰驼和双峰驼。这里有跨越地域的狂欢、法国人的勤奋、游乐园的欢声笑语和热火朝天的展厅。在这场盛会的中心地带，阿尔迈尼尔·帕斯卡尔搭建了他的咖啡馆，用法语取名为“考法之家”（maison de Caova）。这间用木材和纸板建成的屋子立在那儿，仿佛在问法国人：“要进来吗?”这间咖啡馆忠诚地仿造了帕斯卡尔亲眼所见的君士坦丁堡的咖啡馆，其浓浓的土耳其风吸引了一群又一群的市民。最令人惊讶的是，他们居然也付得起咖啡的钱！一杯咖啡只卖三苏[①]。因为拥有经济头脑的帕斯卡尔认识到，只有把咖啡卖得像葡萄酒一样便宜，才能促进咖啡的消费。为了降低成本，聪明的帕斯卡尔跳过中间商，自己直接从黎凡特地区采购原料。

但帕斯卡尔也错了。他所以为的法国人对咖啡的真正兴趣不过是展会期间的好奇心而已。当他把咖啡馆搬到巴黎市区的“学校码头”[②]后，他破产了。那些作为游客愿意花费三苏的人在巴黎却对咖啡嗤之以鼻。雪上加霜的是，库存的咖啡原料在缩水。此外，因为追求低价，帕斯卡尔不得不降低咖啡饮料的质量——他在咖啡中掺入了茱萸和橡果。也许是良心不安，这对于他这个知情人而言很艰难。最后，他放弃生意，悄悄搬去了伦敦。

然而，不到五年之后，另一个“阿尔迈尼尔”不顾帕斯卡尔失败的教训，在巴黎做起了同样的生意。他在巴黎的菲卢路上开了一家小小的土耳其咖啡馆。为了提高咖啡的销量，他还兼售烟草。他的名字叫马利班。后来，他曾经的帮手、信奉基督教的波斯人格雷高尔接手了他的生意，马利班自己则搬去了荷兰。

格雷高尔记得，在他的家乡，咖啡与文学密不可分。难道巴黎不是？咖啡豆中一定有某种精神是与艺术家的思想相关的。不如将整间

---

① 苏是法国以前用的一种低价值的硬币。——译者注

② 巴黎过去的一个老码头，法语名为“Quai de L’École”，该码头现已不存在。——译者注

圣日耳曼的博览会。来自一部喜剧中的表演。

咖啡馆搬去法兰西喜剧院附近？这家剧院可是广袤世界真正的中心，孕育修养和礼仪的地方，比太阳王那与世隔绝的凡尔赛宫可强多了。人们在这里谈论剧本、演员、评论，这里有各种八卦和自我吹嘘，总而言之，这里需要一个“休息室”。于是，格雷高尔连人带店搬到了法兰西喜剧院旁边。人们在戏剧表演期间或表演结束后会到这里聊天。虽然他的“休息室”与剧院没关系，却成了剧院不可缺少的一部分。以至于当剧院迁往别处时，格雷高尔也带着他的咖啡馆跟着搬迁。据1689年的记载，这是这里首次出现剧院咖啡馆。

格雷高尔没有破产一事激励了一些人。他从马利班那儿接手的那家老店铺在他搬去剧院旁时，转让给了一个名叫马卡尔（Makar）的老乡。马卡尔这个名字意为“有福的”。但这位马卡尔却没给咖啡带来什么福气，最终他因为过于思念家乡而永远离开了巴黎和法国。他不像他的老乡——八面玲珑的格雷高尔那般有智慧。格雷高尔打入了文学大家的圈子，就像他也是其中一份子一样。他一边卖咖啡，一边与布瓦洛的学生讨论戏剧结构中的“地点一致”原则，谈论拉辛和高乃依。而远离剧院的马卡尔没有这样的顾客群。后来一个被人称作“纨绔子弟”的佛兰德人接手了他的店铺。

直到1700年，都没有太多巴黎人以煮咖啡或卖咖啡为生。这一行依然没有本地化。咖啡与文学的亲密、与“老学究”们的友谊还不足以让咖啡馆变成土生土长、真正属于法国的东西。这个国家必须首先成为一个文学大国（这一天已经不远了），然后咖啡才能成为法国人的主要饮品。

1690年，一个瘸腿的矮个子男人来到巴黎。他毫无疑问是个希腊人，来自当时受土耳其人管辖的克里特岛，因为大家都叫他“克里特人”。他太穷了，所以没有钱开咖啡馆，最后却逆袭成功。开不起咖啡馆的他经营起了一种新的买卖——挨户兜售热咖啡。他快步穿过大

想象的巴黎咖啡售卖者的画像（1695年）

女咖啡售卖者（1730年左右）

街小巷，挨家挨户售卖咖啡。他腰间系着的洁白餐布让人看着很有好感，因为他的手毕竟是棕色的。他拎着一个小灶，灶上放着一个咖啡壶，挨家挨户地敲门。他还用希腊语唱着一首歌，大意为：

哦，饮料，我爱的饮料！
统治吧！唯一的霸主！
将酒徒争取过来吧！
你比葡萄酒更让人快乐！

只需两苏，他会给你倒满递过来的三个杯子。然后继续快步一瘸

在巴黎走街串巷叫卖咖啡的“克里特人”

一拐地给其他人送去快乐。就这样，这种黑色饮料带着油味的香气飘进了家家户户。

也有人模仿“克里特人”，比如黎凡特人约瑟夫。尽管如此，这种像早上卖面包一样送货上门的模式很快又过时了。人们已经意识到，咖啡的下一个未来不在被四面墙阻隔的居民的家中，而是在开阔的公众场合。

因为1700年前后，人们对“公众”有了新的理解，对演讲和批评的兴趣达到了前所未有的巅峰。巴黎人终于显现了日耳曼—法兰克的特质。他们开始像其他罗马人——比如米兰人、那不勒斯人和马赛人一样，喜欢走上大街和广场，而且不仅仅在庆祝年度市场节期间。巴黎人发现“公众”是“日需品”，而咖啡可以帮助人们打破心墙。大街上的演讲虽然还远远不足以对国家或经商产生影响，却能鼓舞人心。一个新的世纪就要来了。在这个世纪末，人们发现了“公民自由”这片新大陆。在新世纪到来之际，巴黎第一家真正现代化的咖啡馆于1702年应运而生。这家“普寇咖啡馆（Café Procope）”由来自巴勒莫的一个小个子贵族、意大利人普罗可皮尤·迪·可泰利（Procopio di Coltelli）创办。他像所有来自海滨城市的人一样，早于巴黎人或维也纳人很久就认识了咖啡。命运的打击让他变得穷困潦倒，22岁的他开始在巴黎给阿尔迈尼尔·帕斯卡尔的咖啡馆做服务员。三年后，他与巴黎人玛格丽特·克鲁安结婚，并照那时的惯例跟他伟大的妻子生了八个孩子。1679年，他的第一任妻子去世，之后他娶了一位贵族小姐，又与她生下四个孩子。

在为法国的人口做了如此大的贡献（并以此战胜了马赛人对他的一切中伤）以后，他抹去了自己外地人的出身，并放弃可泰利这个名字，为自己改了个法语名叫库托（Couteau）。

不久之后，他还在名字前加上了“咖啡大师”几个字，并于1702

年买下了法兰西喜剧院对面的那间大咖啡馆。

事实上，18世纪所有的咖啡馆都是以这家“普寇咖啡馆”为雏形的。库托成功的基础在于他摒弃了夸张的土耳其装修。他的座右铭是“巴黎属于巴黎人”。无需客人们以感觉和地域差异等借口绕着弯子向他建议，他自觉他给客人们营造了一个舒适的环境：他在咖啡馆里布置了镜子、水晶灯和大理石餐桌。尤其是他除了卖咖啡外还供应巧克力、利口酒、鸡蛋、蛋糕、冷饮和甜食，为咖啡保驾护航。他创办的咖啡馆已经接近我们今天的甜品店，但这种模式的咖啡馆很快又被淘汰了。但是无论如何，他的咖啡馆是第一家纯正的欧洲咖啡馆，是整个法国的咖啡馆的发源地——阿贝·加利亚尼（Abbé Galiani）在《欧洲的咖啡馆》（*Le Cafe de l'Europa*）中证明了这点。

第十章
“咖啡老哥”

在英国起步

预感自己时日不多时，血液循环的发现者哈维找来一位公证人，并向他展示了一颗咖啡豆。他用指头轻轻指着这颗豆子，宛若爱不释手的宝物，微笑着说：“这是幸福和思想的源泉。”他在遗嘱中将他实验室里最珍贵的宝贝——56磅咖啡豆赠予了伦敦医生协会，同时还要求医生们每个月都要在他去世那个日期聚会一次，直到这些咖啡被消耗殆尽。56磅咖啡而已！这也证明了那时人们小口抿咖啡的习惯，就像他们喝的是溶在水里的珍珠。人们主要还是把它当成灵丹妙药，而事实也是如此。

哈维也许做梦也没想到，在他去世20年后，整个伦敦的咖啡馆遍地开花；他从未想过，原本从威尼斯弄来的美味的咖啡不久以后就被大量地装在船舱里，运到英格兰的各个港口。如此场景绝对超乎他的想象。

但即使对于我们而言，也很难想象英格兰人坐在咖啡馆喝咖啡的场景，因为英格兰是茶的国度。装在瓷杯中的那一汪小小的、清澈的、金红色的湖水是英格兰人的象征。茶是属于英格兰人的，就像葡萄酒是属于古希腊人的，咖啡起初是属于阿拉伯人的，后来又是属于法国人的一样。但历史并非向来如此。1680～1730年期间，整整半个世纪，伦敦是咖啡最大的消费者。茶是后来才出现的。1650年前后，英国人的身体陷入了一种慢性病状态，看起来只有大剂量的黄嘌呤才能改变和治愈这种症状。酗酒的恶习席卷了英国从上至下的所有阶级。血腥的内战让人们希望用昏沉度日来掩盖战争的残忍。一张巨大的酒馆网不仅罩住了伦敦，还罩住了整个英格兰。人们不知道是否哪天又会出现一个新的独裁者，天主教徒和清教徒之间会不会又为了争夺统治权而硝烟再起。人们需要酒精的麻醉，需要“酒池肉林”。靠了岸的水手们想忘却航行中的痛苦和无边无际的大海上永无休止的拍浪声。酒馆甚至直接开到了锚地边上。整片陆地就是一个大型酒馆，一个红得像火的无底洞，人们坐在湿漉漉的酒桶上，各种暴力冲突一触即发，有些酒瓶成为了武器。

在基督教文化占主导地位的中世纪，没有任何作家像莎士比亚一样描述过这般野蛮的酗酒场景。莎士比亚写了，因为他亲眼见过。他与每块肌肉都来自公牛肉、每口呼吸都是酒精的人生活在同一个时代。除了福斯塔夫，我们在他笔下的很多其他人物身上也能感受到一种深深的恐惧：如此强壮的公牛竟然也会自燃而亡，竟然会在由朗姆酒、杜松子酒和烧酒燃起的蓝色火焰中分崩离析。在莎士比亚的戏剧中，高大、滑稽的偷猎者和吹牛王们或许喝着葡萄酒甚至香槟，但他们的原型只在葡萄酒或香槟不是太贵的时候才喝。虽然那些恣情纵酒的来自上流社会的年轻人有足够的财力喝最好的酒，但莎士比亚也认识许多穷光蛋，比如巴尔多夫和皮斯托尔的原型，他们喝的是别的饮料。正如布兰德斯（Brandes）所说："英国没有任何一个时期拥有的饮料品种有如此之多，今后也不会有任何时期能超越现在。这里有艾尔啤酒和其他种类的高浓度或低浓度啤酒，有三种类型的蜂蜜酒：原味蜂蜜酒、香料蜜酒和淡蜜酒，每种都添加了植物香料。光是蜂蜜白酒中就添加了迷迭香、百里香、野蔷薇、薄荷、独行菜、龙牙草、矮牵牛、小米草、风铃草、冬青根、苦艾、柽柳和虎耳草等十几种香料。"酒精在这些丰富的香料中发酵出了最耽于享乐的文化。所有人的脑中和肚中都装满了放纵无度。除此之外，人们的味觉盛宴上还有昂贵的进口佳酿：56种法国红酒和36种西班牙红酒，这其中还不包括进口的葡萄牙和意大利红酒。这些红酒原产国的国民反而没有人有酗酒的习惯，只有漂洋过海到了别的国度才令人醉生梦死。

在这个时代，雅戈在《奥赛罗》中可以放心大胆地说："这首酒的赞歌是我在诞生真正的喝酒高手的英国学的：你们丹麦人、德国人、大肚子的荷兰人——来，干杯！——都完全不是英国人的对手。"卡西欧紧接着问他这是不是真的，他答道："英国人吗？他能轻易将丹麦人喝趴在桌子底下，不费吹灰之力让德国人服输，还能让荷兰人不到第二瓶酒就开始呕吐。"

就是这样一个世界，现在迎来了咖啡。起初作为药品（它的气味闻起来也很像草药，且适合放在带有标记着"咖啡·阿拉伯"字样瓷牌的弧形木盒中保存），直到世界最著名的医生之一沃尔特·拉姆齐（Walther Rumsey）发现了它的主要特征。沃尔特·拉姆齐是哈维的学生，也是弗朗西斯·培根（Francis Bacon）的学生。他说咖啡可以"治愈酗酒者"。他为对此进行说明的章节起了一个高辨识度的名字："咖啡实验"。喝咖啡曾是一种健康实验。咖啡能在英国起步，完全得益于医学在英国卓越的影响力（与法国情况相反）以及最优秀的英国人对科学的理性的信仰。医生们认为咖啡对于控制可怕的酒瘾必不可少。每个英国人骨子里都有清教徒式的理想，突然被唤醒的英国民众对医生们言听计从。

爱德华·颇寇克（Edward Pococke）、斯洛恩医生（Dr. Sloane），尤其是著名的拉德克里夫（Radcliffe）甚至宣称咖啡是万能药。早上空腹喝咖啡有助于治疗肺结核、眼结膜炎和水肿，它还能治疗痛风和坏血病，水痘就更不用说了……但有一个奇怪的告诫说明了人们那时有多么谨小慎微（和多么无知）：勿将咖啡与牛奶同饮，否则有患麻风病的危险。现代的伦敦与古时的阿拉伯一样迷信表面所见——就像咖啡豆看起来像羊粪一样，灰白色的牛奶加咖啡看起来像皮疹。

“咖啡老哥”就这样抵达伦敦，与它初到巴黎时的境遇完全不同。法国人的体质已经够热了，医生们担心咖啡会让体内热气更重。而英国人体质寒，血液循环较慢。在咖啡到来之前只能借助酒精暖身。现在，人们有其他的暖身方式了。许多人性格忧郁，许多人易怒，还有许多人二者兼而有之。咖啡像每天都来拜访的客人一样陪伴在这些人的左右，长达半世纪之久。虽然只是一种平民饮料，但它却像一个皮肤黝黑的高贵的清教徒，戴着一顶荷兰的宽边软呢帽出现，穿着以拉夫领和洁白的硬袖口作装饰的贵族服饰。有时，这位老哥还带着一个小陶制烟斗来访。在法国，咖啡让失眠的人更失眠，风趣的人更风趣，而在伦敦，它有着令人警醒的魔力，就像对世人进行谆谆教诲的牧师：“不要忘记你们基督徒的身份”“总是要清醒地走进教堂”“尊敬的绅士们，刀应该摆放在盘子旁边，而不是插入邻座的胸膛”。

遭遇拦路虎

阿尔迈尼尔·帕斯卡尔经历了巴黎的破产后，悄无声息地搬到了伦敦，在这里，他竟然遇到了一个与他同名的对手：希腊人帕斯卡尔·罗塞（Pascal Rosea）。他原名叫格拉艾科-韦内齐亚纳（Graeko-Venezianer），因为他来自拉古萨（今属克罗地亚），中世纪时受过圣马可之狮利爪攻击的地方。伦敦商人丹尼尔·爱德华（Daniel Edward）曾乘船去过土耳其的士麦那（即今天的伊兹米尔）。在返程中，他于一个阳光明媚的早晨在拉古萨下船时，遇见了头戴希腊小帽卖咖啡的帕斯卡尔。在士麦那，每个安纳托利亚的居民都会煮咖啡，这在爱德华看来是件稀松平常的事情。但越靠近英国，这就越少见。因此，他从位于黎凡特—希腊地区边界的拉古萨带上了帕斯卡尔·罗塞。他雇用帕斯卡尔做他的佣人，以后每天早上为他煮咖啡。“这一全新的习惯吸引了许多朋友来拜访爱德华，”纂史人安德森（Anderson）在《商业史》（*History of Commerce*）中写道，“以至于他一直到近下午时分都得忙于跟客人们聊天，满足大批访客的好奇心。”咖啡确实在任何一个时代都能让每个认识它的人爆发强烈的说话欲望。因为不胜其烦，所以爱德华后来为帕斯卡尔建了一间开放的小木屋，让他在那儿用咖啡来招待客人，而不用自己亲自到场。这种“黑色的令人喋喋不休的饮料”在帕斯卡尔的手上从小木屋转移到了一间咖啡馆。英国首家咖啡馆就这样在科恩希尔大街上开张了，就在圣迈克尔教堂的对面，可谓毗邻最虔诚的地方。他的广告词可以是“英国第一口公开烹制和出售的美味咖啡，由帕斯卡尔·罗塞为您提供”。

但帕斯卡尔没有料到自己会遇到强劲的拦路虎。一位巨人、所有北欧国家的霸主——啤酒杀了出来。商人和酿酒工人可不想因为豆大一粒、弱不禁风、散发着女性香水味儿的咖啡豆让自己的啤酒花和麦芽发霉腐烂。于是，他们首先向市长告发帕斯卡尔“不是一位自由民”。他们质疑，从什么时候开始，外国人可以打压本地产业了呢？

市长了解了他们的要求后，派自己的马车夫波曼去做帕斯卡尔的合伙人。对这一处理结果并不满意的酿酒工要求，必须对这个新兴行业征收特别高额的税。此后，帕斯卡尔不得不缴纳6000便士的税，但即使如此，他最终也没能逃脱被逼走的命运。

波曼被迫在他的咖啡馆里兼售啤酒。尽管如此，咖啡的成功仍然有目共睹。所以，舰队大街上的一位理发师詹姆斯·法尔也开始采购咖啡豆，然后售卖咖啡。于是，他成了众矢之的、酿酒工们积攒的怒气的发泄口。他们将他告上了公堂。“我们在此控告身为理发师的詹姆斯·法尔烹制和售卖一种被称为‘咖啡’的饮料，控告他因此制造难闻的气味，给邻居造成困扰；还有，整天甚至整夜在壁炉和房间里燃烧明火，给周围所有人带来了巨大的安全隐患和深深的恐惧。”

虽然酿酒工人对他进行了如此卑鄙的控告，但法尔的咖啡馆却恰恰逃过了1666年烧毁旧伦敦的全城特大火灾。

考文特花园附近的剧院区咖啡馆林立，其中有些咖啡馆还颇负盛名，如巴腾咖啡馆、加拉韦咖啡馆、威尔咖啡馆和汤姆咖啡馆。这里成为了上流社会的聚集地，商人、法学家、医生和议员们意气风发地在此相聚。整个国家的灵魂人物戴着象征身份和地位的假发相聚于此，想从咖啡中获得智慧和清醒。

至此，啤酒之神甘布里努斯不得不表现出满意的样子。一波刚平，一波又起，负责婚姻、生育和关爱的朱诺女神却又挑起了争端——只要咖啡在哪儿出现，诸如此类的争端就一定如影随形。她对另外一个女神，即维纳斯女神曾在马赛遭遇的失败感到不满，于是在伦敦女性中挑起了对刚进入伦敦的黑色饮料的强烈抗议。1674年，这些夜里被丈夫轻蔑地扔在一旁的女人就已经强烈抗议过她们被无视的遭遇：她们控告咖啡让自己的丈夫丧失了生育能力，就像这种带来厄运的浆果所生长的荒漠地区一样；她们强大祖先的后代会像猴子和猪

伦敦劳埃德咖啡馆内的证券交易场景（1798年前后）

一样慢慢消失……

男士们在一篇公开发表的文章中回应了女性们对咖啡的仇视，该文用于“为他们自己的行为辩护，为喝咖啡这一良好习惯辩护，以及反驳一篇危言耸听的抨击文章对咖啡的污蔑”。

男士们取得了最终胜利。伦敦已婚女性对咖啡太过极端的控诉让她们的行为丧失了公众的同情。

但朱诺女神也被击退了：声称咖啡毁掉家庭和生意的控告套上各种各样的伪装层出不穷。称“出入咖啡馆让男性不务正业”的说法不过是换汤不换药的老套控诉。一张传单上写着：“咖啡馆是性欲的大敌。一些以前处事认真、前程似锦的绅士和商人去了咖啡馆以后就不如从前了。为了见朋友，他们在那儿虚度三个小时甚至更长时间。朋友又带上其他朋友，他们就要荒废工作中的六七小时甚至八个小时……”

这样的控诉更像无理取闹，但因被咖啡抢走信众而损失惨重的啤酒神甘布里努斯也时不时地杀个回马枪。他现在摇身一变，成了一名国民经济学家。他借一名经济学教师的嘴表达了这样的担忧：“咖啡馆的存在阻碍了大麦、麦芽和小麦等国产产品的销售。佃农的生活因此被毁，因为他们的粮食卖不出去。地主的生活也随之被毁，因为佃农付不起租金。”

尽管如此，咖啡仍毫不动摇地在为英国人提神的道路上昂首阔步，直到它遭遇了众神之首朱庇特和世间万物的政治秩序。众所周知，在咖啡的传奇史中，历史总是一再重演：正如麦加总督克哈伊尔-贝格曾打击过喝咖啡之风，因为它使人政治化一样，咖啡馆在伦敦也遭遇了流言蜚语的中伤，人们说它们事实上是政治俱乐部的所在。一份申诉书中以妻子般的口吻写道：“这是怎样的一场传染病啊！普普通通的手工业者整日坐在咖啡馆里闲谈政治，放着可怜的孩子在家里嗷嗷待哺。如果生意失败，他们自己将被送进监狱或被迫服兵役。”

但也不是所有言论都是诽谤。咖啡馆确实是政治阴谋的集合地。政党政治活动的热闹最终将偶然走进咖啡馆的无组织、无敌意的客人都变得不重要了。圣詹姆斯咖啡馆和士麦那咖啡馆是崇尚民主的辉格党员的大本营，托利党的议员们（他们今天绝不会走进任何一间咖啡馆）也聚居在咖啡馆里。针锋相对的国会议员们在对一件事情的认知上却是统一的，正如亚历山大·蒲柏（Alexander Pope）在《夺发记》（*The Rape of the Lock*）中所写的：

……咖啡赋予政客智慧，

让他们看清楚，黑夜掩盖了什么。

咖啡馆里“思想机器”运转不停，这对于政府而言是不可控制、不受欢迎的。因此，政府通过一纸声明宣布关停咖啡馆。距1676年新年还有两天时，伦敦的大街小巷贴满了总检察长威廉·琼斯（William Jones）要求关闭所有咖啡馆的呼吁书，“因为人们在咖啡馆里散播的流言蜚语给陛下领导的政府和整个国家造成了困扰”。

接下来发生的事情证明了一个变得清醒的国家所拥有的力量。所有党派突然之间联合起来对抗这一“反人性的非法行为”。咖啡馆曾是议会党派的聚集点，同时也是他们的宣传厅，怎么能就此放弃它们呢？伦敦的抗议达到如此程度，以至于麦考莱（Macaulay）说：“全世界都起来反抗了。”

不过几日，当权者就不得不让步。在咖啡馆所有者承诺不再允许文章、书籍和传单进入咖啡馆，以及不再允许客人发表损害他人名誉的言论后，政府重新开放了咖啡馆。于是，人们又可以毫无阻碍地公开享用咖啡了。

咖啡馆里的文学家

在所有英国人都喝茶的今天，我们无法想象咖啡和咖啡馆在1700年前后给英国文学造成了何等的影响。巴洛克早期，英国文学中还完全没有辩证法，没有浪漫主义文学的轻松而又尖锐的两人对话。法国作家的一页纸上就可以上演一场你来我往的精彩对话，而英国作家需要三页纸。咖啡点燃了与英国国民性格不符的交谈热情。过去，每个作家都喜欢毫不考虑读者的感受，写看不到尽头的独白，而且他们还不喜欢在其中巧妙地插入即使短小的对话。如哈劳德·罗斯（Harold Routh）在《剑桥历史》（*Cambridge History*）中所记载的，英国文学不分段的冗长风格如此令人讨厌，以至于学术界都对此提出了反对意见。但是，如果没有咖啡馆的出现，所有的反对都没有任何效果。

在作品中滔滔不绝的作家在社交活动中往往是不合群的沉默者。伊波利特·泰纳（Hippolyte Taine）在1871年出版的《英国纪事》（*Englische Aufzeichnungen*）中描述了一群很有文化素养的人：“他们会思考，写过文章，能言善辩……但说话让他们感到不适。他们在家里接待宾客，参与慷慨激昂的谈话和辩论，自己却一言不发。不是因为他们不注意聆听，感到无聊或分神了，而是因为他们只要听就够了。一旦有人问他们什么问题，他们会礼貌地用一句话概括自己的经验。回应完，马上又回归沉默，而且人们对此都习以为常。人们只会说，他是一个话很少的人……”

咖啡在人为改变英国人的本性方面扮演了什么样的角色？沉默寡言的英国人惯于通过冗长的文学进行孤独的独白。咖啡摧毁了这种孤独，也减少了孤立无援的学者们思想中的偏执。哈劳德·罗斯写道：“对话在思想形成的过程中起着神秘的作用。一个在对话中通过思想交流完善其精神世界的人，比一个只通过阅读滋养其精神的人更为灵活和敏捷。他会使用更短促有力的句子，因为人的耳朵不像眼睛那样能理解长句……中产阶级就这样开始完成自我教育。咖啡馆为他们提供了思想交流和形成公众意见的渠道。他们不自觉地组成了联盟，可以说是为了传播新的人文主义。而且，只有在这些聚集点，作家才能接触到这个时代的思想。”

因此，英国1700年左右的所有代表人物都是咖啡馆的常客和咖啡的爱好者。德莱顿（Dryden）、康格里夫（Congreve）、爱迪生（Addison）、斯威夫特（Swift）、斯蒂尔（Steele）、蒲柏（Pope）、约翰·菲利普（John Phillip）、佩皮斯（Pepys）和阿布斯诺特（Arbuthnot）都是咖啡馆的常驻客人。德莱顿在那儿写信，他在威尔咖啡馆像在家一样，所以把生意上的伙伴和出版商都约在那儿见面。“今天下午到咖啡馆来找我”就是他发出的邀请。塞缪尔·约翰逊（Samuel Johnson）如是描述过德莱顿和他在威尔咖啡馆的日常生活：“德莱顿的单人沙发冬天从未离开过火炉，夏天就被搬到阳台上——这位易于满足的诗人就把这称为他的冬季和夏季。他在这儿评书论人，身边围着一群志同道合的崇拜者……”

爱德华·罗宾森（Edward Robinson）说：“德莱顿每晚都坐在威尔咖啡馆，发表他对诗歌及其相关的见解。那里就是他的主场，与70年前在密特拉酒馆挥舞权杖的本·琼森一模一样。”但是这两个时代的产物之间却有天壤之别。啤酒和人们加入鸡蛋、肉豆蔻和桂皮酿造的起泡酒做主的时代所孕育的诗歌文化不同于美味、神奇的咖啡——讽刺文学家的饮料所孕育的，莎士比亚的诗歌不再流行。英国文学的法兰西时代开启了。对话中的野蛮不再，取而代之的是尖锐的辩证法和极致的优雅。文学和政治仇敌不会再被溺死在“马里瓦亚葡萄酒桶”中（在莎士比亚的作品中，两个杀人凶手将年轻的克拉伦斯公爵拖至这样一个酒桶中），而是被溺死在咖啡里。

德莱顿用独一无二的方式划分思想界，区分良莠。他谈论和批判在陆地上——这里的“陆地”指的只是法国，英国不过是地处边缘的化外之地——发生的一切事情。拉辛的最新悲剧、布瓦洛的金科玉律以及佩罗（Perrault）推荐使用现代素材的建议是否有其道理，德莱顿的评论就是权威。瓦尔特·比桑特（Walter Besant）曾如此描述：“他的学生们战战兢兢地坐在那儿，发表自己看法的时候很羞怯。如果见解获得德莱顿的认可，他们事后会去庆祝……”从所有迹象来看，我们很欣慰地发现咖啡并没有让“所有人千人一面”。他们依然是典型的英国人：等级观念森严；虽有一定程度的随性，但依旧注重体面，严守礼仪。

他们骨子里与生俱来的野蛮也未被改变。法国人和意大利人有时会用决斗的方式报复损害自己名誉的人。但德莱顿没有收到决斗的战书，而是在一天夜里从咖啡馆回家的路上遇到了罗切斯特伯爵（Rochecster）的偷袭。这位伯爵的文学造诣不如德莱顿，且经常听到这样的评价，所以伯爵命仆人伪装成强盗，将这位成就高过他的文学家殴打至生命垂危。

伦敦的老咖啡馆与我们通常想象的完全不同。土耳其咖啡馆、法国咖啡馆和奥地利咖啡馆都被发扬光大（直至今日，世界各地都还能见到东方的、巴黎的和维也纳的咖啡馆，还有一些由它们改良而来的咖啡馆），而伦敦咖啡馆却消失得无影无踪。为什么？因为这些咖啡馆的布置——不可复制的舒适和野蛮的结合是如此英式，以至于咖啡这种非英式的东西无法在这里长久维持。

这一点我们可以在爱德华·沃德（Edward Ward）充满讽刺的描

18世纪的老式伦敦咖啡馆

写中看到："‘来啊，进来’，我的朋友说，‘我给你看看我最喜欢的咖啡馆。因为你是新来这座城市的，所以你在这儿一定会得到很好的消遣……’正当他说着的时候，我们已经站在了这家最知名的咖啡馆门口。入口很暗，我们差点被绊了个趔趄。爬了几层楼梯后便进入了一间装修老气的大房间。熙熙攘攘的人群来来往往，像一群在破旧的奶酪储藏室上蹿下跳的老鼠。有人离开，有人进来，有人奋笔疾书，有人闲聊，有人喝着东西，有人抽着烟，还有人在争吵——整个房间充斥着浓浓的烟臭味儿，就像海军中士的舱房一样。在一张长桌的角落上，靠近椅子的地方，摆放着一本《圣经》，旁边放着几只石杯，几个荷兰烟斗，壁炉架上燃着一团小小的火焰，火上悬着一把大大的咖啡壶。在瓶瓶罐罐和一张面部美白广告的包围中，一个小书架上张贴着议会颁发的禁止喝咖啡、宣誓和咒骂的指令。墙上挂着金色的框架，就像铁匠坊的墙面上挂着马蹄铁。框架里装着各色宝贝：护肤佳品五月露、金黄色的万灵药、明星药丸、护发水、水鼻烟、护肤油、由咖啡渣制成的牙粉、焦糖和止咳糖——这些都如教皇般不可或缺。它们有利于缓解忧虑，可治愈一切不适。若非我的朋友告诉我这儿是咖啡馆，我差点要以为整间房是市场上叫卖的商贩和江湖庸医的诊室了……在咖啡馆坐着四处观察了这么久，我自己也有了来一小杯咖啡的兴致。"

读到这里，我们马上可以感受到，这间房里有样东西在本质上无法融入周遭的环境，那就是咖啡。难道黑啤和艾尔啤酒不是与这些家具更为般配吗？此情此景就是一部讽刺剧——当然，并非所有房间的风格都如此庸俗。但是，咖啡与它们总是格格不入的。既然如此，为何英国人还出入咖啡馆50年之久？很多人出于需求，更多人出于跟风。突然有一天，喝咖啡不再时髦，人们的兴趣也就随之消失了。1730年，英国的"咖啡热"就突然消失了，像它出现时一样毫无预兆。

来自东方的继承者

但继承“咖啡老哥”遗产的不是酒，而是咖啡的一个远道而来的表亲，也是黄嘌呤魔法家族的一员——神奇的中国茶。

我们不应忘记，咖啡将英国人和整个国家从酒精的深渊中解救出来，但它一直都是个“外人”。它让英国人变得喜怒形于言表，思维更为敏锐，但这些无法长期保留在英国人的性格之中。

英国有句谚语叫“家是我的城堡”。由于英国人的这个愿望以及他们对家庭的依赖，咖啡将英国人踢出了局。咖啡不是家庭饮料。它令人健谈、爱争辩，虽然是以比较有修养的方式；它赋予人分析和批判精神。你从它身上可以得到一切，除了坐在壁炉旁看火花四溅，等柴火慢慢熄灭的“惬意”。

有种沉迷叫沉迷于清醒，有种沉迷叫沉醉。咖啡其实两种沉迷都不创造。它确实令人清醒，但这清醒来得如同奔腾的千军万马。而茶代表宁静，佛教的不语。它是寡言少语之人的饮料，所以它是英国人的饮料。

早在茶碱和咖啡因的化学性质于九世纪被发现之前，关于它们的传说就已经存在了。在茶的传说中，最开始流传的也是它如何令人清醒的传说——茶诞生于一个需要黄嘌呤的民族。

佛教徒达摩（Dharma）——南天竺国的王子乘船至中国传播佛学。他一直以天为盖，以地为庐，清修苦行，仅以树叶为食。他尝试不眠不休，在星空下使清醒的灵魂与对佛的仰望合为一体，这是他追求的最高境界。但身体的本能强过他的意志，困意战胜了虔诚仰望的他。

醒来后，达摩为自己意志的薄弱懊悔不已。同时，他还非常憎恨自己的眼皮，恨它们背叛了自己，挡住了自己仰望佛的目光。为了从此以后双眼不再合上，他撕掉了自己的眼皮。第二天，他又重回昨日的痛苦之地，看见被他丢弃的再无半点血色的眼皮竟然在地里生了根——这是茶树发了芽。达摩对如此神迹赞美不已。他将两片茶叶放于双眼之上，便看见自己长出新的眼皮；他用嘴唇碰了碰这棵植物，便感受到一股力量，这股力量很快转化成为无声的喜悦和坚定的信心。从此以后，他常用热水泡茶叶喝，并且将泡茶术教给他的信众，好让他们也能不知疲倦、矢志不渝地接受佛的考验。

从此以后，东亚人便形容茶“如达摩的眼皮般轻薄和警觉”。多么妙不可言的传说啊！茶让人清醒，但也让人清瘦。咖啡更热情，更浓烈，不那么清心寡欲，无论从冲泡方法上还是效果上。茶像佛陀般无欲无求，咖啡则像穆罕默德般有统治世界的野心。两种宗教学说之间的区别，也就是东亚和西南亚之间的本质区别，造就了这两种最受欢迎的饮料之间的差别。但没有任何一种不满足人内心深处需求的饮料能有经久不衰的魅力，人们只需要对他们有益的东西。阿拉伯人喝咖啡，因为咖啡让他们更像阿拉伯人；中国人和印度人喝茶，因为茶让他们回归本真。茶将东亚人锤炼成了真实、警惕、身材苗条、充满力量而又不张扬之人。

咖啡黑若陨铁，鲜有视觉效果，但茶宝石般晶莹剔透，只一眼便让人心旷神怡。咖啡的香气带人进入心灵的冒险，茶的香气让人凝神静气。这两种饮料在人们的口腔中演奏着各自的交响曲。可惜我们没有舌头所经历的音乐盛宴的乐谱，否则我们也能阅读它所尝到的味道。

无论咖啡中还是茶中的黄嘌呤，对中枢神经系统、大脑和血管的影响别无差异，但对人的心灵造成的影响却有明显的差别。日本作家冈仓在“液体琥珀中感受孔子的高深和老子的道”时往茶杯里看去，看到了一道绝美的风景：“芬芳的茶叶就像晴朗天空中的一片云朵，又像静静漂浮在翠绿色河面上的一朵睡莲。”喝茶之人不由自主地变得可爱、有礼貌、善良。喝到第四杯你就会出汗，生活中所有的不快都随之经毛孔挥发，第五杯帮你清洁身体，第六杯带你进入天国之境，到第七杯的时候，你甚至能感受到天国的风灌满衣袖……这是咖啡所不能达到的效果。

谦谦君子般的茶征服了过去几个世纪所有商路遍布各地的民族：中国人、俄罗斯人、英国人。茶难道不是最忠诚的伙伴吗？它难道不是在或严寒或酷暑的草原行走时最好的守卫吗？对于西藏人而言，茶就是气。藏民走一小段路便走不动了，除非喝上一杯茶。在去珠穆朗玛峰考察的途中，英国军官弗朗西斯·荣赫鹏（Sir Francis Younghusband）问一个年轻的藏民距下一个村庄还有多远。“三杯茶”，他答道。三杯茶恰好等于八公里。除了是长度单位，茶对游牧民而言还是代替银子的货币。总而言之，它不可或缺，神圣，珍贵。

英国人与这位值得信赖的伙伴密不可分。200年来，茶一直是他们灵魂的基石，也是他们强大帝国的基石。茶叶之所以能将咖啡挤出市场，在1730年前后也有贸易政策上的原因。在18世纪30年代至六七十年代间，英国占领了印度。因此，英国成为了茶的国度。因为印度成为了英属殖民地，所以茶叶也算生长在大英帝国，就像生长在伦敦附近的啤酒花一样。

咖啡的境遇就完全不同了。因为英国既没占领阿拉伯，又没垄断埃及境内黎凡特地区的贸易，咖啡没有像茶一样成为“国饮”。这就是法国人对咖啡忠心不二，而英国人却突然之间抛弃咖啡的原因（但绝非唯一的原因）。法国人在远东屈服于英国人的次数越多，他们对茶的喜爱就越少。1766年，中国对英国的茶叶出口量达到了600万磅，对法国的却只有200万磅。

从此以后，巴黎和法国与来自阿拉伯的馈赠形影不离，伦敦则沉迷于来自中国的黄皮肤的温柔女神。

第三卷
农民、商人和国王
Kaffee
Die Biographie eines weltwirtschaftlichen Stoffes

第十一章

岛上王国——荷兰

争夺人间天堂

世界近代史的开端不仅由哥伦布（Columbus）开启，瓦斯科·达·伽马（Vasco da Gama）也扮演了重要角色。1492年，哥伦布船队向西航行，在寻找通往印度的海上航路中偶然发现了美洲大陆。1498年，达·伽马船队起航向南，绕过美洲，才真正发现了通往印度的东方航路。

印度！一个多么响亮的名字！历史上，在威尼斯人及之后的法兰西人的推动下，整个地中海地区通过阿拉伯商队与波斯及印度进行贸易往来。于是，土耳其成为它们东边的一块拦路石，以至于整个地中海东部地区的商路愈发危险和稀缺。西边的民族苦苦思索："如何才能巧妙绕到土耳其的背后？""如何才能像以前那样获得远东的香料和黄金，而不让土耳其人掠走？"为了达到这个目的，热那亚人哥伦布在西班牙王室的支持下扬帆起航；六年后，葡萄牙人达·伽马再度踏上探险之旅，绕过辽阔的美洲以及如狮子躯体般又黄又干的高山和沙漠区，最终成功抵达阿拉伯南部的那片海域。

这一壮举令人惊叹，欧洲的基督徒们就这样扛着十字架绕到了新月地带的背后。而如果说当时的世界除了惊叹还有其他，那么就是忙于哥伦布发现的那片美洲新大陆。

然而，对伊斯兰人来说，看到葡萄牙人全副武装地从遥远的西部往东驶来，犹如晴天霹雳。麦加城充斥着恐惧，在圣城的吉达海港匆忙沿岸筑起一道护城墙。然而，欧洲人并没有发动攻击，反而置之不理，他们在印度的海岸边登陆，掠走一些贡品后继续往东航行，直至到达一片岛群。这片岛屿像是从大海中被凌乱地拔起：苏门答腊岛、爪哇岛、西里伯斯岛[①]被无数的小岛屿、环礁和暗礁包围。在这盛产水果、犹如天堂般的地方，葡萄牙人抛下他们的船锚，自诩为上帝派来马来群岛的新主人，欲长居于此。

就这样，葡萄牙人凭借勇气将“里斯本”这个名字推向地球适宜人类居住的边缘之地，而与此同时，西班牙人在西半球不断扩张着他们的王国。但地球本无边界，而是一个球状！那么按照估测，当西班牙和葡萄牙各自一直向西和向东推进，这两个基督教民族就总有相撞的一天，必然会互相垂涎和敌视。

争执不下的葡萄牙和西班牙寻求教皇仲裁，亚历山大六世以“教皇子午线”为界将地球一分为二，子午线以西归属西班牙，以东属葡萄牙。

西班牙和葡萄牙都接受了这一英明裁决，但在实际实施时，历史却往往走偏：西边仍掌握在西班牙人的手中，但东印度[②]留给葡萄牙

① 今印度尼西亚中部苏拉威西岛。——译者注

② 1492年哥伦布到达美洲，将其误认为印度，后来欧洲殖民者就称南北美大陆间的群岛为“西印度群岛”。同时称亚洲南部的印度和马来群岛为“东印度”。——译者注

的只剩下一部葡萄牙诗人贾梅士（Camoes）的英雄史诗《卢济塔尼亚人之歌》（*Lusiaden*）[①]。

“卢济塔尼亚”一词听起来并不像书名，更像一座群岛，远东岛屿聚集在此，海上日出美不胜收。

葡萄牙人及其船只并非是第一批闯入这片群岛的人。土著苏门答腊人、爪哇人和其他岛屿的原住民早已树敌。公元三世纪，印度教徒划船或挂帆从恒河岸出发，以印度教三大主神的名义在马来群岛建立了两大王国：满者伯夷国（Madjapahit）和克里维者亚国（Criwidjaja）。他们带来了建筑艺术和诗歌文化，以及优美的音乐形式哇扬皮影偶戏和甘美兰。他们还向当地居民展示如何种植水稻以及最适宜农作的时节。当暮色降临、昴宿星团（亦称“七姊妹星团”）从东方天边升起时，就是播种开始的时节，即12月15日。这一星象远看似一把铁犁，只要它在空中可见，地面上就可耕种农作物。

此外，印度人还带来了其他一些新事物。他们向当地人展示自愿、透明的以物易物交易，还有一种新式工艺——巴提克印花术：将热蜡浇注在白色织物上，再涂抹上染料，即可呈现彩色花纹。这些给当地人带来了很多欢乐，但当印度教统治者向他们征收高昂的人头税时，当地人却是苦不堪言。他们的武器装备不及印度教徒先进，且印度教统治者拥有能发号施令的石头神——象头神。他的形象通常是一位智慧的侯爵，盘坐沉思，象鼻卷向一边休息。但一旦象头神起身，象鼻发出隆隆声，爪哇和苏门答腊将很可能立刻覆没，沉入海中。

然而，印度教在统治千年后遭遇了一股更强大的势力，这股势力随阿拉伯商队悄然登陆，它远比其他宗教势力可怕，因为它是不

① 一部史诗作品，主要内容是瓦斯科·达·伽马和其他葡萄牙英雄们绕过好望角，开辟了通向印度的新的道路的故事。一译《葡国魂》。——译者注

可见的阿拉神！正因为不可见，它或许无处不在，可能从高空、从地底深处，或者从深林或丛林中突然袭来，将象头神和婆罗门寺撕得粉碎。爪哇岛和苏门答腊上就这样掀起了信仰之战。新的伊斯兰帝国逐渐形成并挑战旧的势力，于是强盗和船只数量与日俱增，马来群岛也因此闻名世界。对波斯湾地区的人来说，这片土地听起来如同尚无人迹的人间天堂。中国人也接踵而至，他们一边等待东风起，一边长达数周地驾着龙饰帆船往南航行。于是，他们到达了这片岛上花园，高低起伏的山地和星星点点的棕榈增添了些许神秘感。岛屿间的水路每年都会出现变化，一些岛屿在冬天会消失，不知何时又会突然出现新的岛屿。

1510年某个晴朗的早晨，一支中国船队遇到阿拉伯商队，他们掠走了当地人的丁香花干。长久的口角之争无果之下，这黄、白和棕三方欲以武力决定这批货物的归属权。突然，他们被西边一大片白色的巨型海鸟惊吓住了——这批扬着鼓起的船帆浩浩荡荡、气势汹汹地驶近的船队正是葡萄牙人。

第一批发现马来群岛的欧洲人掠走的远不止丁香花干，这整座棕榈岛都让他们垂涎欲滴：如同西班牙人发现西边的美洲是“金矿岛”一样，葡萄牙人把这里当作“香料天堂”。那时的香料几乎与黄金等价，胡椒可以直接兑换成黄金，甚至在马鲁古群岛上价格比亚洲其他地区便宜20倍的豆蔻也是如此。整个阿拉伯世界自1517年几乎被土耳其帝国完全统治，而如今又面临葡萄牙的威胁，阿拉伯商人的贸易之路可谓雪上加霜。曾经与地中海沿岸威尼斯的繁忙的商品运输贸易受到重创。如今，葡萄牙人绕道非洲南端，通过更低价的水上交通将东亚的商品带回欧洲。

马来群岛本地的统治者们相互斗争不断，于是求助于强大的外援。葡萄牙人便用大炮为自己在此地建立了利己的贸易秩序和场所，岛上随处可见堡垒和要塞。到1522年，葡萄牙人所垄断的贸易已远不止香料，例如，他们还占有帝汶岛上所有的檀香木。因为他们听说中国出于宗教用途，对这种散发香味的木头有需求。于是，他们驱船北上售卖檀香木。在同时代的欧洲，马丁·路德所发起的宗教改革削弱了教皇在大半个德国的势力和权威，天主教因此在马来赢得了几百万的追随者。在葡萄牙人的桨帆船上，生意账单和滑膛枪之上还高挂着十字架所象征的宗教权威。

荷兰新霸主

直到有一天，这群以武力进行统治和贸易的葡萄牙人遭遇了地震般的打击而不得不屈服：这支由达·伽马、安东尼奥·德·阿布瑞（Antonio d'Abreu）、阿尔布克尔克（Albuquerque ）等无数英雄建立起来的里斯本帝国遭遇滑铁卢，它在大海上浇铸而成的强大力量几乎消耗殆尽。几十年后，恰恰是在一百多年前葡萄牙人登陆之地，另一只战舰蓄势待发——强大的大荷兰帝国。

显然，这支力量具有持久性。相较于灵活爱动的葡萄牙人，他们更有耐心、深思熟虑，因此采取行动谨慎亦艰难。荷兰人和德意志人同属于日耳曼人种，在莱茵河、马斯河及斯凯尔特河三角洲发展成了一个民族，他们高大的身材更给自己增添了几分自信，建造船只后短短几十年，荷兰人在商船和战船上已达无人能敌之境。鹿特丹港口的敲击声不绝于耳，船只一艘接一艘地驶入大海。当基督教欧洲受到伊斯兰教土耳其的威胁时，荷兰人其实完全有实力凭借其世界上最强大的战舰从阿拉伯海击败土耳其的苏丹。

当日渐衰落的德意志正努力重整旗鼓以震慑维也纳时，欧洲的权力和财富正逐渐流向西北方的海港和商城阿姆斯特丹。1683年维也纳被围困之际，欧洲共计拥有两万艘船，其中荷兰占有1600艘，英国占有1/5，法国有500艘。只要荷兰出动舰队，伊斯兰土耳其对欧洲中部发动袭击必是不自量力！然而，荷兰意不在此，尽管荷兰船队早已绕过非洲，并驶经波斯湾，但其无意于占领阿拉伯或震慑新月地区，而是前往印度、马六甲和爪哇，以吞噬葡萄牙所掠取的财产。

日新月异，斗转星移，在新航路相继开辟后，葡萄牙帝国的旗帜降落，太平洋上新的海上霸主大荷兰帝国诞生。

当荷兰人踏上苏门答腊、海星形的西里伯斯岛以及马六甲群岛时，这里的一切仿佛都还保持着自然的状态，如同一片水陆完美交融的花园，温暖而斑斓。远处的海岸线柔和亦变幻，因为时而会有锥形岛屿和肋形山地从海面拔起，山上一片郁郁葱葱，时而海岸线又会消失在这片红、绿和金黄色交织的海域。岛上温暖的气味如同从浴室中飘出的一股香气，穿过山林间，再飘散到几十万里之外。原始森林里随处可见如蜥蜴、鸟类等一些新动物物种。

其中一些尚未被开发的岛屿上，土著人还保留着原始的生活方式，如同《圣经》中对伊甸园的描述。高大的林木由空气之神种植，四周被矮乔木包围，大自然的风负责播种它们；杧果树、柚子树和棕榈树的芽尝起来有洋蓟叶子的味道；蒲桃树的果实散发着玫瑰花香；椰子里面能流出“牛奶”，苏门答腊人让驯服的猴子爬上高高的椰子树中为他们摘椰子；还有海枣、香蕉、榴莲、石榴等，都无需种植。而且种植水稻也难不倒他们，爪哇人早已掌握这门技术。

马来群岛丰富的湿地资源适宜水稻生长，爪哇岛常年温暖如夏，每天还有雷雨的浇灌。印度洋灼热的海平面升腾起的水蒸气飘荡到一座座山顶上聚集成云。每天，伴随着隆隆的雷雨声，雨水冲刷着山林的腐殖土和火山喷发出的矿物盐。当地人熟练地将这些富含“珍宝”的水引流到平地和水闸厂加以利用。这里土壤肥沃，加之常有季风云团的滋润，是水稻种植的理想之地。郁郁葱葱的祖母绿色映衬在矿物质丰富的淡紫色山中，荷兰人对眼前这一美景叹为观止。若不是高温和汗流不止的后背，他们还恍惚以为身在家乡河流入海口的草地上，那里同样物产丰富。

然而，这座自然之岛不得不面临某一“死神”的威胁。它的出现总是猝不及防，以玻璃黑曜岩展示其邪恶的威严，或者从一个已经沉睡几百年的洞穴喷发出大量黄白色的硫黄云。它是创造一切却也能毁灭一切的恶魔：地震。

它深藏在滚烫的深海海底，丘陵盆地下泥浆翻腾，鸟群吸入泥浆散发的毒气以致意识模糊，从空中跌落。“火山要爆发啦！”当地人赤着脚心惊胆战地站在滚烫的岩石上。然而荷兰人并不惧怕，他们脚穿兽皮所制的靴子，毫不担心鞋底会被烧焦。他们蓝色的眼睛十分笃定，无所畏惧。荷兰人不喜做梦，他们有别于西班牙、法兰西、德意志等其他民族，尤其不同于甚至在行动中都要依靠梦想的力量的葡萄牙人。荷兰人既不梦想荣誉也不贪恋政治权力，更无意于扩张基督教的影响力，而是心无旁骛地做生意挣钱。

如此精打细算的生意经是阿姆斯特丹的商人们在潮湿而厚重的天空下培养形成的。正如荷兰艺术家伦勃朗（Rembrandt）画笔下所呈现的，他们一直身着黑装。阿姆斯特丹港的噪声不绝于耳，但会议室内丝毫不受影响，这里空荡荡的长桌是世界力量的象征。室外一片秋景，并不友好的秋风将树叶吹进运河中……他们夹着烟管，开心地坐在一起聊天，石壁炉里木头噼噼啪啪地燃烧着。荷兰商人勾画着沿葡萄牙人开辟的航路前往东印度可以积累到手的资本，他们将在此建造船舶公司，进行系统的贸易活动。荷兰船长机智地为水手们争取到武器随装上船。虽然最初他们没有想到会有战争，但当马来群岛的统治者葡萄牙人用大炮迎接他们时，荷兰商人们开始以随船的武器回击和保护贸易。同时，他们意识到，除了西班牙人，与葡萄牙的斗争已在所难免。

荷兰人的生意进展顺利，商业竞争催生出了更多的船队。1602年，这些相互竞争的贸易公司联合成立了世界历史上第一个股份有限公司，它不仅受法律保护，还拥有独立主权——东印度公司就这样诞生了。

东印度公司凭借主动特许权垄断了殖民区至好望角以东的商业贸易。而在巽他群岛，它却又像一个强大的苏丹，对当地货物强取豪夺。荷兰皇室的至高主权没有延伸至这片遥远的岛屿，因为黄金的魔力足以将其半路扼杀。只要有黄金流动，荷兰政府每21年就会重新修订它的“公司特许章程”。

爪哇人载歌载舞地欢迎荷兰客人的到来，但不久后他们脸上的笑容逐渐褪去，因为他们发现这些人实为残酷的剥削者，他们肆无忌惮地掠夺当地人收获的果实。直到有一天，温顺的爪哇人终于爆发。事件缘于荷兰人在一天清晨发现一处要塞的寨栅被毁，因为当地人对群岛上数不胜数的堡垒已反感至极。于是双方经历了法庭的审判、调查和判决。据说，这些暴动的爪哇人可能为英国间谍服务——实际上，英国的船只确实停靠在不远处。

然而，在暴动爆发之前，荷兰人已经采取镇压措施，以严酷手段剥夺了爪哇人的自由。不久，马来人全部为荷兰人所奴役。

发现财富源泉

岛上的农业种植政策由阿姆斯特丹领导人制定。而对决策起决定作用的既非群岛数量的增长，亦非每次收成的亏损，而是市场的交易状况。这里的粮食种植以阿姆斯特丹的价格为准绳，爪哇人对此无法理解。他们不明白，为什么某一年要大力推进种植，下一年却要焚毁收成。他们不理解这种人类任意违背大自然法则的古老方法。荷兰人将粮食的富足和短缺玩弄于股掌之中，任意增加或减少供应量。爪哇人不明白这些，但能从这些精打细算中嗅出背后的阴谋。

荷兰商人的黄金从何而来？其一来自爪哇人用汗水浇灌的桃金娘科丁香：这种植物形似月桂、花萼鲜红饱满。采摘下其花瓣用小火蒸馏，高温下可得味甘的丁香油，有润喉、暖胃的功效。这些半干的丁香从山地被运到气候较寒冷的欧洲。当时欧洲人对丁香的需求远超过今天，丁香油能缓和胃部不适，促进消化。

胡椒科的价值也不容小觑。没有人想到，胡椒树红而不艳的果实下面还藏着金黄色的根茎。这些黑、红、白色的胡椒尝起来舌如针刺，然而，正是这如放大镜下的聚光效果一样强烈刺激人味觉神经的植物被竞相追捧和高价交易。

不过，荷兰人发现，最有潜力的财富源泉是咖啡。而咖啡在当时的巽他群岛上尚无人了解，人们最多知道是阿拉伯人随船将其带来，但没有人曾想到，可以在这里种植咖啡。荷兰人威廉·梵·奥特博（Willem van Outborn）是第一个在爪哇岛和苏门答腊岛上种植咖啡的人。此前，当地人从印度人那里学到喝茶可以保持清醒，烧酒和棕榈酒能麻痹神经。

1690年，当荷兰船只停靠在阿拉伯时，几位水手折下几株咖啡树枝。最初，它被当作稀罕物带到阿姆斯特丹，并被种植在玻璃温室中供科学观察。不久，有人想出，何不将其他的咖啡树枝带到别的热带气候国家？于是，几株咖啡树枝从阿拉伯被带到巴达维亚[①]，种植在温暖而松软的湿土中。似乎巽他群岛对这种植物期待已久，一瞬间，

① 今雅加达。——译者注

爪哇的咖啡树以惊人的繁殖力遍地丛生。

将咖啡移植到马来群岛是人类以前从未想到的对大自然的革命，也是贸易市场的一次重大革命。1696年，巴黎的《风流信使》（*Mercur Galant*）杂志中还对拉巴的黎凡特（地中海东部地区）商路进行过如下一段描述："咖啡在麦加生长成熟后，通过小船运到不远处的吉达港口，再由货船运往苏伊士，那里的骆驼商队早已等候着将其送到亚历山大港。法兰西和威尼斯商人在埃及购买咖啡豆带回国。"

然而短短几年，阿拉伯作为世界咖啡的生产国已退居二线，咖啡不再经过苏伊士，而是通过更远的航路绕道非洲和好望角。从巴达维亚装船到鹿特丹卸货，完全由荷兰一手操办。从1700年开始，荷兰东印度公司长期垄断世界咖啡的市场价格。

荷兰东印度公司所做的再不是什么冒险之举，其实力强大且持久。曾经的民族大迁移中，日耳曼人因高温没能成功在非洲北岸国家称霸，如今，这个西北部日耳曼民族在马来群岛做到了。荷兰人唯一需要戒掉的是他们的勤奋。在这里，他们不允许像在家乡一样卖力工作，因为如此高大的体型也意味着高心脏病发病率。

身材瘦弱、已经适应高温天气的马来人沦为荷兰人的奴工。荷兰人将对故乡的思念融入当地的热带气候，建造出很多混合风格的房子。石头砌成的房屋带有宽阔的游廊，由三根结实的石座支撑在地面上，以使房屋和地面之间自由通风，防止蛇虫和其他爬行动物的入侵。房屋内只有起居室，所有其他会产生气味的厨房、浴室和储藏室都设计在边房中。通往边房的走廊带有屋顶，这样人们在雷暴雨天气通行也可以不被淋湿。墙上不见任何饰品，因为饰品挂在墙上的阴影处会引来毒蜘蛛结网。

荷兰人每天只活动几小时，通常都是懒洋洋地躺在折椅上，吃了太多，当然要休息消化。难道他们没有什么方法来驱散这种昏昏欲睡的感觉吗？连穆罕默德都早已赞扬了这种提神饮品，荷兰人也早就开始做咖啡生意并学会如何饮用。来自莱茵河和斯凯尔特河流域的荷兰人不论在家乡还是热带岛屿，都钟情于咖啡，因为咖啡有一种魔法，能在北方的冬季暖胃，驱散体寒；在季风区，一杯咖啡也能缓和多变的气候带给人的压抑。当然，除了咖啡，荷兰人也喝其他饮料提神，比如啤酒。装载咖啡的商船在绕过非洲南端的好望角时，往往能看到不远处运输啤酒的商船。当然，这并非普通的啤酒，否则在热带的烈阳炙烤下会变质发酸。这是荷兰的近邻北德所生产的不伦瑞克啤酒。这种啤酒由一位德国化学家克里斯蒂安·摩姆（Christian Mumme）发明酿制，在哥伦布发现美洲时，他思考着如何酿制出适宜热带高温区的啤酒。直到今天，这种高浓度、含糖的深色麦芽啤酒仍被称为“摩

荷属印度人在平底锅上烘焙咖啡

姆啤酒”，能够贮存在铁皮罐头里，经历漫长的海上运输。

于是，咖啡的纯天然香味第一次和奴隶的汗水味混合在一起。阿拉伯农民从海拔几千米的高山上摘下这种能让人“永远保持清醒”的果实，并将之奉为神圣的饮料。“你是上帝之友，能消解忧愁！你像上帝一样赐予我们健康、智慧和真实。有你所在之地，人们总能保持最好的状态！”咖啡就这样被奉为神一样的存在，但也带来了越来越多的奴役。

以前，马来人只需为本地的封建领主服徭役，而现在更糟糕的是，荷兰人强迫这些领主将其领地租赁出来，导致这些奴工受到了更严酷的剥削。

租佃制让东印度公司的商人和荷兰封建领主获利颇丰：18世纪初期是整个欧洲西部文学和文明快速发展的时期，咖啡市场火热，逐渐供不应求。眼看有利可图，荷兰和伊斯兰教的领主们迅速扩大了殖民地的咖啡种植量。但还没等欧洲的咖啡市场饱和，出于对价格暴跌和生产过剩的担忧，东印度公司毁掉了大量咖啡花。这也是当地马来人没能参透的：没必要毁掉咖啡花，何不像对付恶魔一样直接将其连根拔除？然而，当他们将咖啡树连根拔起时，却惊讶地发现，它的叶子制成的饮料比果实颜色更深、味更苦。

随着一场遥远的海底地震，海神之子特里同（Triton）出生。未来的世界霸主英格兰在与荷兰相隔的北海对岸出现。这个年轻的海上王国马上将矛头对准称霸海洋的荷兰，他们宣称：“决不允许任何陌生产品和船只登陆英国的海港！”

这是英国向荷兰打出的第一炮，尽管不是针对荷兰的商品，但冲击了阿姆斯特丹的航运。英国人的造船业从此迅猛发展，不久就装载上了大炮和弹药。在伦敦、阿姆斯特丹和非洲南端之间，好望角和太平洋南部的波利尼西亚之间，海上战争此起彼伏。受战争影响，爪哇岛上咖啡堆积成山。但战争不会持久，荷兰迅速派遣巡防舰从鹿特丹冲向巴达维亚，销毁多余的咖啡库存，这样一旦战争结束，咖啡不会因供过于求而价格暴跌。这项决定是资本家关上门在小黑屋里商议的。然而，面对着阳光下漫山的咖啡树，种植园主们却并不相信这些资本家的智慧。他们不再像以前一样顺从他们的领主，或许他们想通过违抗命令来唤醒当地人对压迫的愤怒；或许他们认为商品不仅仅由波动不稳的价格衡量，他们还相信商品本身的价值。于是，和平条约一签订，他们就将积压在岛上的咖啡销往阿姆斯特丹市场。正如资本家所预测的，大批量的咖啡豆涌入市场，导致价格暴跌，咖啡商损失惨重。1782年，荷兰的咖啡价格跌破史上最低点。

第十二章

咖啡与专制主义

国家利益

咖啡在到达西欧的前几百年只是消遣品，尚未成为国民经济中的产品的一部分。直到咖啡的销量和产量开始不断增长，它才逐渐成为一种商品。统治者发现有利可图，便利用手中的权力，履行保护商品和商品贸易的义务。

国家政策可能五花八门，但必须都得到实施。无论是阶级制共和国，还是议会制君主制，或如托马斯·霍布斯（Thomas Hobbes）[①]所主张的绝对君主制，涌入欧洲国家的舶来品的流通都必须遵循符合国家利益的规定。

这一规定在最早实现现代化的法国实施起来着实有趣。专制主义

① 英国政治家、哲学家，欧洲启蒙运动时期的杰出人物，主要主张有"社会契约论"与"绝对君主制"等。——译者注

的法国是第一个自主走国民经济道路的国家，尽管其在君主专制统治末期难逃破产命运。

现代化法国的国民经济政策由路易十四时期的财政大臣让·巴普蒂斯特·柯尔贝尔所开启。每一位哲学家和改革家，尤其是为国服务的哲学家和改革家都以实现自己的主张和愿景为目标，当然，他也不得不背负一些负面影响。柯尔贝尔所创造的这个强大的法兰西工业大国，无疑受到了西班牙没落的影响。西班牙发现美洲新大陆，从而成为欧洲贵金属资源最富足的国家，并以此实现了在西半球的霸权地位。然而，几十年之后，西班牙的黄金和白银却并未开花结果。西班牙人典型的瘦弱的贵族身材和简单的贵族大脑向来厌恶劳动，他们的黄金韧而不硬，白银白而无泽。当然，西班牙也有一些杰出的商人，可惜只占少数，更多的是一些贪婪的殖民地征服者[①]和掠夺者，他们只顾抢掠却不懂为己所用。意大利语中将货币比喻为园艺，“货币艺术的成果”这样的词是西班牙人怎么也想不到的。西班牙人不会耐心、细心地把时间奉献给不适合自己的事情，比如像培育植物一样管理金钱和财富。西班牙的每一个乞丐都自称贵族，对他们来说，财富只出现一次（就像哥伦布发现新大陆一样），于是他们开始质疑财富的价值。难道财富只能通过劳动获得？相较于劳动，这些哥特人和伊比利亚人的后代宁愿选择战争和乞讨，他们常常挨饿，靠掠夺维持生计。

柯尔贝尔从西班牙的例子中看到：非劳动创造的财富毫无价值。当他朝北望去，看到了另一番令人羡慕的场景：勤奋的荷兰人靠劳动创造财富。他们的目标不仅仅是打赢一场战争以获得河流入海口的统治权，这些只是他们崛起的前提。手工业和商品贸易既能给他们带来

① Conquistador，西班牙语，指的是15～17世纪到达并征服美洲新大陆及亚洲太平洋等地区的西班牙与葡萄牙军人、探险家。——译者注

财富，亦能带来幸福。

在柯尔贝尔看来，法兰西民族性格上的基本要素并不比荷兰差，他们也是天生勤奋的民族，即使他们只愿意投身于有吸引力的工作。同时，他们在手工业方面聪慧灵巧，无论是纺织还是炼钢，都十分擅长。于是他决定将黄金投入工业生产，工业不仅可以创造财富，同时也可以解决不劳而贫这一社会弊病。建立工厂是让那些游手好闲之徒开始劳动的保险之法，同时也是帮助人们摆脱贫困的捷径。

柯尔贝尔希望在一个以绝对君主专制为最高权威的体系中实现民族富强，却完全没有认识到这个不幸的失误。像其他同时代的人一样，他主张建立埃及式的等级制度。国王路易十四有一句名言："朕即国家。"对柯尔贝尔来说这犹如自然法则：或许有这样一个人，他的智慧之光可以在任何时候参透国家的任一层面，因此，他不仅象征国家，且代表国家。这位被神化、如埃及法老一般的人物即路易十四。在柯尔贝尔写给路易国王的信中，没有卑躬屈膝的谄媚，而是发自内心的信仰："人们必须虔诚地信仰并感谢上帝让我们在如您这般高贵的国王的统治下降生，这份崇高的权力只以您的意念为界。"

法国所采取的贸易政策是合理的：增加出口，同时尽可能控制进口，这意味着金钱的流入。为加速国内的商品流通，规定取消国内的货物通行税和过桥税，并将削减的这部分过路费大量转移到了边境。

法国禁止进口一切本国可生产的东西，例如产自意大利或佛兰德的商品，否则将收取高昂的工业税和保护税。而法国本土不生产的货物进口时需征收关税，例如所有产自热带的香料都需要缴纳财政关税，其中包括咖啡。

柯尔贝尔没有理由禁止咖啡交易。他的"重商主义"政策将整个世界市场拆解成无数个小贸易区。"重商主义"只是看起来贴近"自给自足主义"，反对"商品自由"，因为它拒绝让世界经济通过对外贸易介入国家经济。实际上，柯尔贝尔并非自给自足主义者，只是纯粹的重商主义者。他通过对咖啡进口征收高额关税，让国家获得进口盈利。但这不同于约翰·戈特利布·费希特（Johann Gottlieb Fichte）[①]的爱国主义，医生们反对设立咖啡馆也与这位财政大臣毫无关系。恰恰相反，当时的政府公文在提到咖啡时也将其列为健康饮品，像法国这样的君主专制国家毫无理由将咖啡这种能够带来关税盈利的商品列为毒药。

咖啡垄断权

巴洛克时代的专制主义要求一切国家事务遵循严格的中央集权制，因此在国民经济政策上也以垄断为特征：谁在某一行业专营垄断，即握有定价权。若市场需求不变，握有定价权即意味着拥有一笔固定的税收收入。因此，国家并非亲自管理垄断某一行业，而是将这一经营权作为特许权售卖。

一旦这一重商主义国家因陷入战争而急需资金，出售经营权将等同于发出王室的最高指令。1692年的法国就陷入了这种境况。路易十四的战舰在“拉乌格海战”中被英国威廉二世击败。由英国、荷兰、奥地利、西班牙和撒丁王国组成的“大同盟”将枪口瞄准普法尔茨地区的梅拉克（Mélac）将军的军队。面对这场普法尔茨的王位继承争夺战，路易十四急需资金。然而，柯尔贝尔十年前已憾然离世，或许他的财政天赋本应有更好的施展空间。路易十四为迅速聚敛钱财，建立了咖啡垄断权，并将其出售给一位富有的巴黎公民——一位

① 约翰·戈得利布·费希得（1762～1814），德国作家、哲学家、爱国主义者，古典主义哲学的主要代表人之一。——译者注

名为弗朗西斯·达马密（François Damame）的银行家。

从文化史角度来看，一个国家将咖啡垄断权授予一个私有商人实在有趣。从他保存完好的文章《国王关于咖啡贸易和销售的诏令》或是文章的前言中能很明显地读到，“路易十四企图借此解决战时资金缺乏的问题”。

“国王在和国务议员商议后决定，自1692年1月1日起，将授予弗朗西斯·达马密阁下为期六年的独家垄断法国境内经营所有咖啡、茶类、巧克力和药品的权利。”

于是，达马密可以享有这份协议下的所有成果，并需维持和管理这份特许权，以及根据自己的判断签发订单、任命雇员等。

这位恪守基督教义的君王规定，第一，无论是批发贸易还是小额交易，只要未经达马密授予特许权，任何人都不允许干涉这些商品的买卖。

第二，所有拥有咖啡豆、咖啡粉、茶和巧克力的商人须立即上报数量，由达马密派人称重、检查、标记、签发凭证并封存进仓库。若未按要求上报，所有者连同同伙都将被处以1500里弗尔的罚金。库存商品和罚金归属达马密所有，上报人获得1/3。

第三，禁止通过马赛和鲁昂之外的其他港口将咖啡、茶和巧克力运入国内，海上没收的战利品除外，但也需要立即运输到相应的港口。此外，任何将上述商品走私进国内的行为都被视为损害达马密的利益。

第四，禁止任何马车、货车和船只的所有者未经达马密的许可运输上述商品。一旦违反，不仅将被没收商品，马和马具、马车、货车和货船也将充公。所有商人、商贩和买家须填写货运单，对所运输的产品进行说明。

另外，诏令授予达马密权力，可在法国的所有城市、展会和市场、战营和军队甚至是国王的宫廷和随从中任意雇佣劳动力，并付给他们薪饷。这些雇员负责上述产商品的销售和商铺打理，他们享有和国王授予其他垄断商的同等特许权。

此外，待售卖的咖啡决不允许掺杂燕麦、豆子或其他东西。茶、可可和巧克力也须如此。如违规掺假，将会受到严酷的刑罚，并处罚金1500里弗尔。

王国再三敦促当时的巴黎警署总长官德拉瑞尼（De La Reynie）及各级官员，须保证这份公告在全国进行宣读、发布和张贴，且依令执行。

当年柯尔贝尔虽下令对咖啡征收高额关税，但同时也担心如此之高的进口关税会抑制消费。然而，眼前这位利欲熏心的半吊子商人缺乏这样的远见。这位普法尔茨战争的债权人在接受垄断经营权时就已面临破产：他的垄断权实际分毫不值，因为与此同时国王颁布了价格诏令，将咖啡价格戏剧性地抬高到每磅4里弗尔（此前咖啡价格是每磅28苏）。六个月后，达马密绝望地乞求国王解除这一诏令。“咖啡的销量急剧缩减，大多数消费者开始戒咖啡。如若再不改变，恐怕没人消费咖啡了。”国王或许也意识到这样抬高价格对自己的国库同样不利，因为需求不足，既会造成达马密的破产，国家的进口关税收益也被缩减。于是，经过宫廷商议决策后，给咖啡重新定价为每磅50苏。

然而，这项决议为时已晚，诏令颁布不到一年至一年半，达马密就必须让出垄断权，强制定价击败了垄断，这位不幸的特许经营者资助了别人的战争，却输了自己的战役。他请求路易十四收回他的特许权，于是，国王在他的特许权撤销诏令中声称：“我们意识到，达马密先生通过特许权所获得的巨额收益已消耗殆尽。此外，我们审查了其他商人提供的方案，他们建议：取消垄断，释放贸易权，将进口关税定为我们需要的任意价格。”这些商人甚至在关税和商品价格都如此高昂的情况下提议自由竞争，因为这样他们便无需担负监控垄断的行政管理费用。

于是，每磅咖啡的进口关税进一步上调了10苏。但可喜的是，咖啡贸易实现了自由化。1700年左右，咖啡市场呈现出空前的繁荣，以至于王室开始惋惜取消垄断贸易这一举措。

然而，25年后垄断局面再次出现。路易十四去世，国库空虚，本应向公众宣布破产，但这个专制主义国家掩饰事实，仍苟延残喘地维持了50年之久，直到路易十五将烟草的垄断权授予殖民美洲大陆及其岛屿的法国西印度公司。当该公司经营不善时，路易十五通过实行第二次咖啡垄断来挽救，而这次的垄断比达马密的措施更加全面和彻底。

为了不让这一政策过早引起不满，咖啡定价为每磅5里弗尔。贩卖私运将会受到严厉的体罚、罚款，甚至被流放。法国社会的监督眼线遍布各地。“西印度公司的监督员都有权搜查任何仓库、商店、别墅和住所，甚至国王的宫殿、上层贵族的府邸、修道院、手工业同业公会等所有享受特许权的建筑无一例外。因此，谨此告知以上场所的管理者和领导层，以及王室成员、尊贵的修道院院长及同业公会会长，只要监督员造访，务必开门迎接。如若反抗，监督员有权强制开锁。”

然而，即使是如此干涉民众自由的垄断政策，也丝毫没有带来任何经济效益。西印度公司的咖啡商重复了达马密的悲剧——高额的监督费用导致他们分文无收。短短几年后境况惨淡，恢复自由贸易乃大势所趋。

如果观察自1700年以来咖啡馆对法国社会生活的影响，想必每个人都会羡慕咖啡馆老板。是因为那里每天顾客都络绎不绝吗？实际上他们的境况并非很好，因为王权始终像秃鹰一般盘旋在上空。这种路易十四时期典型的应对国际贸易的抢掠政策偶尔也会用于小商品贸易。如果巴黎或其他地方的一家商铺倒闭，从其废墟中必然还能看到王权利爪的痕迹。

巴黎的咖啡商都是“软饮料制造商”公会成员，软饮料包括从柠檬水到各种利口酒等其他提神饮料。要成为该公会成员，必须先获得国王颁发的营业执照。然而当柠檬水商已拿到执照时，国王路易十四却突然下发诏令，认为柠檬水公司的经营尚无固定的行业章程，需要新修法规。而国王为此所进行的批准工作需征收300法镑[①]税金。柠檬水商当然不愿支付，路易十四震怒之下，派遣一名法警到同业公会。这名官员宣称，如果此时不预付150法镑，他将在第二天毫不留情地没收公会所有库存。柠檬水商不得不无奈屈服。

学徒满师的商人们反对这一新的规定，因为游手好闲之徒可借此获得契机：如今无论是谁，只要往国库投钱，都可以拿到执照，无需能力证明，无需学徒合格证明，更不用说学徒满师作品了……因为这位国王只需要钱，无论你是无一技之长还是天赋异禀，钱都是一样的好东西。

一位来自法国的“厨师兼甜点师”曾满腔愤怒地描述：“昨天竟然有200个滥竽充数的无知者被授予技师资格，每人花15塔勒[②]就能轻而易举地获得！如果征求我的意见，我会让它成为巴黎最宝贵的技师资格证，所有讲究体面的人都竞相求之！我们这个行业有100名技师足矣，我还会将柠檬水公会和糕点公会合并，这或许可以给国王带来十万法郎[③]的收益。而如今，他不仅挣得更少，而且巴黎整个城市遍

① 1法镑=2里弗尔。——译者注

② 塔勒，曾流行于欧洲的货币。——译者注

③ 此处指法国法郎，1795年，法郎开始作为标准货币在法国流通，取代原有的里弗尔。——译者注

布半吊子庸商。”

原本是50个生产商，如今又增加200人，这250人都必须向国王购买“特许权”，这样才能受到国家保护。除了他们，任何人都无权生产和售卖柠檬水、利口酒和咖啡。

当大部分的软饮料都受到季节的限制时，咖啡的销量一整年都持续上升，这引起了国王路易十四的注意。1704年，当再一次需要资金时，他如一只猛禽般烦闷地环顾四周，寻找其利爪可掘之处。他深深后悔几年前只以50塔勒就将满师合格证卖给了柠檬水商。他发誓，必须加收一笔可观的金额。以太阳王的绝对权威，他有权不加任何说明取缔公会。如果这成为现实，毫无疑问，所有人的技师资格都要化为泡影。生产商们聚集起来，但并非为抗议，因为手无缚鸡之力地对抗王权无疑是徒劳。他们聚在一起，是为恳求国王再一次出售特许权给他们。

欲壑难填。那些负责为国王谈判的腐败官员声称，国王要减少柠檬水商人的数量（令人糟心的消息）。虽然这一政策也有助于抑制市场竞争，但若想得到国王恩泽，须上交20万法镑，官员那一份尚且不计。这些饱受折磨的商人无奈之下再次屈服。可是要掏出这么一大笔钱，饮料生意，尤其是咖啡生意得做得多红火啊！

这一让步进一步激发了国王的野心。1705年，他撤销了前一年颁给柠檬水商的诏令，要求公会第三次出钱购买特许权。为掩饰这一野蛮行径，他允诺授予柠檬水商一些新的权利，比如出售松子酒、经销可可和香草、售卖巧克力块。然而，这些商人似乎高估了自己的能力。直到第二年，他们还欠国王四万法镑，路易十四便再度出动法警采取强制措施。眼看资金无望，他再一次出尔反尔，推翻公会协议，并新制定出一份全新的“准入条例”，规定产业可继承经营。至少，现在国王需归还从柠檬水商处得来的16万里弗尔。路易十四找到了一位可以参与发放执照的中介人，计划这次发放500份执照，然而他的如意算盘没有成功。巴黎城到处流传着路易国王肆无忌惮、毫无章法地压制小企业的发展的言论。因此很多商人避而远之，导致500份执照只卖出140张。同业公会已经不复存在，可是新的满师合格证卖不出去，很多店铺相继倒闭。那些公会以前的借贷方为索款纷纷转向私人。失去了国王的圣光，一瞬间没有人再期待特许权。终于，在1713年圣诞期间，国王重新恢复了最初的诏令：合法的同业公会再度兴起。

柠檬水商中主要是经营咖啡生意的商人，关于他们的这个故事是由“巴黎通”阿尔弗雷德·富兰克林（Alfred Franklin）偶然发现的。该故事从侧面反映了当时法国市民阶级的境况，因此很有教益——法国大革命的爆发由成千上万的因素引发，这一点是虽不算最主要，但也绝非最次要的原因之一。

第十三章
文学百年

赞美咖啡

18世纪是文学发展史上的辉煌时期，文学第一次不再局限于书本文字，而是如一座突然爆发的火山，它的岩浆开始渗透生活的方方面面。每一封情书都是一篇文学作品，每一个自然科学新发现都以文学的形式展示，连在病床边给病人诊脉的医生的所言所行都与文学相关，宗教也属于文学！法国大革命不仅以各种社会形式发生，更是以一种看不见的文学形式逐渐成长。

咖啡对这一文学世纪来说显然意义非凡，18世纪不同于神秘感十足的巴洛克时期，它从不缺乏自嘲的品质，它强调咖啡赋予了很多智商平平的人思考的能力：

咖啡的魔力，
让笨蛋清醒。

受益于咖啡的作家们，
请不必吝啬对它的称道。
咖啡的魔力，
让记忆倍增，
让笨嘴拙舌的人妙语连珠。

孟德斯鸠（Montesquieu）在他的代表作《波斯人信札》（*lettres Mersanes*）中严肃地讽刺道："咖啡在巴黎非常普遍。很多咖啡馆都能冲制出令人大脑清醒的咖啡，走出咖啡馆时，所有人都感觉自己比进门时聪明了四倍。"

18世纪感性的表现形式以洛可可风格呈现。这个时代的所有人都带有洛可可特色。他们相信，理智是所有真理的渊源。难道路易十五与伏尔泰，或是娱乐场的妓女与蓬帕杜夫人（Marquise von Pompadour）[①]没有任何共同之处吗？当然不是，洛可可式的表现形式（相关的书只是一个符号）影响了他们日常生活的每一种表达。如同宗教渗透日常生活的各种细微方面一样，洛可可世纪的文学以其魅力令其他东西都黯然失色。

文化史学家认为，法国的贵族们在台下欣赏博马舍（Beaumarchais）的戏剧《费加罗的婚礼》（*Le Nozze di Figaro*）的做法实在愚蠢。然而，这些文化史学家们没有意识到：这其实是一部充满智慧、无可指摘的文学作品。

洛可可创造了一种在政治世界观上甚至可融合最激进对手的生活观念。洛可可的追随者们是一群追求理性的百科全书派，他们和其他穿着马裤、扎着马尾、佩戴军刀的人并无两样。无论是信仰上帝、忠

① 法国皇帝路易十五的著名情妇、社交名媛。——译者注

诚于国王，还是拒绝上帝、厌恶国王，他们身穿同样的衣服，并无差异。所有对咖啡的赞美如出一辙：魔法蒸汽[①]从煮着黑色阿波罗[②]的厨房中缓缓升起，将所有思绪洗礼，然后创造出奇迹。于是，当时所有的语言都如咖啡般香气扑鼻：

香气如云雾升腾，
沉睡的神经咕噜咕噜，
创作的灵感哗啦哗啦，
美丽的作品随即诞生。[③]

这个时期的所有人，不论善恶，在文学上都表现出自我享受主义倾向。18世纪因诞生这些最根本的社会和进步思想而常被认为“有违道德”，或许也并非全无道理。只是，说它“柔弱空乏”却有失偏颇。大多数言论都将洛可可时代描述为“女性般优雅”，因为在这个时代，发束、头饰、钟式裙和风流前所未有地流行起来。不过，一个风流的时代总会表现出一种男性色彩，甚至是让人不适的男性色彩，因为对女人献殷勤也不是那么简单。

18世纪人们的享受欲望得到了前所未有的激发。但享受是一种带有男性色彩、非常主动的行为。在那个时代，想要享受生活，身体、心灵和精神上都需满足一定程度的要求。谁要是认为当时的人“懒散迟钝”，一定是被其表面华丽炫目的装饰所迷惑而产生的错觉。因为不可否认，我们确实不理解也不认同那个时代的一切活动……“风

① 此处指煮咖啡升腾起的雾气。——译者注

② 这里把咖啡比作太阳神阿波罗。——译者注

③ 这些华丽的辞藻证明，在这些表达和对话下隐藏了多少英雄主义，也说明当时很多人从阿拉伯咖啡的蒸汽中获得身体上和精神上的振奋。

流”是一种考验耐心的活动，就像让一个男人20个小时不间断玩多米诺骨牌一样，这些“风流雅士”在躁动不安中虚度生活。

所有编造洛可可“柔弱”的言论都随着时间的流逝而消散。如同杜·德芳侯爵夫人（Marquise du Deffand）[①]与她的沙龙宾客们所分享的：“人们懂得何为生死。疾病的消息通常不会四处张扬。即使患上痛风症，也要昂起头不露一丝痛苦的表情。痛苦用微笑来隐藏，不被发觉，如同即使惨败，也要保持微笑面对的选手一样。如果收到邀请，即使只剩半条命，也要应邀参加。人们认为，在舞厅或剧院观众席中去世也胜过在床上死去。他们享受生活，即使在艰难的离别时刻，也要优雅地说声‘再见’，以证明其坚强的内心。”

咖啡馆的社交圈

由巴黎最早的咖啡馆——普寇咖啡馆的创始人可泰利所发明和倡导的“对公共的新定义”效果显著。1720年，巴黎城共有380家咖啡馆，在这些“思想的办公室”中，生活的形式和内容都在改变。

光顾这些咖啡馆的人构成了怎样的社交圈呢？在一本册子中曾有这样的描述：“这些咖啡馆的顾客形形色色，但都是一些正派人士：风流雅士，风情万种的女人，修道院院长，士兵，乡下人，小说家[②]，军官，老友，诉讼人，酒鬼，手艺人，食客，爱情或工业冒险家，年轻的有钱人，年老的恋人，牛皮大王，业余和专业作家，等等。”光顾这里的顾客算不上“社交圈”，因为它缺乏一个“社交圈”的基本原则：均衡统一性，但这正是咖啡馆的魅力所在。法国人从未以现在

① 法国启蒙运动时期著名的沙龙女主人。——译者注

② 这里的“小说家”不是指真正的作家，而是讲述“新闻”的说书人，有的出于虚荣，有的出于利欲。

这种形式聚在一起。咖啡馆如同一片人海，在其中游走可比一场冒险之旅。

在当时所报道的“任何人可以随时去任何地方”中当然包括供秘密集会以及志同道合者聊天的咖啡馆。如果老巴黎的地质学家阿尔弗雷德·富兰克林（Alfred Franklin）的文字可靠，那么当时的布雷特咖啡馆主要是文学人聚会地，英吉利咖啡馆则属于演艺圈和法兰西喜剧院的地盘，亚历山大咖啡馆中坐着音乐爱好者，常光顾西班牙咖啡馆的是军官，歌剧演唱者和他们的朋友则更喜欢去巴黎皇宫附近的艺术咖啡馆。距这家咖啡馆不远处有一家非常显眼的盲人咖啡馆，有一支盲人乐队常驻表演。出入这里的往往是一些社会地位低下的妓女。一位老巴黎的记录者普吕多姆（Prudhomme）讲述到，这些女孩和卖花女达成交易，她们设法一晚上将一束花反复利用出售八次。之后交易双方瓜分这笔从乡巴佬身上讹诈来的钱——仅此而已！

很多咖啡馆中不仅有老顾客，还流传着一些让人津津乐道的故事。比如布雷特咖啡馆的主人夏洛特·布雷特·克里（Charlotte Bourette Curée）是一位疯狂的文学爱好者。她曾以《汽水制造商之歌》（*Muse Limonadiere*）为题出版过两部诗集，不仅包含献诗，还收录了一些大人物的解答。布雷特·克里曾将一部颂诗呈送给腓特烈大帝，她写道：“当我将其谱曲时，完全被诗中那股强大的力量所征服。这部作品的作者不再是我，而是由热情创作而成。于是，我凭借这部成功的作品第一次获得了不再仅仅是东边，而且是来自北边普鲁士的热忱赞美。”这些赞美保存在腓特烈大帝寄给她的一个金匣子里。百科全书派的格里姆（Grimm）[①]对此有些愤怒：“这个咖啡店老板利用

① 此处指一位法国记者、作家兼外交家，全名为Friedrich Melchior, Baron von Grimm（1723～1807）。——译者注

对诗歌的热爱把人搞得头晕目眩。她写诗无数，却没什么好诗。有的诗是她为普鲁士国王而作，已经好过那些从她脑海中一闪而过的烂诗。个别诗读起来很不错，以至于让人怀疑是否出自她手。”当我们听说哲学家丰特奈尔（Fontenelle）将他的作品集送给布雷特·克里女士、塞夫尔市公爵成为她孩子的教父、伏尔泰赠予她一只昂贵的玻璃瓶（加上配套的玻璃杯价值60里弗尔）时，我们便不得不猜疑他们纯粹是在花钱赎罪。他们想要听赞美之词和精短的颂歌。伏尔泰也曾对此书面表达过嘲讽和不屑。

另一家布舍尔咖啡馆是戏剧导演寻找素材之地。“在这里可以遇见很多扮演王后的女演员及其他角色爱好者；还有激情演讲的神父，即使声嘶力竭也要坚持完成使命；或是带着角色造型出现的忠仆，以及和戏剧中的角色一样无所事事的朴素的老顾客……”

“这里的顾客形形色色、鱼龙混杂”——如果梅西埃（Mercier）[①]对这家咖啡馆诙谐的勾勒可靠的话。每一个普通人都带着如孔雀般的骄傲来到这里，滔滔不绝地讲述他们所获得的掌声，“而这些掌声不过是他们去年十月在法国这个几乎听不到法语的角落里所获得的”，无聊的看官们也只顾虚情假意地喝彩。

这些老朋友每次见面都是浮夸而假意地拥抱！有一个人带来一封从鲁贝发来的邮件，另有一人坐着一辆从马赛开来的车，“计划第二天继续开往斯特拉斯堡，因为那里有更高的薪水向他招手”。两小时后，他极不情愿地与一位图卢兹的导演签下了协议。而当他心灰意懒地坐在旅馆内时，他自己也不明白，原本应去图卢兹的他为何去了巴黎。

常常光顾库克咖啡馆和以精美点心而闻名的德芳源咖啡馆的是一些鉴赏家和美食家。还有坐落在蒙马特尔大街的著名的费雷里咖啡

① 法国画家，1738～1762。——译者注

馆。哈代咖啡馆因其早午餐点心也受到青睐。而最有名的咖啡馆以帕纳塞斯山[①]命名，主人是丧偶的劳伦特夫人。这间咖啡馆和普寇咖啡馆是竞争对手，认为老主顾中诗人的数量代表着咖啡馆的荣誉。“他自认为是位了不起的大人物，因为他每天都待在普寇咖啡馆”，伏尔泰曾这样嘲讽一位碌碌无为、名叫林安特（Linant）的人。

常光顾丽晶咖啡馆的有政治家圣弗瓦（Sainte-Foix）、哲学家卢梭（Rousseau）、作家马蒙泰尔（Marmontel）、勒萨日（Le Sage）和格里姆。这家咖啡馆以其安静的环境而闻名。勒萨日曾这样描述：“一间宽敞的镜厅中，十几位表情严肃的人坐在大理石桌子边下棋，周围是一张张专心和沉默的面孔。这里如冥界一般安静，似乎只能听到棋盘上的沙沙声。在我看来，这样一间咖啡馆可以以古埃及法老的守护神荷鲁斯命名。冥王哈德斯想包围慢慢逼近的荷鲁斯，尽管仔细看时发现眼前其实有60个人。”

咖啡的英雄史诗

具有鲜明讽刺特色的洛可可风格一旦严肃起来，总要借助于带有巴洛克色彩的古典神话。咖啡这件严肃的圣物，一定会受到《人是机器》（*L'homme-Machine*）[②]的支持者的喜爱。作家勒萨日经历了巴洛克和洛可可时期，因此将咖啡比作“冥界的太阳”，就像埃及人将兽角山看作太阳神一样[③]。

① 希腊山名，古时作为太阳神和文艺女神们的灵地。——译者注

② 18世纪的法国物理学家兼哲学家拉·梅特里（LaMettrie)的著作，论述了机械唯物主义自然观。——译者注

③ 尼罗河西岸有一座著名的金字塔状的兽角山（El-Qurn），其特殊形状令埃及人联想到太阳神，并将古埃及新王国时期的许多法老和贵族埋葬于此。——译者注

太阳神阿波罗和王权守护神荷鲁斯代表同一种力量。曾写过一部咖啡颂诗的圣迪迪埃（limojon de Saint-Didier）在诗中赞美了咖啡之神和太阳神阿波罗的共性：

太阳神阿波罗驾驶他的太阳车统领此地。
当他扫视这片幸福的阿拉伯地区，
突然看见这种奇特的植物。
当他大口畅饮着它配制成的利口酒，
他感受到无穷的力量。
就像一片薄云融化成的雨滴令狂风暴雨骤停，
这种琼浆玉液也具备这种无穷的力量。
它令长期钻研而混沌的大脑清醒，
令不纯净的血液蒸腾，
让大脑平静，让内心欢喜。

路易十四时期，在医生的建议下，咖啡并没有引起王室的兴趣。路易十五时期，咖啡成为宫廷御用饮品。路易十五视咖啡如宝，当有朋友来访时，他常常自已煮咖啡作为接待礼节。凡尔赛宫的园丁长雷诺曼在花房培植了十几株咖啡树，每年可以收获六磅咖啡果。国王命人将其脱水、烘焙，给客人奉上这份亲手制作的咖啡。杜巴利伯爵夫人（Du Barry）还曾让人画下她喝咖啡的自画像。

王室的珠宝商拉扎尔·迪沃（Lazare Duvaux）曾在其日志中描述路易十五对咖啡的喜爱。1754年，他受命为路易十五打磨一个“金咖啡壶”。此外，他还需上供“一个带酒精、灯芯和灭火装置的灯”，同年三月他又受命制作“一个包括酒精炉和带镀金脚小钢灶的咖啡壶”。

我们可以从这份记录中了解到，这是一个盛满水的咖啡壶，下方有一个酒精炉。磨成粉末状的咖啡沉在壶底，酒精炉可在用12次后换新。1763年，陶匠雷尼发明了一种新的咖啡机，这样人们可以像煮茶一样煮咖啡，即直接添加滚热的开水。可惜这种烹饪方式并没有得到推广普及。

路易十五所喝的法式咖啡即使是温室培育，也依然产自法兰西这片土地。哲学家卢梭、作家狄德罗（Diderot）、数学家莫佩尔蒂（Maupertuis）以及物理学家达朗贝尔（d'Alermbert）也爱喝法式咖啡，即使他们的咖啡果并非来自国王的花园。因为约18世纪中叶开始，法国的咖啡果就已由殖民地供应。

至于咖啡是如何来到法国的，流传着一段充满英雄色彩的感人小插曲，18世纪从不缺这样的故事。马提尼克岛[①]的一位军官——海军上尉德·克利（Gabriel Mathieu Desclieux）便是这个故事的主人公。他率领部队驻扎在这片岛屿上享受悠闲时光时，从书中以及游客之口了解到，荷兰人从阿拉伯带了一株珍贵的植物到东印度栽培，收获颇丰。德·克利知道，在东印度群岛上也生长有和安德烈斯群岛[②]上一样的蒲葵。两地气候和土壤条件相似，同样有温暖的、偶尔也波涛汹涌的海域，同样有残喘的火山偶尔在海底翻腾着岩浆、蒸煮着海水……德·克利听说，在这片原始自然力所创造的色彩对比强烈的土地上，也生长着荷兰人的植物。然而，他搜遍这片岛屿也没有找到相似的植物。在马提尼克岛上并未发现描述中的咖啡树。

受欲望所驱使，德·克利上尉驱船驶向法国，因为那里所有人都喝咖啡！但他发现，法国人喝的是从埃及引进的阿拉伯咖啡，或

① 位于加勒比海中央，安德烈斯群岛中的一个岛屿。——译者注

② 美洲加勒比海中的群岛，是指西印度群岛中除巴哈马群岛以外的全部岛群。——译者注

德・克利上尉将咖啡树迁徙到安德烈斯群岛

是从更远的东印度绕过非洲南端到达荷兰的咖啡。但1714年，阿姆斯特丹市市长呈送给路易十四一株植物，当时著名的植物学家朱西厄（Jussieu）将其种植在温室中。然而，朱西厄及其朋友将其视若珍宝，多年来都拒绝赠送给任何人。最终，德・克利向国王的御医慷慨激昂地陈述他的爱国豪情后，成功地获得了一株咖啡树枝，并获准将其带出境。

1723年5月的一个明媚的早晨，德・克利乘船载着这株咖啡树从法国南特港口出发，驶回马提尼克岛。于是，一段"劳顿"却卓有成效的旅途开始，这段旅程也印证了将咖啡引入新世界似乎非常艰难。德・克利上尉将咖啡枝放置在一个玻璃箱中，玻璃的折射能够增强光照，从而保持箱内的温度。这个便携的小温室必须一整天放在甲板上。德・克利就坐在旁边。很快他发现，一个使用假名字且带有荷兰口音的陌生游客正试图靠近这株植物。

睡眼惺忪时，他惊恐地发现，这位荷兰间谍一定打开过玻璃箱——因为有一根小枝丫被折弯了。咖啡树是否会因此而致命呢？德·克利的内心也如这根枝丫一样不安。他发誓，只要这个荷兰人还在船上，他就再也不睡。正如我们所见，咖啡所到之处必然充满警惕和戒备的传说也伴随着这艘船。

荷兰人在马德拉岛[①]下船。然而在向西航行了一整天后，他们偏又遭遇了海盗——一个长期滋扰大西洋的突尼斯水手。德·克利所乘坐的这艘船不得不耗上半天，架起大炮抵御海盗，直到东边地平线出现一艘西班牙橹舰，海盗船才往北边逃窜。然而，玻璃箱的盖子被桅杆的裂片击碎。德·克利再度忧心忡忡，这回他是要把咖啡枝藏在自己怀里吗？但它需要太阳光的集中照射，而不是像动物冬眠时仅需皮毛中保存的那点温度。于是，他设法修缮了玻璃箱，尽可能地让植物吸收光照。

接下来，海神波塞冬吹起其子特里同的海螺：他召唤古罗马诗人维吉尔（Virgil）诗中所描述的各方风神袭击这艘船：北风神玻瑞阿斯、南风神诺托斯、东风神欧洛斯前仆后继，将玻璃箱吹得粉碎，咖啡树枝浸在了海水中。然而祸不单行，即使是风平浪静之时，因烈日连续数周盯着这片海洋，咖啡枝吸够了阳光，却面临淡水的缺乏。于是，德·克利将最后仅剩的珍贵的饮用水贡献出来。船只摇摇晃晃，柔软的船帆偶尔借着微风向西航行。在一个万籁俱静的月夜，恍惚可以看见不远处银光闪闪的棕榈树——他终于抵达安德烈斯群岛，咖啡枝获得了解救。

噢，幸福的马提尼克岛！热情好客的海岸！
在这片新世界中，

① 位于非洲西北部附近的大西洋海域。——译者注

你们第一个迎接并培育这个亚洲之果，
请让它在法兰西的土地上生长成熟吧！

著名诗人埃斯梅那（Esmenard）也曾激动地歌颂过这一事件。咖啡枝安全靠岸后，德·克利将其种植在最有利于它生长的土地上，20个月后收成可喜。他将这些咖啡豆分发给教会人员、医生和贵族，也分发了一批给当地的咖啡农，当他们了解了这种植物的价值后，梦想靠它致富。“这种植物在逐渐传播开来”，德·克利在给政客弗雷龙的信中写道，“我继续在岛上分发传播这种新果实，最终，加勒比海附近的瓜德罗普岛和圣多明各到处都种满了这种长势迅猛、硕果累累的灌木。死亡一直推动着马提尼克岛上的文明进步，由于岛上活火山的喷发，岛上的可可树无一逃过死神的魔爪，加之最后一场冬雨连下三月不停，更是雪上加霜。这是当时岛上的人们用来交换产自法国的其他食物的唯一果实，当他们看到这些果实被死神无情地夺走时，便决定通过种植咖啡来自救。不久，他们全身心地投入咖啡树的种植栽培，并获得了可喜的收成。三年后，我们岛上的咖啡树已蔓延到几百万棵。”当德·克利再一次返回法国时，他被引荐给路易十五，并被任命为殖民地安德烈斯群岛的总督。

这位路易时代的伟大骑士军官于1774年11月30日逝世，享年88岁。常常抨击“百科全书派”思想的法国杂志《文学年代》（*L’Année Littéraire*）为这位忠于王室的骑士献上了一首颂诗：

受人敬仰的老人啊，
您就这样离去，
再也感受不到我们的悲苦。
命运之神帕尔开（Parze）就这样向国王和臣民们打开了坟墓之门。

您是我们的同胞，是我们的英雄！
您曾无畏风雨，乘船将这株珍贵的植物带到新世界，
它给我们的生命注入新的血液，
给祖国带来了财富。
所有的殖民者都为您悲戚，
岛上所有的居民都为您惋惜，
您是我们最亲切的恩人！

诗行中感情充沛，构成一段英雄史诗般的结局。《文学年代》特意将德·克利高贵的一生与哲学主义外衣下浅陋的市民思想做出鲜明对比。不过他们忘了，不仅是保皇派们，启蒙家们也喝咖啡，而且他们是主要的咖啡消费群体。

革命年的咖啡

“咖啡就是一场革命！”

虽然这句话不是出自历史学家儒勒·米什莱（Michelet）之笔，但他认为精神生活能大放异彩也应归功于咖啡。因为半世纪以前，供青年人声色犬马的酒馆逐渐被取缔，如今已很少看到夜醉不归或是烂醉街头者。咖啡作为一种能让人保持清醒的饮品，不同于酒精，能提供给人脑充足的营养，增加思想的纯正和高贵；它能驱散遮蔽想象力的阴沉的乌云；它能以一道真实之光照亮事件的本质；咖啡反对淫乱，它在刺激人脑的同时明确区分性别……受法国作家布封（Buffon）、狄德罗和卢梭青睐的圣多明各咖啡将自己的热情与这些伟大的心灵完美结合——每天聚集在普寇咖啡馆的先知们，用他们敏锐而犀利的目光见证着这种深色饮品照亮了1848年——欧洲革命年。

很显然，如果思想运动不以经济运动为依托，将不会引发革命。咖啡馆成为了文学和经济的交接站，思想上的不满和物质上的不足在这里相互碰撞。穿梭于咖啡馆的人形形色色，当然也包括两个特权阶层：神职人员和贵族。这两个阶层在当时的法国总人数尚不过十万，而“第三阶层”的市民群众却有2400万。巴黎的咖啡馆中，大部分顾客来自心有不满的市民阶层、手工业者和工厂工人。其实，从他们的父辈和祖辈开始，就已经出现了这种对路易十五和路易十四的不满的情绪。那么对路易十六又有什么好期待的呢？他能减免其父辈们加在民众肩上的沉重的税负吗？那时，公民的每一个手势、每一个步伐，甚至每一次呼吸都要缴税。无论城市或是乡村都被绝望笼罩。工作又有何意义可言？人们为了不被饿死而工作，这是工作的本质意义。但只要有工作，就必须将所得的一大部分上交给国王、地方官和地主——于是还得挨饿。

生活充斥着沉重的绝望。不善于思考和演讲的公民看到热腾腾的咖啡前坐着一些24小时都在思考、演讲和写作的人。这些律师、作家和记者不仅理解他们沉默背后的苦痛，甚至还像音乐会一样将这些展示出来。他们帮助公民将这种普遍的苦痛以及对社会和经济的哀求释放出来，像吹响耶利哥（Jericho）的号角一般震耳欲聋。城墙也颤抖起来！①

城墙终于倒塌。巴士底狱被毁，它是一种化学混合爆炸物的第一个牺牲品。这种混合物不可忽视，如米什莱所说，它“融合了实物的

① 耶利哥（Jericho）之墙。约旦古城，引自《圣经》。传说此城为迦南的门户，城墙高厚，守军高大壮健，是古代极强大的堡垒。犹太人虽有数百万，却无任何能力与技术攻城。但据《圣经》记载，犹太人围城行走七日，然后一起吹号，上帝以神迹震毁城墙，使犹太军轻易进入，而后顺利攻入迦南。——译者注

本质和精神的实质”，是哲学和经济思想的混合。

这场革命实为一次经济的束缚和哲学思想自由的爆炸性碰撞。

推翻法国君主制的其实是英国人发明的俱乐部！而所有的俱乐部都是另一种形式的咖啡馆。以英国的历史为鉴，波旁王族或其警员心里清楚，如果市民们整夜清醒不睡，将会带来怎样的后果。

它的威力无与伦比，
尤其是对抗悲伤。
思想
在此获得力量。

这首咖啡打油诗早在大革命之前就在街头传唱了。事实上，当公共场所的人们脑内的松果腺分泌时，国家制度也必须生产“公共的思想”——即评论和政治。

警察已经开始对这些咖啡馆心生忌惮。为监管咖啡馆，当时的阿尔让松侯爵（Argenson）任命了专职监督员。通常情况下，监督并不十分严格，但政府部门总能时时爆发惊人的力量。因此，政府检察官德诺（Denoux）在法国巴黎新桥附近的一家咖啡馆演讲时被逮捕，并被关押进巴士底狱。红衣主教波伊斯（Dubois）曾在其一篇公告中记录了该事件。然而，阿尔让松侯爵不久又释放了德诺。

巴黎政府清楚，长达半个世纪以来，这些咖啡馆中的人们在筹备着什么。在它看来，人们的讨论犹如这里的咖啡的蒸汽，阀门无法完全被关闭。因此，与其号令停业，不如推出“警局规定时间”，即与咖啡馆交涉和规定晚上打烊时间。可想而知，一大批咖啡馆老板因政治嫌疑而被立即吊销营业执照。这一现象前所未有，充分揭露了这个国家的贪婪：可观的饮料税税额着实令人眼红。

只要用心观察关于法国大革命的图片，都会情不自禁地注意到它们对夜景的描绘：淡紫色的夜空被明亮的火炬刺穿，画上人物的脸庞红得发亮。世界历史从未以如此浓墨重彩的夜景来呈现。演讲及演讲者、法庭桌、政治家以及歇斯底里的观众席，这场大革命，正如当时的革命歌曲《未来一片光明》和《短袖上衣》中所表达的，伴随着普遍的失眠现象。咖啡让人白天保持清醒，夜晚不思睡眠……在记录中，似乎确有当时无人入眠的说法。

毋庸置疑，在1793年这一全法国被恐惧笼罩的革命高潮年，法国人所喝的咖啡比10年和20年前要多得多——恐惧本身就是清醒剂，鲜血的气味比咖啡的香味更能令神经紧绷。“自由，如同一个最好在废墟上与之发生性关系的女人！”法国革命家德穆兰（Desmoulins）的这句话不再是咖啡馆的一句口号。咖啡如同文学，文学号召新的秩序——然而这句话已然透露出骚乱。骚乱中我们不需要任何饮品。

上断头台的前一晚，无论是民众或是主战的吉伦特派，都无需依靠咖啡保持清醒。但或许他们还是喝了咖啡？于是，他们一小时内便可轻易冲破哈德斯的冥府大门。就像荷马在《奥德赛》中对猪笼草的描述一样：

一种药剂，
任何人喝下它就会立刻忘记忧愁。
即使父母双双去世，
即使亲眼目睹亲爱的兄弟、儿子惨死面前，
当天也不会流一滴泪。

第十四章

奢侈品与统治者

失去自由的咖啡

在18世纪的法国，“咖啡”与“启蒙”为同义词：当意大利人彼得·斐利（Pietro Verri）在巴黎创办一份文学和哲学杂志时，他直接取名为“IlCaffé”，尽管杂志中的内容与咖啡这一饮品毫无关系。

那么德国呢？仿佛当时的莱茵河比今天更宽似的，人们对所有与法国有关的东西都是模棱两可地认可。从普遍的历史观来看，在17世纪和18世纪之交，德国人似乎对法国采取仰视的态度。但为什么当时的传单文化都包含明确的反法立场呢？海德堡城堡被炸毁①给德意志民族心中留下的伤疤，几十年也无法愈合。由于当时还没有新闻业（尤其没有报纸），导致一场如普法尔茨城被毁这样的灾难对民众内

① 法军在1689年普法尔茨继承战争中占领了海德堡，并先后两次（1689年和1693年）用大炮重创海德堡城堡。——译者注

心的冲击虽然较慢，但却更深刻……若确如一些铜版画上所描绘的，德意志民众如此亲法，那又如何解释当1757年腓特烈大帝在罗斯巴哈打败法军时，全民族都欢欣鼓舞的现象？

事实上，德国人视“法国货”为一把双刃剑。它们不仅得到欣赏和赞叹，也遭遇不少抵制。然而，像波兰人哥辛斯基及他与咖啡起源相关的英雄事迹并没有传播出维也纳的范围一样，当时的北德人和中德人只看到，咖啡是产自法国。只有国际化的地方——充满世故圆滑及生活习惯高度统一的地方，例如皇宫，才欢迎法国的东西。萨克森选帝侯“强力王”奥古斯特的宝库中存有一只出自皇家金匠迈尔修·丁零格（Melchior Dinglinger）之手的金制咖啡壶，华丽的色彩和夸张的设计充分彰显其独一无二。现在应该没人想用这样一件表现巴洛克时期选帝侯的附庸风雅的文物来斟饮咖啡吧！黄金和珐琅的材质，以及绕壶身一圈的鳄鱼、蟒蛇及雄鸡图案表现出的野蛮和放纵，让人不禁联想到古希腊诗人荷马的诗句：

> 前部是狮子，尾巴是一条蟒蛇，身子是山羊。[①]

毫无关系的目的和形式或许根本无法共存。

法国王室直到1730年左右才将咖啡的相关知识和饮用方法传播给高等公民阶层，实际上这并非完全自愿。因为这些附庸风雅的假绅士的基本态度是“保护自己独有的生活习惯不被模仿”。因此，在帕德博恩主教区，喝咖啡的市民不仅会面临高额罚款，而且可能遭受刑罚。只有在旅游业发达的地区，政府不施压不干涉，咖啡产业才有发

① 荷马的史诗《伊利亚特》第六卷中描述的一种会喷火的怪兽：它的前部是狮子，尾巴是一条蟒蛇，身子是山羊。——译者注

展的空间。

当时的德国只有汉堡和莱比锡两座城市常年受到外国游客的青睐——如今我们称之为“国际都市”。1690年左右，汉堡出现了第一家咖啡馆，当然并非为取悦市民，而是应英国商人和海员的要求。因为当时的商品并非经过威尼斯和纽伦堡，而是通过伦敦水路抵达德国。即使几十年之后“咖啡老哥”光环不再，英国人喝咖啡的习俗依然留在汉堡。相比于此，莱比锡作为会展城市及外国人聚集地，那里的咖啡的命运显得更加重要。今天的人们大多是从歌德的少年回忆中了解到莱比锡这座城市的重要性——这里是当时16岁的歌德生活过的第一个真正的大城市。事实上，歌德并没有经历莱比锡发展最辉煌的时期：普鲁士向市民征收的战时军税给这个城市撕开了一道似乎永远无法愈合的伤疤……但直到1750年左右，莱比锡都是比柏林和德累斯顿更加富有和重要的城市。外贸仓储权[①]、商贸通道和展会业让莱比锡美名远扬，甚至有人将其比作“小巴黎”。更重要的是，后来德国的印刷业从美因河畔的法兰克福迁至莱比锡。于是，除了参展商人，莱比锡还迎来了一大批文学家。

莱比锡的八家咖啡馆的知名度并不亚于它著名的玫瑰谷公园［玫瑰谷公园（Rosental）在当时比维也纳普拉特公园更知名］。虽然听起来难以置信，但当时的大学生不仅只喝啤酒，他们确实还常光顾“咖啡树之家”。

展会参观者、参展商、顾客、俄国人、波兰人和法国人围坐在一起，尤其是以讽刺派作家查哈里亚（Zachariae）为代表的萨克森的文艺爱好者也聚集在此，在当时，他们甚至比喝酒的大学生以及“耶拿

① 中世纪时期一些城市享有权利——干涉和限制城内商品的交易时间。商人可通过纳贡获得交易自由。

莱比锡的“咖啡树之家”
（门上的浮雕由“强力王”奥古斯特赐予）

的自诩派”[①]更加闻名。咖啡立刻行使它的使命——就是在这种情形下，“萨克森式语言”诞生在当时并不重视精神刺激的德国，即德国洛可可式语言或六音步的“亚历山大诗体”[②]。

如果有人不喜欢这种朴素的诗体，一定是忘记了德国古典主义的语言并非来源于杂乱无序的巴洛克风格，而是深受倡导语言纯净化的戈特舍德（Gottsched）[③]时期的影响。“亚历山大体”的诗歌中对咖啡的赞美，要远胜于60年后德国诗人约翰·海因里希·沃斯（Johann

① 查哈里亚（Zachariae）1744年出版了一部名为《Der Renommiste》的英雄诗歌，生动描述了当时莱比锡和耶拿两座大学城的大学生生活。——译者注

② 法国诗歌当中的一种常用题材，起源于12世纪中期由朗贝尔·勒道尔和亚历山大·德·贝尔内合写的一部名为《亚历山大的故事》的诗作，该故事诗中的诗句每行均是12个音节，故此得名“亚历山大诗体”。——译者注

③ 戈特舍德（1700～1766），德国诗人、作家和文学理论家。——译者注

Heinrich Voß）在其代表作《路易丝》（*Luise*）中以六音步诗体对咖啡的描述。在这部作品中，沃斯将咖啡称作“强劲的黑人饮料”，他完全没有提到咖啡的精神刺激作用，因此这一描述听起来不免庸俗。

另一部以咖啡为题材，同样有世俗的风格，但同时充满了天才的幽默感的作品是约翰·塞巴斯蒂安·巴赫著名的《咖啡康塔塔》（*Kaffeekantata*）。毫无幽默感的沃斯并不了解，天才的创作家们在描述每天的例行公事时喜欢将幽默和激情紧密地结合在一起。巴赫的谱曲听起来大胆、活泼、富有热情又不失庄严，故事中的父亲更是风趣幽默。

巴赫的这部作品灵感来源于莱比锡诗人皮坎多（Picander）[①]的一首被称作“巴黎寓言”的诗歌：

有人从巴黎送来消息：几天前，一位国王向议会颁布谕旨，
内容是：很遗憾我们早就预感到，有些人会被咖啡毁掉。
为了抑制这类灾难的延续，咖啡应该被禁止。
除了国王及其宫廷，其他人无权饮用。
人们何时才能获得咖啡许可……
妇女们呼喊声不断：
“不，宁愿您没收我们的面包！没有咖啡，生命何以继续？”
然而，这仍然无法动摇国王的旨意。
于是，死亡如瘟疫一般席卷而来，
直到这道谕旨被粉碎，
灾难也随之结束。

① 讽刺作家皮坎多本名亨利西（Henrici），本职为税务员，从他的幻想曲中可知一二。——译者注

巴赫作品《咖啡康塔塔》的总谱配以循环往复的歌词：
“咖啡远比香吻甜蜜，远比麝香葡萄酒更醉人。”

路易十五时期，咖啡垄断所引起的混乱一直蔓延到莱比锡。巴赫非常喜欢皮坎多这首发表于1727年的世俗诗，于是请求他创作一篇以“妇女的咖啡瘾”为题材的康塔塔歌词。将世俗的生活融入音乐中的做法在当时并不少见，例如《调酒师》（Wein-und Bierrufer）、充满呼喊和呻吟的现实主义作品《牙医康塔塔》（Zahnarzt-Kantate）、描写猫狗的作品《守夜人的爱》（Nachtwächters Liebe）、《斑点蛋糕卡农》（Wurmkuchen-Canon），等等。在巴赫的《咖啡康塔塔》中，老施连德（Schlenderian）的女儿丽思恩（Lieschen）像大多数莱比锡女孩儿一样钟情于咖啡，老施连德想要帮女儿戒除咖啡瘾，然而一切威逼利诱都没有成功，只有终极办法似乎起了作用：“要咖啡还是男人？”不过，丽思恩欺骗了她的父亲。一边老施连德急切地寻找女婿，另一边丽思恩唱道：

除非这个男人答应我，
把这一条写入婚书：
让我随心所欲地煮咖啡喝！

这部作品节奏活泼明快，具有一定的文化历史价值，但绝不能就此认为，1740年左右，在世界都市莱比锡以外的其他德国城市，普通公民的女儿也是这样整天喝咖啡。因为当时德国的中产阶级还保持着非常朴素的生活方式，原因有多方面：皮坎多在他的“巴黎寓言”中将咖啡禁令归因于当时的地方侯爵，但他们绝不是导致这种狭隘且有失体面的经济政策的唯一罪魁祸首。经济上的这种不自由往往起因于另一领域，例如德国的公会精神。

自从“创造自由的咖啡”成为商品，咖啡本身却失去了自由。它们最初属于咖啡种植者，再经过商人之手成为消费者的财产。当然，最大的所有者是国王。咖啡并不属于手工业同业公会，但有时公会甚至比国王更加专制和垄断。

不仅在法国，在其他国家也是如此：侯爵和贵族眼里容不下公会，并且想尽办法抵制他们。理由也很明显。

这些公会在最初卓有成效，因为对手工业来说，它们既保证了声誉，亦确保了质量。然而几个世纪之后，这些公会却僵化为行业垄断商。禁止自由竞争最初是为了防止有人投机取巧，但城市手工业被操控在少数人手里，就像17世纪和18世纪一样，这不得不让地方领主心生戒备。因为这种垄断做法违背了政府政策的最高原则：国家人口的繁衍。

“加快人口繁衍”是启蒙运动后法国绝对专制主义的一幅重要蓝图。当时的人口经济被视为与林业经济同样重要的国家经济部分。然而，长期的战乱和瘟疫导致了一直延续到1800年的人口短缺问题。例如，当时德国和奥地利总居住人口为2500万，英国只有600万。这一现象比当时每个家庭婴儿的高出生率更加突出。虽然在当时一个家庭有8个、10个、12个甚至15个孩子很普遍，但欧洲仍然人口稀少是不争的事实！当时尚不完善的卫生条件导致儿童在成年之前的死亡率很高，这一状况直到19世纪才有所改善。

但是一些社会因素对人口增长停滞不前的影响也不能忽略。当时的同行业商人们相互联合来排斥外来人口，这不仅限制了行业自由，同时也抑制了人口的增长。于是，地方侯爵开始采取措施打破行业公会的垄断。他们派人观察边境国家的情况：如果萨尔茨堡公国的行业技师抓住自己手中的独家特权不放，萨尔茨堡的大主教是否将其驱逐。

“请跟随你们的行业公会离开！”因此，可以看出，当时侯爵的行为虽独断专行，但在一定程度上也存在可取之处。

摧毁垄断势力

像其他行业公会一样，维也纳的咖啡公会也在这段不平静的历史中经历了起起伏伏：世界时而青睐自由，时而崇尚强权。咖啡公会是维也纳最晚创立的行业公会。当哥辛斯基将咖啡带到维也纳时，面包行业公会早在半个世纪之前就已出现。我们可以从维也纳史学家埃里克（Enikel）的编年史中读到，公元1217年的圣诞日，面包行业公会向公爵利奥波德·冯·巴本贝格（Leopold von Babenberg）上贡面包。

烘焙师给他带来面包。

然而，建立新的行业公会已经不是什么新鲜事。1700年，已经有许多人开始批判行业公会的垄断行为。

因此，咖啡商当然想从这一新建立的贸易中获得特许权。与东方穆罕默德和《古兰经》禁止酒精相比，维也纳是另一番情形：一边葡萄农为了自身利益抵制咖啡[①]，另一边酒商前仆后继地引入咖啡。当时的酒业公会掌握书面认可的生产酒水权。

咖啡商当然也需要提高自身竞争力。1696年，哥辛斯基去世后，只有四个人还经营着咖啡馆：伊萨克·鲁加斯（Isaak Lugas）［很可能来自意大利拉文纳市附近的卢戈（Lugo）］、鲁道夫·培格（Rudolf Perg）、安德烈亚斯·佩恩（Andreas Pein）以及一位据传叫斯蒂芬·德维奇（Stephan Devich）的人。从这些名字中可以看出，这些人分别来自维也纳、克罗地亚，还有一位来自意大利的犹太人。

---

① 从一开始就如此。1933年档案中公布的文件显示，哥辛斯基等待多年才拿到咖啡营业许可。他必须通过信件和呈文的形式提醒执政政府自己曾经的英雄事迹。

1700年7月16日，利奥波德一世为四位咖啡行业的大师颁布了咖啡行业例行规定。

“利奥波德作为神圣罗马帝国的皇帝和主人，作为日耳曼、匈牙利、达尔马提亚、克罗地亚及斯洛文尼亚王国的国王，奥地利大公，勃艮第、施泰尔、克恩滕、克拉尼斯卡及符腾堡的公爵，以及蒂罗尔的伯爵，在此向四位咖啡商颁布咖啡行业例行规定：维也纳市政府和市长特许他们经营咖啡馆。”接下来的情形充分展现了当时各行业公会的典型本质，“不久后就有另一人为特许权而来，而且甚至还会有更多的人接踵而至——特权的泛滥将会导致行业的颓败甚至崩塌。为避免这一结果，也为发展和保持行业的规范、虔诚和正直”，该经营许可权只授予这四人！

该经营许可权包含六项条款。第一条，“四位咖啡馆老板之间以及与接班人之间应和谐相处。”禁止“诋毁对方商品”或甚至“恶性抢夺对方顾客”。若有人违反这项规定或“将对方排挤出该行业”，他的营业特许权将被中止，直到“他弥补对方损失并与之重新联合”为止。

第二条，四位咖啡馆老板建立兄弟会，应以合理发展为目标。当其中任何一位成员去世时，如有他人想接手生意，都必须向其他三位成员出示相应的文件。

第三条，四位兄弟会成员不得“以牺牲公民自由为代价，私自支持恶势力和赌博者”。

第四条，允许四位兄弟会成员在营业时间外烹制咖啡。

第五条，一旦发现有其他人，“无论是否是本国公民”，意图私自种植咖啡树、烹制并出售咖啡，四位兄弟会成员有权将其没收。

第六条，若兄弟会成员去世，其妻子或长子有权继承该特许权。

授予咖啡商这一特许权的目的在于进一步提醒政府、总督、议长、教长、伯爵、骑士、代理长官、军事长官、市长、审判员及议员，应尊重并维护咖啡贸易。1700年，维也纳人想出门喝杯咖啡，背后其实经历了这么多复杂的程序!

1714年，查理六世（Karl VI）修订了利奥波德一世的兄弟会章程。从多处小的变动可以看出，未享有特许权的公民对这四位咖啡商十分不满。“无特许权者在维也纳点燃了抗议的导火索”。但由于人们对咖啡的兴趣十分浓厚，迫于无奈，皇帝在与四位咖啡商商定后，决定将特许权享有人从4人增加到11人。于是，1730年的市场一片混乱：只有11人垄断咖啡贸易，但全维也纳有30家咖啡店，其中有19家拥有官方注册的烧酒酿制权。

咖啡商和烧酒商之间是否有争斗无从考证，但可能性极大。而且

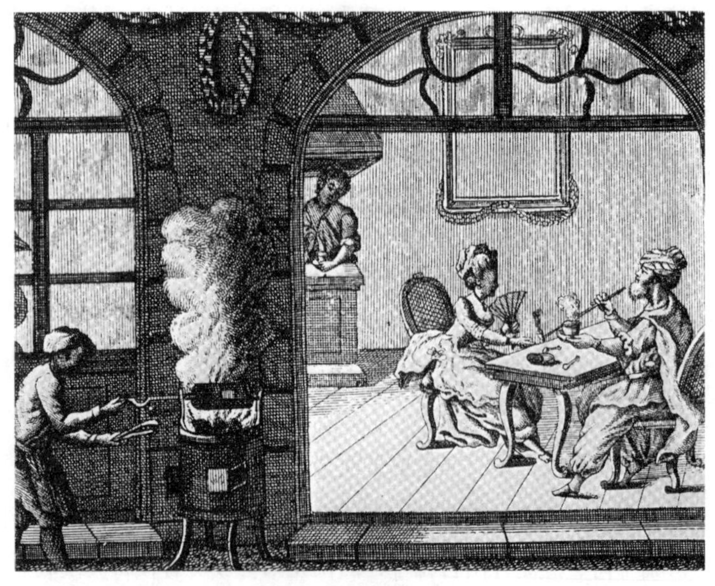

一位喝土耳其咖啡的女士。
1775年左右维也纳的传单。左前方是正在烘焙咖啡的场景。

维也纳在早期也经历过公会之间的战争。面包商和磨坊主曾发生过激烈争斗，导致街道和广场好几个小时粉尘漫天。而烧酒商和咖啡商之间的争斗往往要通过法院调解来解决。直到1750年，神圣罗马帝国皇后兼奥地利国母玛丽亚·特蕾莎（Maria Theresia）决定要结束这种混乱的局面，英明地调解了烧酒商和咖啡商之间的矛盾：允许咖啡商烹制和贩卖烧酒，烧酒商也可烹制和贩卖咖啡。于是，一个“烧酒及咖啡商联合会”建立起来，恢复了市场的平静。

玛丽亚·特蕾莎的这一决策虽未实现“行业自由”，但摧毁了无孔不入的垄断势力。此后，人们可以在任何公共场所品尝咖啡，公共咖啡馆的新时代由此开启。

高税金奢侈品

当时的咖啡贸易还受到另一项颇受非议的规定的制约——1779年，特蕾莎女王在内廷参事格赖讷（Greiner）的建议下颁布酒精饮料消费税。统治者希望通过这项规定，将无产阶级的税收转嫁到资产阶级身上，然而却选错了方式。

首先，要取消那些人们认为可有可无的税负，如道路建设税、信贷税、人头税、务农税、葡萄种植税以及饲马税。这当然得到了公民的支持。然而，国家因此需承担的损失要通过征收该“酒精饮料消费税”弥补。为强调该税收的正当性，内廷参事格赖讷提出：“少喝一点酒精饮料意味着少支出一笔钱，这符合每个消费者的利益。而那些原本就没有经济能力消费酒精的穷人，本来就无需缴纳此税。”简直难以置信，特蕾莎女王在执政长达40年后，竟然听信了这一荒诞的谬论，并落入了圈套。于是，一个将葡萄酒作为全民健康食品的国家引入了这种非社会的“饮用税”。虽然女王因此失去了很多支持者，但该税增加了咖啡的消费，因为根据这一诏令，咖啡不属于“酒精饮料”范畴。

特蕾莎女王征收的“饮用税”是一项错误的奢侈税，但不具有典型性。奥地利从来都不是一个禁欲主义国家，和它的公民一样，奥地利的统治者也并不崇尚斯巴达式的严苛，历届执政者都倾向于较温和的执政方式。

奥地利大公约瑟夫二世（Joseph II）统治时期，奥地利“国家财政哲学家”索南菲尔斯（Sonnenfels）所倡导的执政理念，接近亚里士多德的“幸福主义”[①]。索南菲尔斯认为，人们追求的永远比实际需要的多，当然这是他们的权利。他写道：“人类的需求是有限的。有限的需求导致公民的工作机会也很有限。但这绝不是好事。一旦公民的生活舒适度提高、生活更加富足，需求也将随之增加。舒适和富余正是华丽的体现。（索南菲尔斯用了‘华丽’而不是‘奢华’一词。）然而，这些高谈阔论稍显轻率，它们并非像反对浪费那样反对生活的华丽。”

在这样的理念下，“奢侈品”（索南菲尔斯这样称呼鱼罐头、咖啡和强化酒）保持适中的进口关税，就能给人们带来真正的享受。在那个缺乏自由的时代，人们明白自由经济制度将给国家带来诸多好处。“自由提供享受。”公民只有幸福感提升了，才能更好地工作。

与同时代其他启蒙运动家一样，索南菲尔斯也反对同业公会，他认为公会的存在限制了行业选择的自由以及人口的增长。但人口的增长在当时不仅是国家的主要目标，还正如索南菲尔斯所主张的幸福观一样，关系到每个公民的切身利益。

---

① Eudaimonie，亚里士多德学派的幸福哲学观，认为一切行为的目的是为了幸福，方法是通过道德行为来获得幸福。——译者注

“人口数量越大，抵抗的力量越强大，从而能保证国家的外部安全，这是政策的基本原则。

“人口数量越大，内部支持力量越强大，从而能进一步保障内部的安定，这是警察系统的基本原则。

“人口数量越大，需求越多；人手越多，商品的内贸和外贸越频繁，这是商品交易学的基本原则。

“人口数量越大，公共消费越高；政府税收分摊到每个人头上越少，这是财政经济学的基本原则。”

这一人口政策的合理性虽经不住推敲，但在一定程度上体现了奥地利特色的享乐主义理念。

然而，爱国主义哲学家费希特针对富余问题提出了另一种观点，并成为普鲁士的信条。他在1800年出版的著作《封闭的贸易国》（*Geschlossenen Handelsstaat*）中严厉批判了所谓的“华丽的权利”，并声明拥护计划经济：“首先要保证所有人的温饱，在装饰房屋之前先要有稳定的居所，讲究衣着华丽之前先要保证衣服穿起来温暖舒适；一个国家如果农业尚不发达，还需要劳动力和机械化，则不应追求奢华。即使有人说‘但我付得起钱’也不可以。非必需品若只有部分人可以承担，是不公平的……”

费希特这段社会学的话语中透露出当年路德的社会激情，尤其让人不禁回忆起前不久的腓特烈大帝。索南菲尔斯和约瑟夫二世并不像奥地利的劲敌腓特烈大帝一样崇尚军人主义。跌宕起伏的人生让腓特烈从信奉伊壁鸠鲁学派（Epikur）转变为斯多葛主义（Stoa）的拥护者，并且决定了他对待“富余”问题的态度。

只要这位莱茵斯贝格的王储依然认为人性并非建立在经验之上，而仅是为摆脱美学探讨中的不真实的愿景，就说明其依然信奉伊壁鸠鲁主义。那么何不让自己和这个世界享受富余的快乐呢？他在给伏尔泰的信中写道:“我喜欢法国人对生活的热爱，我很开心地看到，40万城市公民能享受生活的舒适，没有生活的苦闷。这是40万城市公民幸福的证明。我认为，每一个集体的首领即使不能让他的子民富裕，也应力求让他们感到满足，因为即使没有财富，人民也能得到满足。比如，一个参加节日或表演的人，或是在一个人多热闹的地方短暂停留的人，我可以说这个人一定是幸福的，他将带着无限美好的幻想和充实的内心回到家中。因此，应该尽力保持清醒以享受这些美妙的时刻，忘记其他的不愉快或是暂别苦闷！生活中最触手可及的财产即幸福。因此，如果能让一个大集体享受生活，等于创造了大批财富。”

愚蠢的统治者们并不知道公民的真实需求。他们之所以如此强调“马戏”，是因为他们从未听到要求“面包”的呼声。在战争年代，当一国之主必须担心“面包”时，也会放弃对公民进行“娱乐和富余”的洗脑，更不用说充当“娱乐导演”的角色。[①]

1763年3月30日傍晚，腓特烈二世已是迟暮之年，七年战争[②]如70年一般压得他喘不过气。他曾经引以为傲的祖国的繁荣有序不复存在。攻克了萨克森，却失去了其他一切。普鲁士王国的经济损失惨重——目光所及，百废待兴。

腓特烈大帝凭借与生俱来的天赋重整旗鼓，而“重建国家”这项任务比七年战争还要持久。腓特烈从一开始就决心要将其战需资金转化为和平基金。为修复被俄国焚毁的普鲁士东部地区，他不惜耗费40万黄金，并捐献骑兵队的战马以发展农业。同时，他还挪用大笔资金

① “面包与马戏”(panem et circenses)，出自罗马帝国著名的讽刺文学诗人尤维纳利斯(Decimus Junius Juvenalis)的著名警句，它讽刺了当时的贵族用免费的粮食和流行的斗兽场演出来安抚和拉拢平民。——译者注

② 七年战争发生在1754～1763年。当时欧洲的主要强国均参与了这场战争，其影响覆盖了欧洲、北美、中美洲，西非海岸、印度及菲律宾。——编者注

支持城市工业的发展。就像路易十四时代的柯尔贝尔一样，腓特烈大力推动手工业的发展。于是，柏林、柯尼斯堡[①]以及弗罗茨瓦夫[②]一片繁荣景象。经过12年的努力后，这位老人重新坐上王位，领导他的子民。“孜孜不倦的普鲁士式精神”就此诞生。

应运而生的还有大规模的财政计划。新的贸易政策必须保护本国的关税系统。作为重商主义者，腓特烈大帝十分重视利己的贸易平衡且成效显著：出口总额开始超过进口总额，西里西亚地区的亚麻大量出口到俄国。只有两种商品仍然很大程度上依赖进口，且价格昂贵：质量上乘的烟草和咖啡。这两样东西也深受国王本人的喜爱。

不久，他命人在普鲁士本土种植烟草以自足，但一些品种的烟草生长茂盛，另一些长势欠佳。他请教当时的化学家阿哈德（Achard），是否有可能“发明一种无毒无害的药水，可以在当地培育出美国弗吉尼亚种植园中那样上等的烟草”。答案是否定的，因此如果经济上允许，当时的普鲁士人抽的上等烟草依然依靠进口。

腓特烈并不考虑咖啡和烟草贸易由国家垄断。他认为这两样东西都是需征收高昂税金的奢侈品，下等的穷人根本无法承担。在这样的对内政策下，他采取了一种并不算智慧的对外措施：效仿法国，将咖啡和烟草的垄断权租赁给佃农。以此可以看出，腓特烈之前对法国的赞美对其经济政策也产生了深远的影响。如年少时的他曾认为，只有在巴黎才能进行戏剧和诗歌创作，晚年的他依旧相信，效仿法国的经济政策一定能获得成功。

腓特烈充分信任的这些佃户（据说其中一人是马赛的破产者）所欠下的债务，给他本人及国家带来了不少麻烦。像其他重商主义者一

① 普鲁士东部领土。——译者注

② 今波兰城市，当时为普鲁士领土。——译者注

样，一个国家的发展目标对于他来说远不止充实国库，他也动用非国库资金。重商主义的一条基本原则是："工人必须为国家服务。高水平的劳动需要最专业的劳动力！"国王深信，法国官员能比本国那些迟钝不熟练、且过于老实的公民更好地管理这一租佃制度，因此他将咖啡和烟草垄断系统中的200个管理职位分配给了法国官员，结果必然导致普鲁士公民的反抗。他们不理解，为什么国王要把国家的经济管理权交给在罗斯巴赫等地吃了败仗的法国人。他们还指责烟草和咖啡监管者借维护公共安全之名干涉商品贸易。这一点或许道理上不充分，但情理上可以理解。

喝咖啡的习俗在柏林比在北德的运输中心汉堡和莱比锡兴起得晚。这些城市经济的蓬勃发展需要大笔资金，而腓特烈算了一笔账：每年至少有70万塔勒流出普鲁士，主要流向咖啡豆出口国荷兰。受其影响，普鲁士的啤酒产业日渐衰落。国王不可能不知道，他的子民之所以喝咖啡，是为了更高效、更长时间地工作！然而，当他看到日渐增长的咖啡消费和缩减的啤酒消费时，立即加以批判。于是，他颁布政令，对每磅咖啡征收八格罗森银币[①]的税，然而随之而来的是走私贸易的出现。"西部的窟窿"从埃姆斯河畔的埃姆登市被撬开，并沿着莱茵河向北，一直延伸到西北部的克莱沃。同时，瑞典的波美拉尼亚成为"北部的窟窿"[②]，咖啡从这里渗入普鲁士王国。普鲁士政府在全国各处安置警备人员，严格打击和抑制走私现象。然而，一些咖啡监管员借机勾结走私团伙谋取私利。

管理普鲁士垄断贸易的法国官员向国王提出了一个更好的打击走私的办法：进口咖啡豆一旦进入国内，必须立即送入国王建的烘焙

① 1塔勒=30格罗森银币。——译者注

② 该地区历史上曾经历过多个国家的先后统治。——译者注

房——只允许售卖烘焙过的咖啡豆！这样政府便能够监督咖啡的交易情况。如果有公民或咖啡馆老板烘焙走私来的咖啡，吡啶和糠醛遇热挥发出的强烈气味将泄露某处有人非法存有咖啡，附近的邻居和警察将立即予以没收。法国人还向国王保证，这一监督措施不仅不会妨碍咖啡贸易，还能让很多退役军人获得工作岗位。于是，大街上出现了许多七年战争中幸存的残兵，他们拄着拐杖、戴着三角帽、穿着制服、扎着马尾到处巡视——俨然模仿腓特烈的形象。不甘受辱的柏林、柯尼斯堡及弗罗茨瓦夫公民对此极为愤怒，当这群所谓的“咖啡鼻子”闯进他们家中，肆意取下饭锅，搜查他们的餐厅，质问家中所有人时，他们决定群起抗议。与之相比，北部乡村地区的公民要温顺一些。在劳恩堡和比托，如果当地公民敢私自从波美拉尼亚进口咖啡，两地的骑士阶级将依据政令将其全部扔掉。

不难想象，政府对消费者的这一严厉管制引起了公民的强烈不满，以致咖啡销量下降。于是，即使咖啡价格降至每磅1塔勒，仍然无人买账，只能再降价一半，结果于事无补，人们开始寻找咖啡的替代品。一出文化悲喜剧拉开帷幕：在咖啡消费者和统治者的这场没有硝烟的战斗中，菊苣根代替咖啡成为得利的渔翁。

向一位独裁的天才领导人陈述事实不是一件简单的事，而当时一位名叫海因特茨（Heinitz）的大臣做到了。他勇敢、果断地告诉国王，对咖啡贸易的这种垄断行为是一个失败的经济决策。并且还用数据证明，这一政策只是表面上增加了国库收入，实际上并没有效果。国家从咖啡贸易中盈利的96000塔勒也不过是一纸空文，因为一边是以5：7的比例增加的收入，另一边却是以3：10的比例倍增的垄断管理支出。

腓特烈大帝虽然不高兴，但海因特茨的建议让这位国王决定不再雇佣法国人。在他去世前三个月，其周围的大臣们都决心要废除这一垄断政策。实施者就是当时的王储，即后来的腓特烈·威廉二世（Frederick William II），他的亲信大臣叫约翰·克里斯托福·冯·沃尔纳。为了不影响腓特烈大帝，所有的措施都是极其秘密地进行。“我相信所做皆为正义，”他在回忆录中写道，“为了保护您的至高权威，我甘愿秘密地工作。希望我草拟的这些诏令今后被印刷并下达，而不是几经其手面目全非。”在回忆录中，这位王储的亲信大臣毫无保留地批判了这一经济政策：“这种垄断是对商人的折磨，对国内贸易和过境贸易的摧残，扩大了武装官员的规模，从而使劳动力队伍受创；此外还极大地增加了管理支出，外国人却借此捞得很大一笔油水。[①]”

腓特烈·威廉二世尚未加冕成为普鲁士国王，咖啡关税就已大幅度下降。“为了彻底遏制偷税的想法和行为”，1787年7月1日，这一咖啡烘焙禁令被废除。

法国政治经济学家米拉波侯爵（Mirabeau）给这一夭折的经济垄断和租佃政策写下了最辛辣的墓志铭。一个法国人在普鲁士君主制的统治下向这位法国最高贵的友人直言不讳实为少见。不过也不足为奇，因为当欧洲政治和经济被一片阴沉和恐怖笼罩，当创造租佃制的法国荣光不再时，它陈旧的制度亦寿终正寝，彼时正是法国的崇拜者腓特烈大帝逝世后三年。

斗转星移，日新月异。

① 指法国官员凭借这一垄断政策获得高薪水和红利。——译者注

第十五章
拿破仑与菊苣代用咖啡

对抗英国

追求自由的新时代转瞬即逝，因为一位更加强大的新君主——军事天才拿破仑出现了。

在追求自由的道路上，法国人最先失去的是最宝贵的殖民地——圣多明各的咖啡天堂。撼动巴黎政府权威的力量最终在法国殖民的美洲大地上爆发：黑人及黑白混血种人认为，是时候为自己争取人身自由了。他们砍下岛上的一棵棕榈树，将其修剪成自由之竿[①]，根据法国传统，在其顶端悬挂弗里吉亚无边便帽，并在树干四周架起大炮，炮头首先对准所有白人。这场大革命的参与者不仅有法国人，还有海

① 自由之竿是在美国革命和法国大革命时期的一种象征自由和解放的标志，其形态是一根直立于地面的很高的木竿，竿的顶端悬挂着旗帜或自由帽。自由之竿常竖立在城镇的广场上。当竿上的旗帜（通常是红色）升起来后，被称为自由之子的公民聚集在自由之竿下，发表政见。——译者注

地的黑人！

从抢夺黑人奴隶做劳工、殖民美洲，到如今将矛头指向君主制的继承者共和制，专制主义的恶迹昭著。圣多明各的上等咖啡曾经令孟德斯鸠、卢梭、狄德罗及众多作家保存了“思想的温度”，如今，这些黑人决定要做咖啡的主人，拒绝向法国港口输送咖啡。巴黎普蔻咖啡馆的顾客中，有的面前的咖啡杯空空如也，有的只能买昂贵的爪哇咖啡。

1740年以来，法属美洲殖民地一直是世界上最大的咖啡生产地。欧洲人消费的咖啡中有2/3都产自安德烈斯群岛。圣多明各爆发的革命让当地在相当长一段时期内摆脱了对法国的政治依附，却也摧毁了给当地带来财富的咖啡文化。黑人革命领袖杜桑·卢维图尔（Toussaint Louverture）虽然想挽救这一局面，但迅速壮大的黑人队伍将咖啡种植园和白人一起焚毁，成为奴隶制结束的标志。

自1791年起，多米尼加和海地再也没有产出过咖啡！于是，咖啡圣地的位置被爪哇岛取而代之。海军上尉德·克利的咖啡种植大业不幸毁于一旦。世界2/3的咖啡产自荷属东印度，而不再是法属美洲，这也意味着荷兰人可以大幅抬升咖啡价格。英国人也从中获利颇丰：盎格鲁印度茶商的生意状况得到改善，成为咖啡商的竞争对手。

拿破仑决心向英国实施报复的原因中，包括多米尼加岛的咖啡损失，更准确地说，是因为英国借海地革命攫取的贸易利润。然而，拿破仑直至生命的尽头才明白，这些不过是对抗英国的预备战役，对英国的作战令他刻骨铭心。

拿破仑若有所思地站在布伦港，期待奇迹从天而降，能够让他的军队越过这条狭窄的海峡（只有30英里宽）[1]登陆英国。他无奈地转

---

① 英吉利海峡的最狭窄处约30公里，称为多佛尔海峡，又称加来海峡。——译者注

过身去，因为海洋并不会此而裂开。百无聊赖的拿破仑及其陆军只能和其他国家的军队开战，然而这些军队总是逃到法军不擅长战斗且痛恨至极的海洋上。拿破仑如一匹狼一般沿着欧洲的海岸线追捕猎物。然而结局已经注定，因为他不善水性。

对此，拿破仑也曾做过尝试。年轻时候的他更像一个浪漫主义者而不是领导者，他曾乘坐一艘法国战舰穿过地中海，远征埃及。对此，法国政治家阿道夫·梯也尔（Adolphe Thiers）曾指出，这支埃及远征军完全没做好军事准备。这次远征有多大的必要性？为殖民埃及，拿破仑·波拿巴率领军队征战两年之久是正确的决策吗？由于法国军队不善水性，永远无法将这一殖民地与母国的海港联结在一起。然而，拿破仑的远征决定虽然在政治上和军事上都是错误的，但确实成为了他辉煌传说的开始。人们预感到这位政治天才心中的宏伟蓝图：像曾经的亚历山大大帝一样，这位法兰西军事领袖的终极目标是印度，而开罗、金字塔和苏伊士不过是他远征印度的跳板。

如果拿破仑试图说服曾经的法国领袖弗兰茨一世、亨利四世或是路易十六入侵埃及，或许他们会毫不犹豫地将他关押起来。这些统治者可不愿意让法国经历俄土战争的悲剧。奥斯曼土耳其和俄国长久的战争使土耳其苏丹政府受到重创并逐渐衰落。然而，作为土耳其的盟友，法国需借助其强大的力量对抗中欧强国。

拿破仑率军侵入埃及，声势浩大足以震动世界。因为这个世界在任何时代都青睐浪漫主义，而这一行动正彰显了拿破仑的法式浪漫主义蓝图！从布伦港到英国只有30英里，然而万里之遥的印度也属于英国，而且是英国财富和权力的神秘源泉。通往印度的海上航线历经了葡萄牙和荷兰之手，如今掌控在英国人手中，而通往印度的陆路需要跨越埃及和阿拉伯！

眼看败局已定，拿破仑出逃埃及。然而他现在除了两条简陋的船只，连一艘战舰也没有。拿破仑毅然决定弃车保帅，留下他的军队在埃及孤立无援，就像几十年后滑铁卢战败一样落魄。拿破仑保全自己到底有何计划呢？在阿卡战役前夕他说道："如果这场战役胜利，我将成为叙利亚帕夏[①]。那么我将再出兵到大马士革、阿勒颇……待我到达君士坦丁堡，我要将奥斯曼土耳其帝国连根拔起！我将在东方建立一个新的帝国，永垂不朽！"不久，当他成为法兰西皇帝后，在奥斯特里茨战役[②]前夕，他还向他的将士们谈起这一伟大而有远见的曾经的理想。他呼吸着摩拉维亚[③]的空气，情绪激昂："如果我当时占领阿卡，那么我就成为了穆斯林，我的将士们也很可能如此……我将像亚历山大大帝一样在伊苏斯[④]而不是在摩拉维亚作战。那么我将成为东方最高首领苏丹，还有可能越过拜占庭一直打回欧洲。我将超越穆罕默德，建立一个新的宗教，头上也佩戴头巾，身骑大象，手握崭新的《古兰经》……"

"七个咖啡壶，"他继续讲述着，"当时我将它们一直放在炉上，以清醒地和土耳其人彻夜讨论宗教问题……"拿破仑远征印度和亚历山大东征亚洲，这是西方统领和东方皇帝之间的较量！这些充分展现了他既是一个幻想家和自大者，也是一个世俗的天才。让他无法释怀的还是那30英里的海上航线，然而他只有陆军。他整个一生都没能培养出强大的海军队伍，尤其是从他的战舰毁于埃及的阿布基尔村之后。

---

① 土耳其、埃及等国的高级军官和官吏的称呼。——译者注

② 又称"三皇之战"。1805年，拿破仑在捷克境内的奥斯特利茨村跟沙皇俄国和奥地利展开鏖战，最后取得胜利。——译者注

③ 位于捷克东部地区，奥斯特利茨村位于附近。——译者注

④ 伊苏斯位于今土耳其境内。伊苏斯战役是公元前333年，在亚历山大东征中，马其顿军队和波斯皇帝大流士三世的军队在奇里乞亚（安纳托利亚）古城附近的伊苏斯（今土耳其伊斯肯德仑北）进行的一次交战。——译者注

杜乐丽花园咖啡馆（1800年左右）

巴黎帝国咖啡馆（1805年）

印度，那里有充足的阳光，拥有大量的黄金和香料。

亚洲，那里远比欧洲精彩。如同拿破仑早年远征埃及，结果走到颓败的边缘一样，最终他还是在远征俄国时彻底结束了自己的军事生涯。这次远征更像是一次长途的考察旅行。1797年，他决定绕道非洲南部去往亚洲；1812年，他选择穿过莫斯科北部，事实证明，这是一条致命的路线。远征印度时，埃及和叙利亚的瘟疫让他饱受折磨，而此时西伯利亚的寒冬迫使他不得不折返。最终，拿破仑没能看到印度，也没能将英国人从这里赶走。漫长的与英对抗中，仅有一次让英国尝到了一点苦头——1806年，几乎在他远征印度和最后溃败俄罗斯之间，他也曾成功地给英国一击。这一击被称为“大陆封锁政策”。

1806年11月21日，拿破仑在柏林夏洛腾堡宫颁布《柏林敕令》（Berliner Dekret），宣布对大不列颠诸岛实施封锁。与法国颁布的其他诏令相比，这更像是一项必然的战时经济对策，1914 ~ 1918的第一次世界大战期间，法国对德国及其同盟国实施的封锁政策也是如此。但法国及其盟友国（不久俄国也加入进来）在欧洲大陆的各海港对英国船只的封锁，不论从地理上还是地缘政治上来看，规模都要庞大得多。一方面，由于当时还没有蒸汽船和铁路，因此从地理上来看，涉及的范围比今天更广；另一方面，即使在卡尔大帝时期，欧洲的力量也从未像此时这样集中。

拿破仑自己也越来越欧洲化。将英国及不列颠诸岛排挤出欧洲的行动在一定程度上是欲望所驱。这不仅是正确与否的“政策”和深思熟虑的对策，更是拿破仑对政治敏感的结果。除了思考，“国家意识”已成为他的第六感。政治对于他来说不仅是脑力或体力活动，更是一种对日常状态的身心自然反应，他是一位天生的统治者。

1806年11月21日，一个雾茫茫的清晨，拿破仑在普鲁士一个陌生的城堡中签署了《柏林敕令》。他将对英国的毕生怒火发泄在这个签名上，伴随着这气吞山河、锐不可当的几笔，一道道沉重的闸门出现在普鲁士北部的威悉河、易北河、奥得河及波兰维斯瓦河的入海口，那不勒斯、马赛和巴塞罗那也纷纷瞄准了英国船只，俄国圣彼得堡港、普鲁士柯尼斯堡港、波兰但泽港和荷兰阿姆斯特丹港都向英国关上了大门。

像珊瑚虫伸出触角一般
英国人贪婪地派出他的商船，
他想将大海当作自己的王国，
然后关上大门。

针对同时期的德国诗人席勒的这段形象的诗句，拿破仑以欧洲人的身份做出了回应。他举起一把锋利的小刀，毅然决然地将这只珊瑚虫的触手截断。

这些触手将会再次生长起来。但究竟是何时呢？

自力更生

目前英国还需要时间重整旗鼓。拿破仑难道没有预料到，如果拒绝英国的商品，就等于拒绝一切商品吗？贸易市场早已被英国垄断，因此，谁要是封锁英国贸易，首先封锁的就是自己。为了防止被英国抢劫，法国船只不再开往德国的汉堡港、法国的波尔多港以及意大利的拉古萨港[①]。整个欧洲大陆不再接受任何英国商品，英国处于孤立状态。

① 今克罗地亚杜布罗夫尼克的古名。——译者注

拿破仑并非就此罢休，他要求欧洲大陆必须自给自足，摆脱迄今为止对英国及其殖民地商品的所有依赖。他也十分清楚，摧毁英国所有的海外贸易其实对法国的外贸（因为他没有战舰的保护）并没有什么帮助。因此，他所指的“海外贸易”与世界贸易无关，这一决策完全是出于对法国自身利益的考虑。早在1806年，拿破仑在出席巴黎商会的活动时就发表过这样的言论：“这个世界瞬息万变！以前，如果想拥有财富，必须要抢占殖民地，比如我们在印度、安德烈斯群岛、中美洲和圣多明各建立自己的殖民地。然而，这样的时代早已过去！如今，想要财富，必须成为商品制造者，以前只能依赖他人的，现在必须自给自足，例如印度的商品、染料、水稻和糖料。如今工业的重要性已堪比曾经的商业贸易。当我在尽力争取海上霸权的同时，法国的工业正呈现蓬勃发展、日新月异之势。”

“所有的东西我们都可以自己生产！”这声号令声震山谷、气势恢宏。人类不愿屈服于命运，立志战胜气候和地区的限制。每个地区光照的不同决定了土壤的差异，但人类的发明创新精神决定了他们并不甘于现状。他们要让云杉结出瓜果，要从芦苇中分解出面包原料。在大陆封锁政策中再一次出现了普罗米修斯式的人物，他依靠自己发明、建造和尝试所有东西，他拒绝上帝的一切礼物，因为他不愿依附于上帝。

“所有这些我们都自己做！没有什么我们完成不了！”拿破仑在意大利维罗纳看到了壮观的古圆形露天剧场。他目光炯炯，向他忠实的元帅马尔蒙（Auguste Marmont）投去了意味深长的目光。五天后，马尔蒙在写给其父的信中说道：“我们在维罗纳看到了壮美绝伦的文物古迹——一座保存完好、可容纳8000观众的古竞技场！拿破仑的一瞥传达了无限的幻想和期待。我们也可以在巴黎建造一座类似的建筑！”于是，举国上下所有人都尽力去完成这位“新普罗米修斯”的号令。柯尔贝尔曾经的工业法国愿景化为不切实际的泡影，因为大陆封锁政策将整个国家变成了一个巨大的温室。

所有来自曼彻斯特的商品，包括羊毛和棉花所制成的各类棉布、绒布，自此都必须在法国境内生产或是寻找替代品。缝制工具、餐具、刀具以及所有钢具、锡具、钢具和铸铁都必须由法国本土的工厂生产。不论是车、马具，还是餐具和纺织品，抑或是玻璃、水晶制品和陶器，都必须靠自己像变魔法一般变出来！大批法国的发明家、化学家、物理学家和雄心壮志的自然科学家都被迫踏入各种从未涉足的新领域。拿破仑对当时法国的大实业家欧贝尔坎普夫（Oberkampf）说道："我们二人都是对英作战，但阁下您做得更有成效。"

于是，法国的工业发展势头越来越猛。以保护国内经济的关税措施为名，对所有英国商品实施封锁，法国市场上再也看不到任何英国的产品。可是，原材料从哪儿来呢？难道凭空变出来？难道可以把太阳挪几个纬度，让土地升温吗？人类始终相信：事在人为！比如因封锁政策而紧缺的蔗糖是1504年由地中海塞浦路斯引入西印度群岛，之后美洲人开始从甘蔗中熬制果汁。早在1750年左右，来自柏林的化学家马格拉夫（Marggraf）通过实验确定，饲用甜菜中含有一种很可能是蔗糖的甜味物质，然而这一论断在当时未受到重视。如今，眼看西印度群岛的蔗糖滞留在英国船只上，拿破仑和法国工业者决定采纳马格拉夫的学生阿查德传播的饲用甜菜方案，于是欧洲的蔗糖也开始进入自给阶段。

甚至棉花也在法国生长起来。内政大臣从西班牙和意大利南部引入棉花种子，并将其分发到各行政区，如果培育出可纺织的棉花，将会获得一笔可观的奖金。他还建立了"民族工业奖励会"。一位来自里昂、名叫雅卡尔的机械师因发明提花机获得3000法郎的奖励；一位工业家阿麦拉斯因改进织布梳也获得了同样的奖励；另一位工业家因发现法国本土的一种植物可提供与靛蓝相似的染料，以及一位发明适用于羊毛、棉花、亚麻和丝绸的植物染料的发明家分别获得了10万法郎的奖励；还有一位发明家因发明了最优质的亚麻纺纱机，获得了100万法郎的奖励。这一奖励诏令被翻译成欧洲所有国家的语言，并在全欧洲张贴。

直到大陆封锁政策实施之前，欧洲各国都还未设立有影响力的商业部，而商业和农业都属于内政。随着法国的工业和农业产量的迅速增长，国家必须任命管理这两项产业的部长——19世纪开启了国家内部分工的时代，并产生了一系列连带影响。正是大陆封锁政策带来了无数领域的专业化分工。

这项禁令不仅仅是一项经济诏令，它所设置的巨大屏障还阻断了全球化思想的蔓延。它让几百万人开始思考如何自力更生，开始在这片土地上思考、研究和生产。19世纪所有成熟或萌芽的发明都离不开这一封锁政策的影响。

这当然不仅发生在法国。中国皇帝为预防欧洲入侵修建的城墙也启发了英国人和法国人。英国人还发现，将硬煤炼制成沥青时会挥发出可燃气体，但不到万不得已，法国人对此都不屑一顾。他们仍然用从俄国进口的动物油脂点燃照明。当时的俄国是法国在世界上最大的进口国。

俄国的动物油脂工业蒸蒸日上，向全世界出口。从1803年的贸易结算表中可以看到，俄国在当时的经济地位举足轻重，每年出口价值1500万卢布的动物油脂，以及50万卢布的蜡烛。然而，现在受到封锁政策的限制，大量的动物油脂滞留在圣彼得堡港。在这样的情况下，英国的玻璃产业兴起，1807年的伦敦已经开始借助玻璃照明。社会总是在困境和约束中实现文明的进步。

代用咖啡之祖

一道庄严的命令可能一瞬间会变成一个可笑的谬论。1808年，图卢兹商会发布公告：如果能发现重要药学物质（例如可治疗与预防疟疾的奎宁），或是生产出可替代人们已经习惯的糖类和咖啡的食品，而同时既不降低其质量，又不超过它们的平均价格，将受到奖励。

奖励政策下，很多医药产品，尤其是蔗糖，都顺利实现了更新换代，却只有咖啡走不通这条路。因为在法国找不到具备咖啡的两种主要特性的植物（至少无论当时还是现在都没人见过），既能让人生理上保持清醒，又能在烘焙时散发出迷人的香气。三甲基黄嘌呤与乙醚、苯酚、糖醛生成的化学公式为$C_8H_{10}N_4O_2$的化合物只能在赤道附近温暖、潮湿和松软的土壤中生长。所以，当法兰西皇帝拿破仑伸出威严的手指敲了敲咖啡豆时，它却拒绝在欧洲的土地上扎根。

19世纪最初的十年，咖啡已经像今天一样普及，无论是在食物富足的年代，因为咖啡有助于消化；还是在食物短缺的年代，因为咖啡可以刺激神经系统并加速心跳，从而让人产生饱腹的幻觉。不管拿破仑将咖啡作为兴奋剂还是充饥物，他要将大量咖啡留在海外，就必须考虑给国民找到一种咖啡替代品。于是，拿破仑做出了一个最受质疑同时却也最卓有成效的决定：用菊苣根作为代用咖啡。

菊苣根是一种无毒无害的植物，当地人还给它起了很多俗名，充分体现了它的平淡无奇。菊苣的根呈棕色，折断时会分泌出一种白色的苦味液体。但这种白色液体不含任何刺激神经的物质，也不会散发出独特的芳香。这种开着蓝色花朵、毫不起眼的植物就像一个普通的欧洲人，只能适应温和的气候，不具备热带土壤的魔力。当上帝创造它时，它自己也完全没想到有朝一日能够获此殊荣，成为几百万人的代用咖啡，而咖啡一直被认为是上帝所创造的难以取代的、绝妙的作品。

实际上，用菊苣根作为代用咖啡，最初并非是由拿破仑或其他法国人提出，而是由几个德国人想出来的方法。经过多次试验，德国不伦瑞克的工业家克里斯蒂安·海涅（Major Christian von Heine）及其合伙人福斯特（Gottlieb Förster）建立了不伦瑞克菊苣咖啡加工厂，并于1770年获得独家经营权。1772年不伦瑞克市的广告上铺天盖地都是对此的报道。不久，菊苣加工厂和菊苣咖啡烘焙厂在普鲁士遍地开花，国内到处可见福斯特和海涅牌的标志：图标上是一个正在播种菊苣种子的德国人，面对迎面而来的装载着咖啡豆的船只，他挥手拒绝：

没有你们，
我们照样能健康和富裕！

然而，售卖给民众的深色饮料只能称为菊苣饮品，而非咖啡，那这又如何算是一项成功的措施呢？

工业家海涅和福斯特非常准确地预测了他们同胞的心理。首先，咖啡已被称为世界饮品，德国人当然也要加入到喝咖啡的大潮中。然而，吝啬的统治者对该“奢侈品”征收的高额税金导致人们不可能大量地购买咖啡。于是，有人开始采摘这种苦味的植物根，将其烘焙、碾成粉末，然后自信地说“这就是咖啡”，并以低廉的价格售出。这样的贸易也进一步推进了小资产阶级的发展。虽然这表面上是一场骗局，但很快人们就不仅从生理上，也从道德上认可了它的正当性。

我们不应忘记，虽然当时大部分德国人喜欢咖啡的香气和味道，但他们也害怕咖啡强劲的效果——让人不知疲倦。所以，人们内心其实愿意戒除咖啡，恰好菊苣咖啡提供了这一可能。从社交角度来看，德国人并不认为咖啡完美无缺。咖啡不能像啤酒或红酒一样连续数小时地大量饮用，而只能适量品尝，否则可能会导致心脏痉挛。用菊苣咖啡代替咖啡豆，既能消除对健康的担忧，又能节约支出，岂不两全其美？①

此时，国家禁欲主义思想已经获得了很大进步，民众不再简单地忽视进口带来的问题。就像德国社会学家尤斯图斯·默泽（Justus Möser）所一直要求的，限制奢侈品的进口恰好符合德国新教的禁欲主义新思想。

讲究体面的人愿意“为了一个高尚的目的忍受身体上的损失”，如今拿破仑正好利用了这一点——他不仅在德国，而且主要在法国推广种植菊苣。然而，他建立的代用咖啡产业在百年后的第一次世界大战期间遭受重创。从1917年的报纸中可以读到，当时的德国菊苣已消耗殆尽，于是德国人开始寻找各种替代品：菊芋和大丽菊的块茎、蒲公英根、鸦葱属、牛蒡属、菊花种子、油莎草、豌豆、雏豆、野豌豆、角豆、七叶树属、芦笋的种子和茎、芦苇根、小扁豆属、慈姑属、香蒲属、蕨类、凌风草属、欧防风、饲用甜菜、刺柏果、黑刺李、接骨木属、花楸果、小檗属、野蔷薇果、蔓越莓、桑葚、冬青属、山毛榉种子、南瓜子、黄瓜、向日葵、大麻属、菩提果、金合欢族、拉拉藤属、假叶树属、亚麻荠和金雀儿。在这期间还出现过“用葡萄酒酵母和啤酒酵母制作的咖啡”，从而避免那些无法戒除咖啡的人自己将仅有的谷物用来烘焙“咖啡”。

这一切都要归因于拿破仑及代用咖啡之祖——菊苣。他和它串通一气，命令和威胁整个欧洲都要认可它为咖啡。法国人自己的安德烈

① 菊苣汁是一种健康饮品，来源于一个与发明者海涅的夫人有关的童话。七年战争期间，有一次海涅夫人因遇到抢劫惊吓过度而休克，最后通过饮用菊苣根熬出的汁痊愈。然而连续几周服用这种汁让夫人觉得反胃，于是她尝试像烘焙咖啡豆那样烘焙菊苣根。于是出现了菊苣咖啡能“刺激神经”的传说。——译者注

斯岛咖啡被黑人摧毁或遭英国人抢夺。只有荷兰东印度的咖啡部分保留在爪哇岛，部分在伦敦的储藏室中，或是通过米字旗货船奔波于法国人遥不可及的巴达维亚和伦敦之间。土耳其人、埃及人和叙利亚人渔翁得利不亦乐乎，因为他们最关心的阿拉伯咖啡的地位再次得到上升。地中海东南部并不理会拿破仑的命令，但在汉堡、弗罗茨瓦夫、华沙、米兰、热那亚和波尔多，人们十分敏感地注意空气中是否有咖啡的香气，代表所谓自由的香气。

1812年的冬天，拿破仑经历滑铁卢，败倒在俄国脚下，大陆封锁政策也随之土崩瓦解，这标志着真正的自由到来了。贸易保护主义早已千疮百孔，像所有声势过于浩大的政策一样，早已令人心生厌倦。民众并非理想主义者，但也无法忍受长期的强制措施。

诚然，最初法国以不依赖英国为荣，但很快就面临走私贸易的问题。因为法国的“盟友们”（其实这是对被法国征服的国家的委婉称呼）并未感受到这份荣耀，并且这种情绪很快蔓延到法国本土。作为实力强大的民族，他们很难承受持续的损失。尽管一些产业得到政府的激励，但长期抵制英国商品仍然带来了经济的退步。虽然影响不大，但能从生活的方方面面真切地感受到。法国民众不甘于此，走私的英国商品不仅在欧洲，甚至在法国本土都越来越受欢迎。同时，尽管这些商品经过走私贸易不断被加价，价格仍然低于法国本土产品的成本价。

然而，走私贸易并非“大陆封锁政策”第一个难以愈合的缺口，毕竟拿破仑会极尽各种手段打击走私：法国到处都能看到熊熊燃烧的火堆，用来焚烧走私来的英国商品……然而，法国政府自己也无法抵制利益的诱惑而被英国人“贿赂”。当他们发现有英国商品流入并意识到这些商品带来了大量的黄金时，便忙不迭地用高额的进口关税代替刻板的进口禁令。这些关税也被称作保护关税和财政关税，既能保护本国产业，同时又能给政府带来大笔收益。于是，政府决定颁发“进口许可证”。

法国政府的目的达到了——法国和德国公司“购买进口许可证”支付的大笔金额极大地充实了法国的国库。巴黎财政部从关税和许可证中攫取的巨额利润当然也令英国人眼红，于是英国也开始采取措施封锁欧洲大陆，并禁止一些商品的出口。

现实的发展并非如这位军事天才所预想的，拿破仑的法国和皮特的英国角色被互换。到1814年4月23日法国国王路易十八（Ludwig XVIII）宣布废除大陆封锁政策，该项禁令最终成为一纸空文。

伴随着所有商品实现自由贸易，咖啡也终于获得了自由。

第四卷
咖啡和19世纪

Kaffee
Die Biographie eines weltwirtschaftlichen Stoffes

第十六章
茶的冲击

殖民地产品中的佼佼者

拿破仑在英国和欧洲大陆间制造的七年之久的隔阂导致了咖啡在世界市场上的价格前所未有地大跳水。1806年的封锁让伦敦的仓库中堆满了出口无门的咖啡。所有稳定价格的努力均以失败告终。而且，没人知道拿破仑将实行多长时间以及多大力度的本地保护主义政策。咖啡豆虽然保质期很长，但不代表没有尽头。咖啡在伦敦交易所的价格一层一层地往下跌。虽然价格低廉，但伦敦和英国仍无法下定决心自己消化这些咖啡。因为人们已经习惯喝茶太久了。在仓库中慢慢变质的咖啡豆体现了当时转口贸易形势的不稳定，本国用不上的商品只能被囤在库中。整个英国全年的咖啡消费量都无法超过区区一万公担，而英国及海外储存的英国产品的总数是这个数字的1000倍！只是这个产品恰好叫“咖啡”。它其实是一种交换手段。作为新旧世界最大的票据交换所，伦敦像支持其他一切商品贸易一样支持咖啡贸易。

它的海上商队将机器和产品运到炎热的咖啡生产国——爪哇岛、阿拉伯、美国，并从那儿得到咖啡作为报酬。世界各地的出口商都将汇票寄往伦敦的商业银行。

咖啡豆只是一种货币，只是其价值并非一成不变。普鲁士、奥地利、俄罗斯和瑞典在莱比锡附近进行的战役原本并非为了英国的出口业，但伦敦仓库因此得到解放是一个显而易见的结果。英国当时明智地没有过多参与这场战争，在此之前只在西班牙战场上进行过战斗。现在明白为什么拿破仑的再度回归，即他的"百日王朝"会让英国放开手脚大战了吧？因为他不想再经历一次1806～1813年间的大陆封锁。威灵顿（Wellington）在滑铁卢取得了胜利。他胜了，因为他必须胜。

1813年1月，每公担咖啡在伦敦交易所的价格最低达到了40先令。同样一公担咖啡在汉堡交易所的价格却超过了500先令。但这些价格纯属想象，因为很难在哪儿进行即使一公担咖啡的买卖。走私商冒着生命危险往往也只能带来少量咖啡豆。当国王路易十八解除大陆封锁时，伦敦的低价和汉堡的高价迅速向中间价靠拢。市场条件非常利于整个欧洲形成消费牛市。但奇怪的是牛市并未如期而至。汉堡人不想一直迁就低价，伦敦人也不想英国的物价停止上涨——还没从贬值中恢复元气的咖啡突然之间要以战前价格弥补英国绅士们的损失。欧洲无法容忍这样的事情。所以，在殖民地产品争先恐后挤进欧洲大陆的竞争中，茶叶成为了佼佼者。

茶叶在波旁王朝复辟时期的前几十年中的统治地位不光出于贸易原因，还可以有完全不同的解释。

在拿破仑时期，俄罗斯一方面是英国的同盟国，另一方面也是英国的一个重要对手。俄罗斯曾经心甘情愿地加入拿破仑皇帝对英国的贸易战，禁止运输包括印度商品在内的英国船只进入自己的港口。但在此期间，经陆路由东亚进入俄罗斯帝国的进口和过境商品络绎不绝。当欧洲其他地方的刺激性饮料几乎消失之时，俄罗斯还一如既往地喝着和咖啡一样含有黄嘌呤的茶——既能充饥解渴又能御寒解暑的万能药。茶是所有人的饮料，无论高低贵贱，全民都在喝爬过积雪的山路又穿过灼热的草原小路，南线途经恰克图和鄂木斯克，北线途经布哈拉和塔什干，从中国运到俄罗斯的茶叶。

俄罗斯人战胜了法国人，所以茶突然在巴黎流行起来。无论是反法同盟中最强大的统治者、一身绿色戎装的亚历山大大帝，还是穿着俄罗斯皮靴、铿锵有力地走在法国林荫大道上的俄罗斯军官，都是茶的爱好者。他们带着对俄罗斯辽阔平原的不舍来到法国。巴黎人的生活受俄罗斯人的影响达数年之久。巴黎从未有过那么多俄罗斯人！法国的宫廷向来只以法国人的方式思考、交谈、相爱，现在俄罗斯的风气刮到了西方。获胜的亚历山大率领的军队将俄罗斯的思维及生活习惯带到了这里。

欧洲的宠儿

一股政治神秘主义的浪潮长久以来将圣彼得堡和柏林联系在一起。这位文学造诣颇高的沙皇通过冯·克吕德纳夫人（von Krüdener）对德国思想界产生了巨大的影响。现在这股浪潮抵达了巴黎。这也是件奇事，因为战败方原本应该在情感上厌恶战胜方的。这也有力地证明了法国精神世界的灵活多变。拿破仑一被击溃，巴黎就轻易抛弃了充满文学气息的法兰西第一帝国，转而拥戴波旁王朝风格和基督浪漫主义。

茶成为了全欧洲基督浪漫主义者的饮料。它对文学创作、观点的形成和人与人之间的谈话都产生了影响。它温和，令人沉思，同时也令人兴奋。新诗的头号代表人物夏多布里昂（Chateaubriand）习惯一边品着著名的巴黎茶，一边读着他的诗。他是一个朗读天才，但当读到痛苦的顶峰时，他却痛哭不止。直到朗读结束，仍有眼泪从他的脸上滑落，然后滴进女主人为他准备的茶中——这是一幅在那个时代的反对者身上绝对看不到的罕见画面。但意大利的烧炭党、西班牙的革命者、希腊的自由抗争者，简而言之，这些与“沉睡的欧洲”站在政治对立面的人仍然喝着滚热的咖啡。

温和、清香、柔软的茶就这样走进了欧洲人的生活。尤其在不只过着大学生式的生活，还像大学生一样爱喝啤酒的德国人圈子中，茶更是深受喜爱，经久不衰。早在1806年的大陆封锁之前，茶就成为了德国文学沙龙中的宠儿，而且是经汉堡运来的英国茶。

来到内陆的英国人自然是茶叶最好的代言人。拿破仑下台后，“浪漫的德国之旅”开始在伦敦流行起来，英国人的到来迫使莱茵河边的旅馆及莱茵河上游的瑞士旅馆添置设施，因为他们早上和下午都要喝茶，享受饮茶时光。即使在奥地利和意大利等典型的咖啡国家，英国游客也能到处喝到锡兰茶，但喝茶不会成为当地的习俗。直到今天，意大利人还是不习惯喝茶，每个意大利人平均每年仅消费30克茶，数量小到可以忽略不计，而且，这点茶也都是由在意大利的英国人消费的。

拿破仑时代，英国的秘密伙伴，后来又很快成为俄罗斯的同盟的普鲁士自然是非常热爱喝茶的。

政治好感还带来了文化好感。能让蒸汽迅速凝结，然后又液化成茶水的球形茶壶在近1800年时成为了有才之士的标志。亨里艾特·赫茨（Henriette Herz）和年轻的拉赫尔·莱温（Rahel Levin）两位女士给崇拜歌德的世界带来了一种热切的渴望。对柏林犹太的情感在1800年前后为这位虽然著名但读者却不多的作家赢得了这座城市的许多人心——这是来自金红色茶水的馈赠。追随者们在茶水沸腾的乐声中聆听歌德的诗句，歌德的思想光辉照进惬意的灵魂中（有时，狂热的女粉丝还会在夏天去歌德当时逗留的捷克城市卡罗维发利见歌德）。亨里艾特是世纪之交时最美的柏林女人。她拥有黑色的双眸，洁白的额头，是洪堡（Humbolt）和施莱尔马赫（Schleiermacher）的好友，醉心于精神和灵魂研究。但意义更为重大的是拉赫尔·莱温——德国编年史作家和外交家卡尔·奥古斯特·瓦恩哈根（Karl August Varnhagen）的妻子。歌德曾这么评价她："是的，她是一个亲切的姑娘，感情炽热，但表达温柔。有不少事情表明她的重要和可爱，让我们欣赏她的独特，喜欢她亲切的性格……"拉赫尔在父母位于耶格尔街55号的小房子中有一间简陋的阁楼房（当时她还未婚）。那里曾聚集了各个社会阶层的人，有画家、演员、本地和外地的外交家，还有普鲁士的路易·斐迪南王子（Louis Ferdinand）和他的情人保利娜·维泽尔（Pauline Wiesel）。腓特烈大帝（Friedrich der Große）时期绝不允许的精神层面的相互联合和促进就在这里进行。

瓦恩哈根的回忆录中如此描述拉赫尔后来组织的第二个更为正规的沙龙："浅蓝色的房间很是宽敞，前可见笔直的大街，后可见花园里高大的树木。房间布置简单，没有什么贵重物品。墙面上挂着一些画，斐迪南王子和施莱尔马赫的半身雕像立在花盆之间。室内只有一些必需的用具，却让人感觉非常雅致。或者更确切地说，是因为室内布局如此舒适和令人喜欢，所以给人只有极端的雅致才能带来的舒适感，而这样的舒适感往往是大件家具无法带来的。钢琴上放着一些书，圣马丁（Saint-Martin）的文集、乌兰特（Uhland）的诗、一本法语小说和费希特的《政治学》（*Staatslehre*）在这块小小的空间里和平共处。人们出于好奇开始谈论政治，激烈地争论亲王是否应该恪守对民众的誓言。这场热烈的争论就像一场即兴的演出。瓦恩哈根夫人只有几次温柔地插了几句话，以保持讨论顺利进行。她用言简意赅的轻幽默缓解紧张的气氛。她的幽默如此独特和出其不意，除了将它形容为‘由惊讶和愉快混合而成的舒服的惊吓’外，我找不到更好的描述……”

茶的反对者

乌兰特是个开朗热情的施瓦本人，他是南德意志派到柏林的使者。他全身倚靠在拉赫尔的钢琴上，随着琴键发出的声音来回摆动。乌兰特还亲自为茶作了一首特别的诗。他很可能在大陆封锁时期就已经在图宾根认识了来自俄罗斯的茶。在图宾根，施拉德（Schrader）教授的夫人总是“将才华横溢的年轻诗人聚集在她的茶桌周围”。1811年3月15日，路德维希·乌兰特写下了一首茶之歌：

琴声啊，轻柔一点，
拨动琴弦的手指请轻一点！
你们所歌颂的乃是世上最温柔。

在印度的神秘土地上，
春去春又来的地方，
哦，茶，你就是神话，
享受着绽放。

只有最温柔的蜜蜂才能从你的花萼中吸取花蜜，
只有彩色的神鸟才能歌颂你的美丽。

当恋人在安静的节日躲到你芬芳的树荫下，
你便轻轻挪动树枝，
将花朵遮在他们头顶。

你生长在故乡的边缘，
最纯净的阳光将你供养。
即使在如此遥远的远方，
你仍温柔如往常一样。

因为只有柔美的女子才会慈爱地呵护着你，
她们站在茶壶旁，宛若仙女站在神圣的洪水之彼。

但是，男性诗人的感受是不一样的，这点他们必须实话实说。于是，乌兰特令人惊讶地继续写道：

男人们很难感受你内在的力量；
只有女子温柔的嘴唇可以尝到你魔法般的别样。

即使歌颂着你的我，也尚未感知你的神奇；
但相信我，女人们的嘴唇所证实的是神圣的使命。

琴声啊，轻柔一点，
拨动琴弦的手指请轻一点，
只有女人可以歌颂这世上最温柔。

诗歌如此的结尾真是出人意料。对茶的爱慕仿佛在诗的高潮戛然而止。茶好像是“女人的饮料”。因为无法自欺欺人，乌兰特选择与茶保持距离。当他在三年多后的1812年的新年夜写下著名的饮酒歌时，他的语气听起来与之前完全不一样，变得更为亢奋：

我们饮完一杯又一杯，
任思绪四处纷飞，
四处奔跑呼啸。

我们想念野生的森林，
那里风暴在咆哮。

我们听见猎人的号角，
洪水澎湃地叫嚣。

看猎人追赶和喊叫，
听子弹响亮地下掉。

在这首诗中，乌兰特体内酒徒的狂放和生活的真相被唤醒。印度最终对他意味着什么呢？只是个地理名词而已。也许只有在不长葡萄的地方，茶才能受到来自北德浪漫主义学者那样的珍视（不长葡萄确实是柏林的气候问题之一）。

印度茶就这样失去了一批最优秀的崇拜者。这些年轻人中最著名的诗人早在1811年就写下了著名的反对“美好的茶”的文字。这位诗人名叫约瑟夫·冯·艾兴多夫（Joseph von Eichendorff），这些文字被写在他的小说《猜想与现实》（*Ahnung und Gegenwart*）中。这位年轻的男爵当时作为使者被派遣到首都——首个用浪漫主义的方式塑造讽刺形象的地方。“在很会优雅地斟茶的女主人的招呼下，女士们端庄地严格按照席位安排坐在几名绅士旁边，开始谈论一些有趣的事情。弗里德里希（Friedrich）很惊讶，这些女人怎么会对最新的文学出版物如此了如指掌，这些作品中有些他连名字都没听过。有些作品的名字他从来都是满怀神圣的敬意才敢说出口，却从她们口中轻易地蹦出来。”之后，一个诗人也加入了这个行列：“这名兴奋的男子非常乐于分享他的诗歌。他激情澎湃地朗读了一首关于上帝、天堂、地狱、人间和红榴石的长长的赞歌，收尾时的咆哮和坚决使得他的脸都青了。女士们为这首诗和这场演讲的英雄气概而疯狂。他还庄严地朗读了一堆十四行诗。没有任何一首不是感情真挚、辞藻华丽、画面迷人。每首诗中都蕴涵着一种独一无二、无穷无尽的思想。它们都与诗人的职业和诗歌的神圣有关，但这些诗歌本身——作为在我们评论之前打动我们的最初的、自由的、美好的生命，却因为只顾着歌颂诗歌而不见了痕迹。在弗里德里希的眼里，这些被用心打磨过的极度柔美的诗歌就像平淡、恼人的茶水蒸汽，桌上冒着热气的娇小茶壶就像缪斯的祭坛。”

由此可以看出，喝茶让“虚假的轻松”玩笑般地掌控了生命中最沉重和神圣的东西。上帝、诗歌、生活和爱情被赋予了错误的分量。艾兴多夫的描述不是针对拉赫尔带头所做的事，更不是针对拉赫尔本人。这位年轻的诗人只是出于对社会稳定的考量，反对文学圈“茶疫”的扩散和蔓延。就是那些富有审美观念的人将奥托·冯·勒本伯爵（Otto von Löben，这段描述的主人公）吹捧为伟大的诗人——正是这个勒本伯爵曾被乌兰特在一封意义深刻的信中警告过：对南方德语的使用要适度，因为“南方的鲜花在我们这儿很容易僵化成石头”。

比艾兴多夫的这段描述更为知名的是海因里希·海涅（Heinrich Heine）的一首诗：

他们在茶桌旁相聚，
高谈阔论着爱情，
先生们富于鉴赏力，
太太们脉脉含情。

这首诗抨击了19世纪20年代时，饮茶让人大胆地将虚假、肤浅和以次充好的东西混杂到对德国社会问题的探讨中的现象。拉赫尔的弟弟罗伯特·莱温（Robert Levin）也曾在一首诗中讽刺过空虚的社交和当下流行的喝茶之夜：

鲜花与蜡烛，镜子与灯火，
心上抹了蜜，脸上发着光。
那里有笔尖，
还有土耳其的披肩。
太太们在大厅里围成一圈坐着，
儿子和丈夫在远处站着，
像黑色的乌鸦把白色的领带系着。
加了糖和奶油的热开水，
那是乏味的花果茶，
她们一杯接一杯地喝着。
还有
蛋糕配饼干，
饼干配蛋糕。
有人掀开了钢琴盖，
音乐家们开始笨拙地弹唱。
茶杯叮当碰撞，

仆人们匆匆忙忙。
太太们喋喋不休，
或低声耳语，
或大声尖叫。
偶尔还会喊道：哦，太棒了，多么美妙！
房间越来越挤，越来越烫，
时间越过越长……

这里自然已经没有任何拉赫尔留下的痕迹了。这是女伯爵哈恩-哈恩（Hahn-Hahn）在平淡的19世纪40年代营造的空洞的气氛。虚假的理智是那个时代的标志。那个时代远没有咖啡时代的思想活跃，也远没有葡萄酒时代的兴奋和灵感。

第十七章
柏林女人的快乐

惊人的消费

但是，德国人曾经喝茶多过咖啡不过是一个视觉上的假象。事实恰恰与之相反！这几乎是可以证明在“文学证据”的基础之上纂史有多不靠谱的教科书式的例子。思想史上的记载在历史早期或许适用，但19世纪，有话语权的是国民经济数据，是统计学。

1841年，汉堡进口了36000吨咖啡豆，此外只进口了137吨茶叶。数字不会说谎，也就是说，咖啡豆的进口量是茶叶的270倍，这着实惊人。

同样令人惊讶的是，咖啡和茶的消费量之间的差异并不像这个数字表现的那么大。因为，当一定重量的咖啡豆只能煮出一杯咖啡时，同等重量的茶叶却可以泡出六杯茶。尽管如此，它们之间的差距还是巨大的：咖啡的消耗量是茶的45倍。

当然，汉堡港不仅为德国服务，它作为转运港还要将一部分进港的商品转运到北欧和东欧。尽管如此，咖啡和茶之间的消费比恐怕依旧很难被改变。

45倍之多！这首先是令人费解的。如此数量的咖啡存在于哪里呢？德国人的公共生活中很少见到咖啡的踪迹。柏林的大街上几乎见不到人们喝咖啡的画面。19世纪中叶左右，巴黎大街上出现了咖啡馆一条街，维也纳更是如此，而柏林的街上几乎见不到咖啡馆。他们的公共生活中有不同档次和价位的饭馆、啤酒餐厅和葡萄酒馆，但极少有咖啡馆。但那时的文化圈确实只喝茶，人们不禁疑惑：在比德迈时代，究竟谁消费了数量如此惊人的咖啡？

答案令人吃惊：女人，而且是与伟大的文学和时代的象征毫无关系的中产阶级女性。喝干这片咖啡海的是贤惠的德国女公民——密友们时常聚会，星期一小凯特家，星期二小洛特家，星期三小格雷特家……在完成繁重的家务，也就是照顾好丈夫和孩子后，她们会来一场“咖啡聚会”。这是手与嘴都忙活的聚会：手上做着针织、刺绣和编织，嘴里聊着天，吃着蛋糕。一个滚烫的大咖啡壶如身材丰满的女仆，不知疲倦地将闪亮的咖啡倒进客人们的杯里和胃里。

女人的饮料

咖啡的本质让它永远不可能成为女性真正最爱的饮料。它让人的头脑变得清醒和具有批判性，让你想改变世界。其对大脑的效果与最出色的女性对和谐的渴望背道而驰。如果女人是比德迈时代（而且远不止这个时代，我们或许可以说“直到第一次世界大战之前”）咖啡最大的消费群体，那么她们喝的必定是淡咖啡。淡咖啡中含水量较多，所以其真正的效果（对大脑的刺激）完全被稀释了。它是一款社交饮料，你完全可以喝上10～12杯而不用担心有任何危害——这不过是一杯杯加了很多糖的苦水。大量咖啡进入了柏林人的胃，但他们喝的水更多。

于是一些新词组诞生了，它们是一些往常谈论咖啡时压根不恰当的词，比如“咖啡闲聊”（kaffeeklatsch）和“咖啡姐妹”（kaffeeschwester）。这些使用至今的词从1830年起就是证明咖啡曾是女性的修饰词的有力证据。作为这样一种饮料，它几乎是受男性蔑视的。多么鲜明的特征！

柏林的女性在她们丈夫面前的日子并不好过，这一点不假！19世纪时，她们的父亲、丈夫、儿子赢得了四次胜仗。四次！那是男人的时代，柏林女性的贡献其实很小。就连性格温和、被称为“柏林的散步家”的老尤里斯·罗登贝格（Julius Rodenberg）在50年前走过菩提树下大街和腓特烈城时都不得不承认：目之所及，这里的一切，柏林的每一块石头都源于战争……这种感觉（且在这里比在世界其他任何地方都强烈）肯定打击柏林的太太和姑娘们的自信心了。

19世纪的柏林女人不像维也纳女人和巴黎女人那样，拥有以她们为主导的显眼的文化圈。这不是因为她们缺乏天赋或魅力，而是由于更深层的原因。新教的世界观带有浓厚的父权主义色彩。它不像我们在天主教国家习以为常的那样，赋予女性及对女性的尊重决定性的地位。放在路德新教中，温柔又坚决、慈爱又强硬的玛利亚·特蕾莎女王这样的人物是不可思议的。而普鲁士国王弗里德里希·威廉三世（Friedrich Willhelm III）的妻子路易丝则是与之相反的重要例子：无论走到哪里，她都处在丈夫的阴影之下。

19世纪的德国没有“女性统治”，无论在好人的世界还是恶人的世界。男人扛起了与生活斗争的大旗，独自战胜危险。女人生活在房子里，而非“城墙之上”，她们对男人的斗争、职业中的奋斗和男人的“对外政策”事实上一无所知。19世纪的众多小说中都出现过一个

“越湿越好。”甚至旧博物馆前的花岗岩石碗都不得不因柏林小女孩对咖啡的热情而受罪。来自19世纪50年代的漫画。

商人——无论大小，不曾与自己的生命伴侣谈论个中原因，就在办公室中开枪结束自己生命的情节（这放在其他时代也许让人完全无法理解）。女人在严肃的事件中是缺席的，而这确实罪不在她们。她们的角色更多是生活的装饰品，活得悠然自得，但这也并非一无是处。

这种现象并非德国的专利。19世纪整个欧洲的经济都在以一种女性无法理解的机制运转。19世纪中叶，至少有几十年之久的时间里，女性变得孤独的现象不在少数：世界各国的市民阶级都突然醉心于发明、技术、交易所和扩张，但没有任何一个地方像德国一样如此推崇“男性的独立”。因为德国的文化原本就是纯粹的男性文化，这里就连幸福感和舒适感都只能通过男性产生。

19世纪的柏林男人以守护者的姿态挡在女人的前面，但是也伴随着善意的嘲讽。这些女人是多么特别的物种啊。她们昨天还穿着用裙撑撑起来的大裙子，今天却穿上了荒唐的紧身胸衣，就连她们脱下的帽子、面纱、丝绸上衣和鞋子好像都开始自主地喋喋不休了。这样的她们虽然可爱，但是能把她们当一回事吗？柏林的男人们否定地摇了摇头。柏林男人本质上与所有北德男人一样沉默寡言。他们喜欢喝啤酒，价格便宜时还偶尔喜欢喝喝摩泽尔葡萄酒。但他们不可能爱上一种像推磨一样催着嘴巴不停说话的饮料，即使稀释到最低浓度，它仍然会让你的嘴巴停不下来。

每当提及咖啡时，人们总有一点嘲讽的意味。咖啡是“女人的饮料”，为漫画家提供素材。

男人同样喝咖啡这件事本身就是个笑话——只不过他们不在公共场合喝。咖啡是早晨不可或缺的饮料，咖啡的任何一个涨价潮，比如1855年那次，都会即刻引起民众的抗议。一幅描述食物为争夺最高价而赛跑的漫画将咖啡画在了第一位，跟随其后的是宝塔形的糖块、油桶和胡椒袋。

赫尔穆特·冯·莫尔特克（Helmut von Moltke）在19世纪30年代写道：“沙龙、剧院和啤酒馆里都谈论着政治。”他没有提及咖啡馆，这充分说明了柏林的特点。在巴黎、米兰、维也纳和威尼斯——这里仅列举几个欧洲动荡的发源地，咖啡馆曾附带政治目的[①]。但对于柏林男人而言，喝咖啡是一件极其隐私的事情，无法与公开的政治联系起来——喝咖啡属于“起床、穿衣、剃须”之列，是不能让外人看见的。

在公共场合，柏林男人以啤酒爱好者的面目示人。较低的社会阶

---

① 巴尔扎克（Balzac）在他的中篇小说《玛西米拉·多尼》（*Massimilla Doni*）中写道：“威尼斯的弗洛里安咖啡馆是一个无法定义的场所……它是律师的会客室，是交易所，是剧院的休息厅，是俱乐部，是阅览室……咖啡馆里自然也到处是政治间谍。但他们的在场激发了威尼斯人的能力，让他们没有丢掉几百年来继承下来的警惕……”

官方规定的菊苣根代用咖啡。
讽刺1855年咖啡价格上涨的漫画。

为高价赛跑（1855）

层喝白啤，一种（现已逐渐消失的）无酒精的起泡酒，既可添加覆盆子汁，也可添加和兰芹。它是马车夫的饮料，更是风趣的手工业者的饮料，他们将生活的智慧从一个酒馆带到另一个酒馆。柏林男人用浅口大碗（不仅外形与金鱼缸一模一样，后来也经常被用作金鱼缸）喝白啤。有些外地人不禁疑惑，这么湿润的土壤中，怎么会长出这么干的幽默呢?

生活富裕些的阶层则在晚上九点以后聚集在腓特烈城或西部老城区的酒馆，心情愉悦地享受巴伐利亚啤酒。这些啤酒馆在19世纪60年代以前的装修都很简单。普鲁士—斯巴达式的简约风几乎只容得下桌椅。法国在普法战争战败后赔给德国的几十亿法郎像酵母菌一样，使简陋的啤酒馆发酵成了奢华的啤酒宫殿，老式德国酒馆用牛眼形玻璃窗和铅制框架装修成了纽伦堡风或奥格斯堡风。无论战前战后，所有啤酒餐馆都有一个共性：几乎从无女士涉足。男人参加定期聚会时不会带上妻子。直到后来的19世纪80年代，人们才开始在啤酒餐馆举行家庭聚会。这无疑是受维也纳习俗的影响。俾斯麦和维也纳建立的紧密的政治联系现在终于有所体现了。与此同时，大量维也纳商人被德意志帝国繁荣的经济吸引到柏林，他们的涌入也给帝国的首都带来了新的特点。虽然有些人不怀好意地将当时进入德国的习俗称为“黑黄风气”，但这事实上平衡了传统文化中的过于讲究。人们发现，柏林人无论做什么都要弄得像婚礼一样隆重。古时候的柏林与巴黎是相处并不总是愉快的一家人，尽管维也纳比巴黎近得多。它也许有独一无二的随意，但终究还是颇具南德风格。

1890年以前，柏林几乎没有维也纳风格的咖啡馆，也不可能有，因为维也纳的风格是在咖啡馆中度过大部分的工作时间，甚至将咖啡馆当作“办公室”，这是柏林人所不齿的。柏林唯一认可的男性公共场所就是啤酒馆。啤酒对柏林男人而言就是休息、乐趣和舒服，是男

用机枪研磨咖啡豆。
出自1870~1871年间普法战争的漫画。

人们聚在一起结束一天的必备品。咖啡于他们而言充其量是工作上的必需品，单单因为其异域来源就总是觉得有点可笑。19世纪70年代的战时诞生过一幅特别的漫画。众所周知，普鲁士人在战争期间最爱嘲讽法国炮兵的一种新兵器米特拉约兹机枪（Mitrailleuse）。该漫画上画着一名炮兵用一支机枪的手摇柄研磨咖啡。

磨咖啡，尤其是男人磨咖啡，在柏林男人看来非常奇怪。因为与酿啤酒相反，煮咖啡是专属女人的活。有一幅英国漫画很能说明这点。该漫画讽刺了一位“妻管严”（1869年）骑在新发明的自行车上，将脚蹬和磨豆机接在一起。19世纪的英国拥有的咖啡馆同柏林和北德一样少。

尽管公开饮用咖啡不受19世纪柏林男商人的待见（并无恶意的），但与此同时，在公共场所喝咖啡的现象是存在的，而且还非常

自行车脚蹬和咖啡磨豆机。
1869年的英国漫画。

普遍——虽然是躲在屏风后面。这个场所就是“柏林老甜品店（Alt-Berliner Konditorei）”。

这是多么特别的现象：哪里由女人做主，哪里就会消耗大量咖啡，但咖啡的质量并不高。除此之外，咖啡一定搭配着各式各样的糕点。柏林的甜品店值得比现在更响的名声。虽然全世界提及烘焙时只会想起巴黎和维也纳，但柏林也有独具特色的烘焙艺术。柏林甜品拥有出人意料的力量——其使用的面团不是薄面片，而是实实在在的面团。它的糖浆层看起来犹如装甲板。巴黎美食家“带着清爽的胃起床”的理念不符合柏林人的性格。曾经有个人在惊讶地发现柏林的发明时，赞赏地说道：“所有东西都坚硬如边疆的沙土。”比如著名的、香气四溢的“环形蛋糕”，其传统的味道由黄油、面粉和葡萄干构成；令人想念的“颗粒蛋糕”，上面撒着形同砂石的由黄油、面粉和糖制成的碎颗粒，美味可口；精致的黄色干松蛋糕；埃伯斯瓦尔德甜甜圈，它需要保持一定温度，使口感湿润油腻；最重要的是奶油夹心面包，它是一种按照口头流传下来的烘焙艺术制作的、被挖空的外形几乎没有变化的小面包，内部填充着大量掼奶油。柏林的甜品店是柏林大部分婚姻的起点。因为只有在这里，来自“好人家”的孩子们才被允许单独见面而又不至于失礼。然后在一间舒适的偏厅中（被从半开的厨房玻璃门里飘出来的油味包围着），有了第一次的亲吻，也就是订婚之吻。恪守礼节的情侣们多年以前就是柏林甜品店的重要常客。一本战前小说曾描述“小小甜品店里朦胧的生活。条纹大理石桌上的碟子、勺子和蛋糕发着光。无论冬夏，这里的空气总是甜的。杯子里的新鲜奶油像春天里一朵永恒的云朵。椅子上叠着成摞的杂志，杂志的内容是一些照片和甚至不能令人发笑的笑话。我们随意浏览，惬意得下一秒就忘了上一秒读过什么。我们一边吃着蛋糕一边浏览着图片，就这样优雅、无忧无虑地度过很多个小时……”是的，女性是这里的主角。她们也是导致蛋糕如此劲道而咖啡如此羸弱的原因之一。

柏林小甜点铺的数量之多（有些面包房也会烘焙一些甜点）堪比维也纳的咖啡馆，但柏林也有小情侣们绝对不会误入的更大的甜品店——这是属于成年人的甜品店，属于有地位、有社交、有头衔的人。

其中最著名的是位于柏林最重要的交通位置上的总理甜品店[①]，车水马龙的弗里德里希大街在这里与菩提树下大街相汇。世界上没有任何一个地方有一间甜品店而非咖啡馆能维持如此之久。两条喧闹的大街在这个转角相汇，但它不为外界的喧闹所动，依旧是安静的世外桃源。

名气不小于总理甜品店的还有约斯提甜品店（Josty）和施特赫利甜品店（Stehely）。这两家店的店主（一个在耶格尔大街，一个在波

① 该店由一位皇家糕点师傅于1825年开办，后来成为“总理咖啡馆（Café Kanzler）”，于2015年12月31日结束营业。——译者注

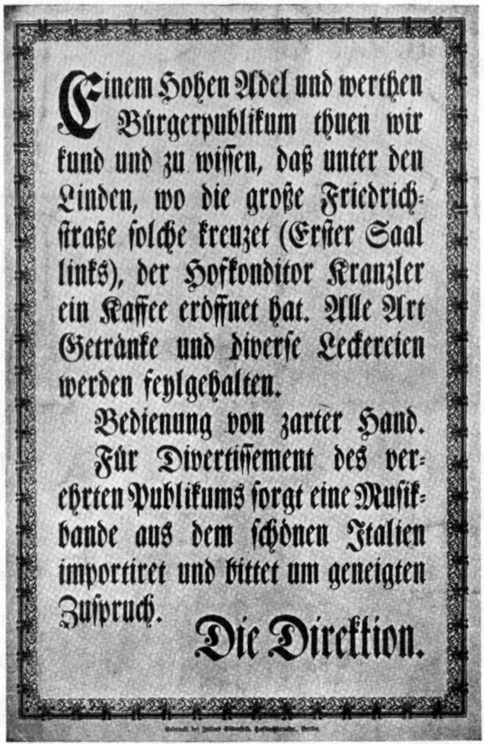

Einem Hohen Adel und werthen Bürgerpublikum thuen wir kund und zu wissen, daß unter den Linden, wo die große Friedrich=straße solche kreuzet (Erster Saal links), der Hofkonditor Kranzler ein Kaffee eröffnet hat. Alle Art Getränke und diverse Leckereien werden feylgehalten.

Bedienung von zarter Hand.

Für Divertissement des ver=ehrten Publikums sorgt eine Musik=bande aus dem schönen Italien importiret und bittet um geneigten Zuspruch.

Die Direktion.

"贴心的服务"。
柏林总理甜品店1825年开业庆典上的海报原件。

茨坦广场）是说到柏林的小型餐饮店店主时不能不提的名字。令人惊讶的是，这两个建立了柏林社交圈的人都不是柏林人。几乎晚于巴黎历史200年，柏林历史才在某种程度上复制了它的历史：正如第一批在巴黎售卖咖啡的人来自亚美尼亚和波斯一样，约斯提和施特赫利也来自传统的甜点之乡瑞士格劳宾登州。"Josty"可能是罗马语"Giusti"的变形，"Stehely"一名至今仍以"Stehelin"或"Stäheli"的形式频繁出现在瑞士姓名中。无论名字还是身材都透露着庄严的柏林人大白天在公共场合吃蛋糕也是件新鲜事。拿破仑时期，"体操之父"

弗里德里希·路德维希·雅恩（Friedrich Ludwig Jahn）曾从一个不吃面包的小男孩嘴边打掉一块蛋糕。那时，任何的贪吃都被认为是违背普鲁士风格和女孩子气的。费希特生活的铁腕时代之后，自由的时代才在甜品的推动下慢慢来到。

旅行伴侣

新的大国格局和突如其来的财富让柏林人见识到了欧洲宽松的氛围，这种氛围他们慢慢才学会珍惜。冯塔纳（Fontane）曾写道："普鲁士人饿坏了。"据说他本人还亲身体会过柏林这个新晋世界都市的一些群体是如何吃相丑陋地暴饮暴食的。但这笔财富也给柏林人带来了令他们魂牵梦萦的东西：离开柏林的可能性！一年一次的夏季旅行对其他大城市的人而言早已不是稀罕事，但对于普通的柏林人而言，这在1870年以前近乎妄想。这还是城里人，农村人就更不用说了。但柏林人始终以满腔的热情深爱着他们没有的东西。城市中央坐拥小溪和山丘的维也纳能孕育出舒伯特（Schubert）这样的音乐家是件理所当然的事。不可思议的是门德尔松（Mendelssohn）的诞生——他居然在处于柏林中心的莱比锡广场旁的一间石屋中感觉到《仲夏夜之梦》（*Ein Sommernachtstraum*）的旋律在耳边响起。他的音乐深处富有柏林精神，因为它简约，根植于对遥远的自然的渴望。

在决定通过旅行认识德国之前，19世纪的柏林人在自己的铜墙铁壁里形成了多愁善感的性格。从市民阶级的属性来看这是可理解的，但是，还有哪个国际化都市还有如此热爱花草的第四和第五阶层呢？春天的柏林曾经是，现在仍是植物的海洋。每个陶制花盆中都装着黑色的泥土，栽种着鲜花。只有一个曾经因为长期的土地贫瘠而被全世界嘲笑的城市有如此强大的决心，用这样的五彩缤纷回应嘲笑。柏林人曾在几百年的历史中一直被人嘲笑其周边环境过于丑陋，所以，他们来报仇了：通过有计划的种植，他们将那个被嘲笑的柏林变成了北德的佛罗伦萨，还拥有最独一无二的果蔬。他们甚至成功地让（众所周知的“寸草不生”的）沙土赋予柏林的新品蔬菜一种独特的香味。恰恰是哈弗尔河的酸性沙地造就了贝利茨芦笋和哈弗尔河畔的韦尔德草莓。如果谁想讨好歌德，就会在他生日时往魏玛寄去一件柏林特产——著名的泰尔托小萝卜。

当柏林人在19世纪中叶左右（距离中产阶级的夏季旅行潮还有20年）发现柏林的郊区时，走在最前面的是“咖啡姐妹”。若非这些将咖啡奉为不可或缺之物的咖啡姐妹们，这些地方将永不会被发现：美不胜收的夏洛腾堡（Charlottenburg）、威尔默斯多

“各家可在此煮咖啡”。19世纪中期一间柏林咖啡馆的指示牌。

夫（Wilmersdorf）、舍内贝格（Schöneberg）、鲁梅尔斯湖上的施塔劳半岛（Stralau-Rummelsburg）、潘科（Pankow）和下舍内韦德（Niederschöneweide）。啤酒不是好的旅行伴侣，因为它让男人失去在酷暑中长途跋涉的兴致，并且会增加郊游成本——携带啤酒必须租用两侧带栅栏的手推车和宽敞的敞篷马车。相反地，咖啡却是极佳的旅行伴侣。于是，柏林周边不久后便出现了令太太们欣喜若狂的咖啡馆。它们或开在潮湿、蚊虫萦绕的河汊附近，或开在山毛榉林和松树林交汇的地方，人们可以穿着满是泥沙的鞋子坐在木凳上、餐桌旁。如今仍可见的写着“各家可以在此煮咖啡”的指示牌说明了女性在柏林家庭中的真正使命。人们一天的自然之旅就以一块晚餐面包结束，不断落下的夕阳将火红的霞光洒在人们的头顶，因为柏林有连草原都比不上的美丽暮色。

第十八章
奥匈帝国的咖啡馆主

咖啡馆与日常生活

相比经意大利里雅斯特港进入多瑙河畔的奥匈帝国的咖啡，经汉堡港进入北德的咖啡数量更多。经统计证明，德国曾是最大的咖啡消费国。但是咖啡在那儿一直是隐身的。能见到咖啡现身的是另一个地方：作为建立社交关系的因素之一，咖啡对奥地利的生活有着至关重要的作用。对这个强大的帝国而言，咖啡馆在社会中的地位等同于区行政管理机构在国家层面的地位。它是团结和文明的标志。就像在罗马帝国可以见到各式各样的军事里程碑一样，人们在整个奥匈帝国，在不同模样和肤色的民族中都能见到绿窗黄墙的区行政管理大楼，还有维也纳咖啡馆。前者保管公民的档案，证明和监管着它们的存在，而后者就是它们的存在。行政管理机构和咖啡馆是帝制与王国并存的二元奥匈帝国的臣民们生活中唯一具有决定性的因素。二者之间的关系越紧密，也就是说公务人员和非公务人员之间的交往越和谐，帝国的生活就越舒适。

这样的生活是诱人的。对外地人而言更是充满诱惑！人们可能从北方而来，在博登巴赫跨越国境，也可能乘船从地中海进入伊斯特拉半岛的一个小村。无论是在阿尔卑斯山前地带的小村庄，还是最东边的边缘地区，或者布科维纳的火车站，空气中弥漫着同样的咖啡香味——这是旧奥地利生活的标志，也是其惬意之处。意见往往相左的德国人、马扎尔人、移居意大利的印度日耳曼人和斯拉夫人却在维也纳的咖啡烹饪和饮用方式上达成了统一。一份维也纳早餐，一种半月形的蛋糕，配上贴心的服务，这是一种或许不同于其他任何地方的小小的生活价值观。接受过维也纳式培训的服务员（即使他此前从未去过维也纳）是统一培训的产物，几乎和奥地利士兵一样。只要看到他们以各自独特的方式敏捷地靠近，从火车站的自助餐厅冲出来，迅速占领火车，游客马上就会感觉到：新的一天就以这样的人和这样的早餐开始了！奥地利的生活一定非常美好！

奥地利的咖啡馆发源于维也纳，并随着东征西战的哈布斯堡军队来到边境地带。

在玛利亚·特蕾莎女王于18世纪中期左右帮助咖啡馆主清除了行业阻碍后，咖啡馆行业迅速发展。咖啡馆给它们的主人带来了富足的生活。没有任何文字记录约瑟夫二世统治下的维也纳曾有咖啡馆破产。相反地，据记载，在利奥波德城三栋相邻的房子里开着三间相邻的咖啡馆。维也纳人如此热衷于咖啡馆，以至于有些外地人以为维也纳几乎每栋房子中都有一间咖啡房，就像供房主使用的正厅和楼梯一样平常。

维也纳之所以有不计其数的小咖啡馆，是因为维也纳人根深蒂固地认为，每个人都有权拥有自己的私人咖啡馆——虽然对外开放，但同时也是他个人住宅的一部分。坐在自家咖啡馆中的维也纳人处在隐秘与公开之间，他不再被隔绝在自己的四堵墙之中，但也没有坐在大街上。接近家庭般的关系将他与服务员、跑堂学徒、收银的姑娘和咖啡馆老板联系起来。

借着令人兴奋的饮料和一叠还热乎的新鲜出炉的报纸，他们便知天下事。是的，维也纳人在咖啡馆吃早餐。他们的早晨图文并茂、形式多样。至于要将这一天变成什么样子，那完全取决于他们自己。有些人迅速投身于工作岗位上、办公室里和生意中。有些人则坐在那儿，沉醉在簌簌作响的报纸中。没有任何地方的报纸会写得如此绘声绘色和谄媚。

1780～1930年是变迁之年。文明焕然一新，一些执政形式被摒弃，帝国不再，皇帝倒台。人们由燃烧动物脂蜡烛到使用瓦斯灯，再由奥地利化学家的白炽灯罩过渡到电灯泡。不变的只有人们生活中的保守，还有维也纳人对咖啡馆的热爱。

他们一天要踏进咖啡馆三次。第一次是早上8～9点之间，第二次是下午3点，他们习惯在午饭后来上一小杯“黑咖啡”。他们头两次在咖啡馆中的大部分时间用于阅读，而晚上再来则是为了社交。

“三进咖啡馆”是他们每天不变的日程，变化的只是进来的时间。因为他们确实一天要在咖啡馆里度过三段时间，而他们对待咖啡馆里这三段时间的方式也确实任性。他们可以让这三次对咖啡馆的拜访彼此相交，尤其当他们将一部分工作带到咖啡馆时。基于维也纳咖啡馆的数量之多，从来不会出现一间咖啡馆拥挤到无法书写，或者无法在一个舒适的包厢中召开会议的情形。我们称维也纳人是保守的。确实，一些咖啡馆至今仍延续着1680年在伦敦的咖啡馆的功能——它们仍然仅供商人使用。这种形式的咖啡馆150年前就已经在伦敦销声匿迹了，但维也纳的“商人咖啡馆”却依旧活跃。的确，较高层次的商人早就学会在其“驻外办公室”中接见商业伙伴了。但在50年前，这一行为在维也纳还被视为摆谱。要拜访维也纳商人，得去“他的”咖啡馆。这里看起来对“每个客人”都公平开放，但对每个人的服务却有细微的差别，有亲近和冷漠之分。在这里，服务员会对客人献媚，懂得如何让被访商人的地位比在办公室中更为突出。因为这些咖啡馆只是表面上的“中立之地”。无论过去或现在，它们对待客人的方式完全取决于客人的类别——这些客人彼此面熟（维也纳人在周日的森林郊游中遇到不知道名字的熟人时，习惯说“这是我在咖啡馆认识的”），咖啡馆主和服务员用待人接物的艺术服务客人。如何分别让经纪人先生和官员先生满意是一门像弹钢琴一样的艺术。通过抬高身份的称呼，他们让每个稍有身份的客人进入梦想中的天堂。身份较高的市民成为了“贵族”，学者成为了“教授”或“博士”。咖啡馆主对客人的好感几乎与物质无关。重要的不在于咖啡馆里的饮食，更能取悦客人的是服务的周到——流失一个多年的老客户是不幸、震惊和耻辱。

这种好感是相互的。我认识一个文具商，由于生意失败而不得不搬至另外一个遥远的城区之后，依然坚持光顾他的老咖啡馆达20年之久。当我问他为什么要做这么一件既不实际又不寻常的事情时，他回答我，他不能移情其他咖啡馆，不能如此对待咖啡馆的老板……维也纳人喜欢官方向“实至名归的咖啡馆主中的德高望重之人”表达社会的敬意。此举有时令人觉得可笑，但这样的取笑或许并不完全合理。作为三四十年来一直照顾着同胞在公共场所度过的时光的人，咖啡馆主值得看得见的荣誉。但路德维希·里德尔（Ludwig Riedl）胸前的勋章所象征的荣誉几乎有点过于高调了。还有许多其他地方的王公贵族也给皇帝弗兰茨·约瑟夫最喜欢的这位咖啡馆主授予了勋章。据说他们曾因为给授勋找理由而为难。这位欧罗巴咖啡馆（Café del’Europa）的馆主胸前集合了维也纳人乐于颁发给维也纳人和维也纳文化的荣誉，这是咖啡馆事业兴旺的象征。这是事实，且是必要的事实。咖啡馆主受表彰让大家像家人般感到开心，如果这家咖啡馆位于圣斯特凡大教堂的阴影底下，他们会觉得这份表彰更为名副其实。

最初将维也纳人吸引进咖啡馆的是两样东西，其一为桌球。那时的台球桌比今天的更长，桌腿粗壮，且被用螺丝固定于地板上。人们事实上是在桌面上击打球瓶[①]。每当球瓶入袋，一个小铃铛就会叮当作响。玩家身旁通常会放置一个小板凳，计分员手持蜡烛剪站在板凳上，以保证照明。一场桌球游戏收费四个十字币[②]。这个价格不算低，已经够得上两升葡萄酒钱了。尽管如此，台球桌还是被围得水泄不通。当拿破仑的军官们在1810年左右带来在绿色无洞的桌布上进行的“法式”桌球时，台球大师开始出现。许戈尔曼（Hugelmann）开在斐迪南大桥旁的咖啡馆成为最著名的咖啡馆。

咖啡馆的第二个吸引力更为重要。一个叫克拉默（Cramer）的人萌生了把报纸放在咖啡馆的想法。他认为，商人、文学家、追求精神世界的人和公务员们渴望获知新消息，如果让客人们在咖啡馆里也能读到最新的报纸，就可以帮他们省钱。克拉默非常慷慨地订阅了所有的德语报纸和杂志，此外还订阅了意大利语、法语和英语日报及杂志。这是一笔巨大的开销，但其成果是惊人的。克拉默咖啡馆变成了一间阅览室。络绎不绝的客人的不耐烦使得一个客人不能独占报纸太长时间。“好奇女神”住进了咖啡馆，并在那儿停留到了今天。世界上没有任何地方有更醉心于报纸的人了——报纸就是维也纳人的鸦片[③]。

---

① 类似保龄球瓶。——译者注

② 十字币是曾在奥地利和瑞士使用的一种硬币，因其正面铸有两个十字架而得名，72个十字币合一个古尔登金币。——译者注

③ 巴黎的咖啡馆不提供报纸，这是巴黎咖啡馆和维也纳咖啡馆之间的本质区别。热爱咖啡的巴黎人只在咖啡馆停留很短的时间，至少在近代是这样的。不计其数的小咖啡馆通过为“柜台咖啡”（人们站在柜台旁而非坐下喝的咖啡）收取较低费用的方式助长了这一习惯。

独占报纸的枢密官先生。19世纪中期关于维也纳咖啡馆的漫画。

起初，咖啡馆的布置非常简单。几面带有洛可可风格的花纹的镜子已经算是比较复杂的装饰了。当从法国传来卢梭“回归自然”的声音时，维也纳人发现了普拉特公园，他们在郁郁葱葱的树下修建了那三间后来成为维也纳社交生活中心的咖啡馆。三间咖啡馆之间的距离以及它们与维也纳市的距离成了维也纳人的丈量单位。他们会说：“需要从郊区耶格采勒到第一家咖啡馆那么长的时间。”人们在去往这些地方的路上学会了骑马和驾驭马车。起源于匈牙利的粗鲁的骑马现在成为了维也纳颇受欢迎的运动。

对拿破仑的最终胜利给一直生活朴素的维也纳公民带来了财富。维也纳人生活更为富足的一个证明就是1820年开在普兰肯巷中的银色咖啡馆（Silbernes Kaffeehaus）。店主伊格纳茨·诺伊纳（Ignaz Neuner）不仅定制了全套的银制厨具和餐具，甚至连挂外衣和帽子的挂钩都是银制的。这家咖啡馆有三间独立的房间，其中一间供客人玩

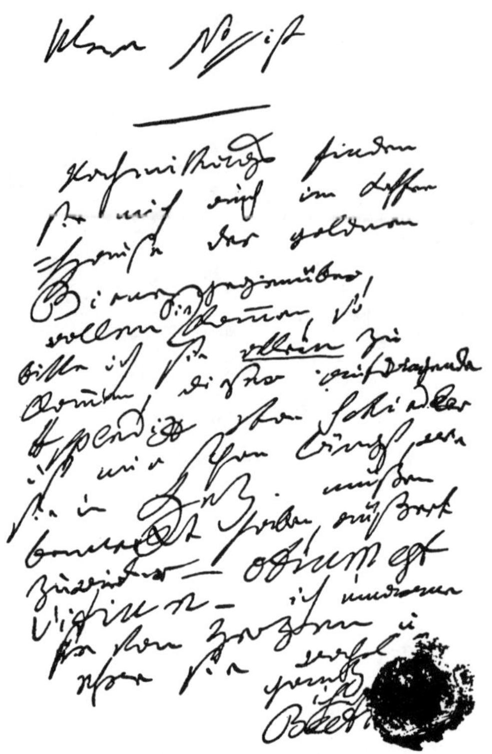

贝多芬要求格里帕策到咖啡馆见他。
（“在金色的梨树对面——但是只有孤零零的一间，没有过于鲜艳的窗帘。”）

桌球，另一间供客人下棋，而第三间居然破天荒地供女士专用。1840年之前，维也纳女人几乎从未进过咖啡馆。这一变化首先一定要有外国文学鼓励她们解放自己，参与男性活动。但是在诺伊纳著名的银色咖啡馆——也是奥地利文学的聚集地，她们找到了自我。戏剧家格里帕策（Grillparzer）和诗人莱瑙（Lenau）是这里的常客。根据莱瑙所述，他在十几年的时间里坚持每天都去诺伊纳的咖啡馆。有时郁郁寡欢，有时友好，有时完全摆脱了内心的不安，因为他是打桌球的好手。他将球杆握在手里，就像圣乔格（Sankt Georg）[①]将英雄的长矛握在手里。只不过他面对的龙是无形的。后来，“忧郁之龙”在远离他最爱的咖啡馆的地方夺走了他的生命。

约翰·加布里尔·赛德尔（Johann Gabriel Seidl）、福伊希特斯莱本（Feuchtersleben）、阿纳斯塔西奥斯·格林（Anastasius Grün）和莫里茨·冯·施温德（Moritz von Schwind）经常去诺伊纳的咖啡馆。演员科恩托尔（Korntheuer）、舒斯特（Schuster）也是银色咖啡馆的常客，还有他们的同行费迪南德·雷蒙德（Ferdinand Raimund），也是伟大的维也纳民间戏剧作家。雷蒙德当时与一位咖啡馆主的女儿订婚了。但父亲并不愿意将自己的女儿嫁给雷蒙德，尽管他是一个文艺工作者、一个天才和一个知名演员，这有力地说明了咖啡馆主那时在维也纳的地位或许比雷蒙德更高。

但从整体而言，咖啡馆主们必须努力争取作家、学者和艺术家。每间较好的咖啡馆都有一批这样的客人。演员和戏剧家内斯特罗伊（Nestroy）以及诗人安岑格鲁贝尔（Anzengruber）是经营了近50年的老格拉贝萨姆咖啡馆（Café Grabesam）的常客，而作曲家安东·布鲁克纳（Anton Bruckner）和马勒（Mahler）则常常光顾帝国咖啡馆（Imperial）。周游维也纳的外地游客如果想见约翰内斯·勃拉姆斯（Johannes Brahms）或戈尔德马克（Goldmark），就得去海因里希霍夫咖啡馆（Café Heinrichhof）。文学斗士、戏剧批评家，尤其是维也纳国家剧院的演员们则聚集在格林施泰德尔咖啡馆（Café Griensteidl）。参照克拉默的配方，这家咖啡馆被经营成了一间完全的阅览室和辩论厅。

① 又译圣乔治，希腊裔的罗马士兵，罗马皇帝卫队的军官，后来成为了基督教中最受尊敬的圣徒之一，还被写进了《圣乔治屠龙》的传说中。——译者注

维也纳的咖啡馆自然也躲不过政府的“反咖啡馆政治化”。历史一再证明，“咖啡馆精神”在战败后尤其变得强大。军队的力量越弱，政治家的头脑就越清醒、越强势。比如，奥斯曼帝国的卡拉·穆斯塔法将军（Kara Mustapha）从维也纳撤退后不久，大约在1690年，君士坦丁堡的咖啡馆就被关闭了……几百年来，咖啡帮助市民战胜了对政府的所有顾虑。马德里革命从洛伦佐尼咖啡馆（Café Lorenzoni）开始，北意大利反抗奥地利统治的起义几乎在所有城市都始于在咖啡馆的密谋，无论是威尼斯、帕多瓦还是维罗纳。德国作家里卡达·胡赫（Ricarda Huch）在她的一本意大利语小说《费代里戈·孔法洛涅里》（*Federigo Confalonieri*）中描述了年轻的米兰学者在1820年左右的计划。该计划包括如下循序渐进的过程：从房子里和大街上点亮的瓦斯灯到杂志，再到公共浴场，最后的主要阵地是“咖啡馆，那里摆放着杂志供翻阅，有趣的人可能会在那里来来往往”。“咖啡能打开血管”听起来像句玩笑，但巴西化学家巴普提斯塔·达·安德拉德（Baptista d’Andrade）确实从100升咖啡果中蒸馏出了10克炸药——甘露糖醇六硝酸酯的一种变种。

精神奕奕的形象和“意大利复兴运动”（Risorgimento）的设想就生理层面而言完全与咖啡因对人体的化学作用一致。就连气氛和谐的维也纳都对奥地利外交官梅特涅（Metternich）一腔怒火。1848年，怒火最终爆发。就在前一年，格林施泰德尔咖啡馆问世，在这里，马上就形成了反对政府方针的爱国人士和民主人士阵营，政府派就在隔壁正襟危坐——隔壁的道姆咖啡馆是保守派聚会的地方。奥地利警方对格林施泰德尔咖啡馆的信任缺乏到如此地步，甚至收买了一位名叫朔尔施的收银员，要求他监视颠覆分子，并记录下客人的不当言论。这件事暴露以后，咖啡馆爆发了一场内部革命。朔尔施被扫地出门，取而代之的是弗兰茨，后来以“收银员西克斯图斯·普吕泽尔”

（Zahlkellner Sixtus Plützerl）的形象被写入维也纳的幽默杂志。1862年，北德政府为了进攻丹麦，在维也纳秘密招募志愿军，格林施泰德尔咖啡馆再一次成为了动荡之所，1870年，这里又成为了亲法派和亲普派的战场。但他们想在咖啡馆内部再进行一次“色当战役”的想法被警方迅速且秘密地扼杀了。

对文学的滋养

刚刚兴起的社会主义也将其第一批带头人派往了格林施泰德尔咖啡馆。素食主义第一人古斯塔夫·冯·施特鲁韦（Gustav von Struve）是这里的客人之一。直到他去世以后，他的众多学生才敢在午餐时在这家咖啡馆吃肉。著名的无政府主义者约翰·默斯特（Johann Most）身旁坐着美学世界秩序的支柱——国家剧院的演员们，他们用长长的大舌音[①]表示生活的惬意。当格林施泰德尔咖啡馆于1897年在客人们的痛哭声中关上大门后，作家们便转移到了中央咖啡馆（Café Central），这个日子在卡尔·克劳斯（Karl Kraus）的纪念文《被毁坏的文学》（*Die demolierte Literatur*）中成为了永恒。后来，从这间文学咖啡馆又分出一个流派到了赫伦霍夫咖啡馆（Café Herrenhof）。

提神醒脑的咖啡在文人咖啡馆中滋养的文学作品比其滋养的人更多。哪里有吸血的幽灵，哪里的生命就会变成幽灵……中央咖啡馆在第一次世界大战前不久和战争期间都是维也纳文人雅士的大本营。

它是彼得·阿尔滕贝格（Peter Altenberg）的家。人们对这位名垂千古的作家确实有这样一个印象：这间咖啡馆是他唯一的住处。他的

---

① 即字母“2”的发音，在德语中需要发颤音，通常是小舌音，但南部德国和奥地利发大舌音。——译者注

一些散文诗的确诞生于这里的大理石餐桌。他属于那些尽管有自己的个性，但在穿着、说话和举止方面像家具一样毫无存在感，如同没有生命的附属品般的文学家中的一员。当服务员清晨清洗地板并将椅子摞起来时，可能有点担心会将几个和蔼、谦逊地坐在那里的作家一同“清理”出去……

弗朗茨·韦尔弗（Franz Werfel）曾在他的小说《芭芭拉》（*Barbara*）中惊叹这里居然会有“圆柱大厅”，他在小说中清楚地看到了这家文学咖啡馆的阴森和不真实。他写道，身处其中，如同身处“一个深得毫无意义的洞穴和一个怪异的教堂。缭绕的烟雾形成了一条浑浊的烟雾带（看起来像这座‘教堂’里焚烧的乳香形成的烟雾），浮在拱顶之下。里面的灯光也让新来的客人感到疑惑。灰色墙面的大厅没有外部光源，甚至连天窗都没有！所有灯光都微弱得根本无法驱散塔楼般的黑暗。而且当时正当战时，必须节约用电。旁边的

维也纳的格林施泰德尔咖啡馆。图右前方为彼得·阿尔滕贝格（1896年）。

棋室面朝大街，从那里照进来一束放肆的阳光……这束光是内外两个世界尴尬的混合体，压在人心上。空气也是光的一部分。圆柱大厅的光好像不是照进了一栋普通的房子，而是照进了山里，使得现场整个气氛不可能发生任何改变”。

韦弗尔用“阴暗”来形容这间他并无好感的咖啡馆。令人惊讶的是，韦弗尔描述的这般场景与法国著名剧作家勒萨热（Le Sage）在他1700年描写咖啡馆时提到的“荷鲁斯王国”，即埃及的光明之神的王国竟然完全一致。不仅如此，韦弗尔笔下的中央咖啡馆还与勒萨热笔下的那间雷让斯咖啡馆（Café de la Régence）一样笼罩着诡异的沉寂，还有诡异的疲倦和腐朽之气。“其中一些人带着无可模仿的倦容走进来……不满的双唇间叼着熄灭的香烟，吸或不吸对他们而言好像无所谓。几乎所有人都面色苍白，他们叹息着无法排解的无聊。倚靠在柱子上的服务员不像是热心服务之人，倒更像狱吏，好心地容忍着囚犯的胡作非为……”这是抵制咖啡馆的文字。但我们不应忘记，第一次世界大战期间的咖啡馆里没有真正的咖啡，最多只能喝到菊苣根代用咖啡。对代用品的反感偷溜进了韦弗尔的记忆，并且让其他记忆都变得苍白。

但约瑟夫·罗特（Josef Roth）在其小说《齐珀和他的父亲》（*Zipper und sein Vater*）中却截然相反地写了一段充满爱的赞歌。于他而言，咖啡馆的生活没有任何阴森之处，反而是一处风景，一个舒适的家。

> “咖啡馆每晚都吸引他前往，就像酒馆吸引酒徒，赌场吸引赌徒。他必须定期看到那一张张白色的小圆桌或绿色的小方桌，还有在这间老咖啡馆早期时曾凸显其奢华气质的粗壮圆柱——它们如今已经被烟熏黑了，就像曾被几十年的战火烟熏火燎一样。

挂在柱子上的报纸就像干瘪的果实一样挂在干枯、泛黄、吱呀作响的框架里。是的，他必须定期见到被挂着的外衣遮挡了光线的壁龛，见到走廊里的洗手间——它见证了络绎不绝的人来人往，熟人在它门口相遇和互相问候。在它门口，人们可以站上半个小时而不知时间的流逝。他还得见到柜台旁的金发收银员，她知道每个客人的名字，将信件送到常客的手上，而普通的'非常客'的信件和明信片则被她摆放在一个毫无人情味的冰冷玻璃柜里。对了，还有那些服务员，他们永远精神抖擞，从来不问客人想要什么，而是端上客人常点的。还有电石灯。正当战时，电石灯替代了瓦斯灯和电灯，样子像被驯服后为人类所用的'鬼火'。它们还会吱吱地'歌唱'，这音乐声也是阿诺尔德所不能缺少的。灯火微弱时它便会闪烁，锯齿形的阴影忽隐忽现。这时，服务员就会爬上椅子，借助一个风箱让它重新亮起来。蚊子嗡嗡的叫声，纸牌被啪啪扔到桌面的声音，多米诺骨牌彼此撞击时发出的劈里啪啦的声音，人们沙沙地翻阅报纸的声音，棋子重重地落到棋盘上的声音，桌球在软垫木桌上发出的低沉的滚动声，杯子相撞的叮铃声，勺子碰撞的声音，鞋子啪嗒的走动声，人们呢喃的声音，水从遥远的、犹如在梦境中的、从来不关的水龙头滴下的声音——而电石灯就在所有声音之上歌唱。咖啡馆有时像越冬的游牧民的帐篷，有时像一间平民的餐厅，有时像一座宫殿里的等候厅，有时又像一片庇护一群冻僵之人的狭窄天地：因为这里是温暖的，煤炭在三个大炉子中燃烧。红色的火焰从壁龛的栅栏里伸出舌头，壁龛就像一点也不可怕的地狱之门[①]。只有当他走进

① 这里可以让人对莱辛（Lessing）那句有时令人费解的话有所体会："令人高兴又令人忧伤的咖啡！"（《明娜·冯·巴恩赫姆》（*Minna von Barnhelm*）第四幕）

这间咖啡馆时，阿诺尔德才得以摆脱他的一天，只有在这里，他真正的自由才开始。”

就像充满爱的双眼比被恨意蒙蔽的双眼看得更透彻一样，约瑟夫·罗特的描写也更为恰当。对于许多维也纳人而言，咖啡馆确实是生活中不可或缺的场所。要求他们离开咖啡馆，无异于要求他们严肃地更换一个活动场所，而这就近乎死亡的雏形了。彼得·阿尔滕贝格曾讲过一个真实的故事：一位女仰慕者写信邀请他到山里去，到植被覆盖率最高的施泰尔马克州。彼得回信道，她必须得问问那里是否有咖啡馆。当对方回信称不清楚时，他回绝了这次邀请。

如果你耸耸肩、轻描淡写地将这个故事称为“文学界怪事之一”，那你就大错特错了。即使非文学界的维也纳人也可能做出这样的事。热爱葡萄酒、徒步和足球的人也迷恋与世隔绝的咖啡馆时光。咖啡馆理应受到维也纳人的喜爱！窗口眺望者咖啡馆（Café Fenstergucker）的主人沙伊德尔（Scheidl）老先生带着整个咖啡馆搬迁的故事多么美好啊！搬迁之前，他竭尽可能地向他的客人们隐瞒这个事实，至少隐瞒确切的日期。一天夜里，沙伊德尔小心翼翼地来到每位客人面前，提醒他们用右手抓紧球杆，左手抓紧球，要求正在玩杜洛克纸牌的人抓紧手中的牌，无论发生什么都不要感到震惊。因为马上就有事发生了……当时是夜里12点，灯火已经熄灭。临街的门突然打开，一辆用火把照明的家具搬运车邀请尊贵的客人们上车。他们爬上车，心情如在丧礼般沉重。但不到五分钟，他们又被停车放下来，目瞪口呆地看着眼前出现一个灯火通明的圆形大厅。每个人都可以在这里继续享受好心情，就像在天上继续地上的生活。

第十九章
投机和西班牙危机

能量必需品

19世纪与咖啡的关系不同于17世纪和18世纪。

17世纪主要将咖啡作药用，用于加快血液循环和戒除酒瘾，18世纪则将咖啡视为智慧增强剂——孟德斯鸠（Montesquieu）认为，咖啡让许多愚蠢之人偶尔做出聪明之举。

而19世纪对咖啡的态度要全面得多，其与咖啡的关系单纯与能量相关。19世纪是取得伟大成就的世纪。（因大陆封锁而萌芽，并一直延续到现在的）工业时代理论上要求人们一天工作24小时。只有咖啡才能使24小时工作日得以实现，因此它成为了群体消费品。与以往不同，19世纪连工人都喝咖啡。咖啡成为了工厂和手工作坊的前提条件，无论是何种烹制方式。

不仅如此，19世纪的咖啡还展示了它此前从未示人的面目。它以“社会问题的克星”自居，虽然只是表面上的。它敢于“与饥饿做斗争”。在欧洲咖啡进口商与各自国家进行的长久以来的关于高额进口税的争吵中，有一个观点一再被重复："咖啡是全民的营养品，因此必须低税。"但在医学意义上，这个观点是不对的：咖啡不具备任何营养价值。一个只依赖咖啡维持生命的人，无疑会饿死。但在社会学意义上，这个观点又完全正确。咖啡让人有虚假的饱腹感，它"帮助人挨饿"。那个在《1664年详细年代史》（*Ausführlichen Chronik von 1664*）中首次出现的讳莫如深的土耳其传说明确提到，咖啡是被作为"节食饮品"发明的，且最早由"一个与像一些装模作样的囚犯一样食不果腹的强盗"发明。拿破仑是在战争年代发现咖啡这一后来广为流传的作用的第一人。在整个19世纪，咖啡是"士兵之饮"。一个被围困的城堡若没有咖啡，就像没有枪支弹药一样注定会灭亡。后来，被围困的德国城堡便尝到了最苦涩的后果。

咖啡不是全民的营养品，却是人们劳动过程中不可或缺、不可估量的能量补给源。一旦人们认识到这点，咖啡必然会成为最重要的金融投机对象之一。因为人们只投机买卖必需品，或必将成为必需品的商品。

而咖啡就是必需品！

买空投机

在无咖啡可买的大陆封锁期间，咖啡豆已经达到了不可思议的天价。整个19世纪，证券商和投机商都认识到：在某些情况下，可以利用咖啡挣一大笔钱。咖啡的有或无决定着其交易所价格，咖啡数量的多少决定着价格的高低。

咖啡投机商人出于日常政治动机而在交易所赌博，其中一个很好的例子就是1823年有趣的"法西之争"。

咖啡和士兵（1800年左右）

军队最重要的需求。1855年的漫画。

那年年初，西欧有场战争一触即发。为什么？因为时而拥护天主教、时而热衷于革命的令人捉摸不透的西班牙人民几年以来一直身处不断的动荡之中。他们先是以满怀虔诚的基督教信仰与北欧的反基督教分子以及拿破仑对抗，为虔诚的基督徒国王费尔南多七世（Ferdinand VII）身先士卒。但费尔南多刚重回故土，西班牙人的信仰就开始摇摆不定。他们突然拾起曾经弃之如草芥的东西，突然要求剥夺教会的产业，宣告人权、人民自由、议会——总而言之，一切彻底的法国大革命所争取到的东西突然成为了西班牙人民的追求。欧洲最初以看戏的心态看待费尔南德和西班牙人，但很快转而成为战栗的震惊。现在的西班牙难道不是在酝酿类似1793年大革命的大事吗？关押、罢黜，对了，也许甚至处死国王？俄国沙皇彻底乱了阵脚。虽然远在千里之外，但他的神经异常敏感。由于梅特涅一再强调革命的危害，担惊受怕的俄国沙皇极度希望派一支俄国军队从马德里开拔，挽救西班牙王国、镇压革命和强化合法原则。英、俄、普、奥、法五国同盟在就干涉南欧局势一事而举行的特罗保会议、莱巴赫会议和维罗纳会议上一致通过镇压西班牙革命的决议。

但是，应该由谁出手镇压呢？

法国！

似乎是路易十八和诗人夏多布里昂提议道，恰好30年前被巴黎暴民拖在地上走过大街小巷的鸢尾花旗[①]现在应该在它重新回归后隆重地进入马德里！多么好的主意啊！新的法国，波旁王朝复辟后的法国，忠于国王和基督教的法国现在应该在西欧证明自己现在是合法的统治者。而且，费尔南多七世和路易十八都是波旁家族的成员，所以

① 鸢尾花旗是波旁王室的旗帜，1793年，法国国王路易十六被送上断头台，1815年滑铁卢战役后，波旁王朝又得以复辟。——译者注

是亲戚。

俄国、奥地利和普鲁士此时对蒙受战败之辱长达八年之久的法国委以战胜西班牙的重任，这激发了法国的民族自豪感。首先，法国在边界拉起了警戒线（以西班牙革命者令南法人不安为借口），然后又称西班牙有黄热病，所以边界必须有人守卫。法国往南输送的军队越来越强大。到最后，所有人都确信战争即将打响，只需等刚从维罗纳回来的路易十八国王宣战。

1月28日，路易十八发表了议会开幕演说。演说的形式虽然中规中矩，但其内容直指战争。路易十八说，他已经想尽一切办法保障法国的安全，确保法国未来不会受西班牙煽动的困扰。只是马德里的疯狂摧毁了一切和平的希望。于是，他不得不召回驻西班牙大使。一万名法国士兵已经在一名王子的率领下整装待发，准备奉上帝的旨意捍卫西班牙国王的皇冠，让西班牙与欧洲重新和解。

议会绝大多数成员都为这场演说感到振奋。议会大厅回响着："国王万岁！波旁家族万岁！"欧洲大国的使者们犹如命运之神一般坐在厢座，但英国使者不在其列。因为崇尚自由主义的英国首相乔治·坎宁（George Canning）先生对于法国保皇派在英国帮助西班牙打败拿破仑10年之后又要重新占领马德里的计划并不怎么感兴趣。与议员们的兴奋相反，巴黎群众和法国人民毫无动静，国债债权人陷入了恐慌，债券价格的突然下跌让统一公债的价格跌至77法郎，其他大部分证券的价格也随之跳水。当即将率大军从昂古莱姆以南进入西班牙的元帅名单公布时——拿破仑的前元帅也在其中，比如乌迪诺（Oudinot），该形势才有所缓和。

这时，一场买空投机开始了。这是一场超大规模的投机，且仅限于产于殖民地的商品。国王路易十八曾在议会开幕演说中保证，法国所有港口都装备了应有的大炮，大量巡洋舰被投入使用，以保护贸易的顺利进行。但肥胖、缺乏自信的路易十八在演说中所说的所有套话中，这个保证的可信度是最低的。可信度同样不高的是他所说的“如果战争无法避免，仍应尽量缩小战场范围，缩短战争时间”。这是什么意思呢？也许是说，英国想远离欧洲遵守基督教义的、保守的俄—奥—普—法格局，以支持西班牙和西班牙革命？如果是这样，那么战争将旷日持久。

路易十八演说两天后，驿使们便快马加鞭疾驰到欧洲各地，阿姆斯特丹、汉堡、维也纳、圣彼得堡、柏林、伦敦、法兰克福，从一个交易所到另一个交易所。“买咖啡”的呼吁传遍了大街小巷。“不出几个星期就不会再有咖啡了，因为海域都被封锁了！”人们说，即使实力相当的两国之间不会爆发海战，海盗给贸易带来的威胁也是巨大的。无论西班牙还是法国的商船，都不敢冒险跨越危险的大西洋，与咖啡生产国保持任何联系。在其他商品的证券价格全线下跌的情况下，唯独咖啡的价格迅速增长。在交易所，所有财产都被押到了咖啡上。

但促使人们大量买进咖啡的战争在哪里呢？它没有如期而至。毫无信义的议员们刚给国王鼓完掌，转头却幸灾乐祸地听从了反战派的意见。杜韦吉耶·德·于拉纳（Duvergier De Huranne）证明了干涉西班牙于本国不利，不值得。议员塞巴斯蒂安纳（Sebastiane）更是发出了醍醐灌顶的一问。他质问国家，突然捍卫神圣同盟[①]——法国的旧敌在西班牙的计划于我们的国家有何裨益？议员莱内（Lainé）、勒塞尼厄（Lésaigneur）和卡巴农（Cabanon）表达了整个商界的担忧。和国民议会一样，参议院突然也出现众多反战者。70高龄的贵族塔列朗从麻木不仁中醒悟，用清晰的辩证法证明，西班牙今天的君主专制根

① 神圣同盟是在俄沙皇亚历山大一世的倡议下，为打败拿破仑而成立的与奥地利和普鲁士缔结的同盟。——译者注

本不为人民所认可，因为古老的阿拉贡地区已经认识了人民委员会。此外他还讽刺地说起，事实上，拿破仑已经在西班牙战败过一次了，当下合法的法国不必步其后尘。塔列朗1809年曾亲自告诫过皇帝要警惕西班牙的人民战争，希望今天他的建议能被接纳。

塔列朗时而慷慨激昂、时而故意沉闷的演讲起到了难以置信的效果。演讲之后，议会看来几乎不可能批准战争贷款了。2月25日，极右派的浪漫主义基督徒诗人及保皇主义者夏多布里昂和左派领导人物曼努埃尔进行了一场论战。勇敢的曼努埃尔不仅谴责了战争的鼓吹者，甚至还谴责了波旁家族和路易十八。在这次论战之前，咖啡投机商人还战战兢兢地坚守着他们的买空战略。他们期待着战争的爆发。而现在，在国王的开幕演说整整四周以后，他们明白，战争不会来了。

取代战争的是其他东西——咖啡！来自四面八方的咖啡！三月，美洲商船跨越开放了的海洋涌向这里。从墨西哥、安的列斯群岛、牙买加不仅运来了物资，最重要的是传来了巴西大丰收的消息，而且丰收的果实即将在夏天到达这里。于是，人为的高价泡沫破碎。伦敦、巴黎、法兰克福、柏林和圣彼得堡出现大量破产：这场大规模的交易所灾难迫使数百位父亲拿起了手枪，到处都能听到自杀的枪声。几百万的价值就这样付诸流水。

“交易所牺牲者”的坟墓仍为新土，法西之间却出人意料地宣布开战，并且还是如国王路易十八所宣告的短时间的局部战争。这是一场几乎没有流血的战争，并且英国人没有参与其中。8月7日，昂古莱姆的公爵率军跨过界河比达索阿河。

而三月已被击垮的人再也听不见法国军团踏进西班牙首都马德里的脚步声了。

第二十章
收成—市场—价格“铁三角”

波动的价格

无数欧洲人的幸福、生活、财富和健康都取决于各咖啡生产国的收成。

但这一世界贸易商品的价格的下跌不仅是高风险的交易所投机的产物，其起伏的根源更在于咖啡树的本性和人的本性。两种本性的相互作用又决定了咖啡收成的好坏。其关系如下：

丰收成果的出售创造了利润。将获得的利润重新投入种植对于咖啡农而言有天然的吸引力。丰收带来的物质利润几乎像赌桌上的赢资一样，一再被重新押上赌桌。咖啡农如此循环往复，却没有想到贸易自古以来就遵循亘古不变的供求规律。

农场主无意中便制造了生产过剩。他们深信自己的产品依旧能售得高价，于是努力获得了大丰收。不久以后，他们不得不面对每新增100万袋咖啡豆的收成并不会使销售额增加、反而使其减少的事实，于是他们陷入了绝望。

如果真是不久以后会更好，那样咖啡农就不会进一步升级错误了。如果他们一年之后就能认识到自己的投机行为是错误的，接下来危机波及的范围就不会如此之广。

但咖啡树的天性决定了它在四年“空窗期”后才会开始结果。在不结果的四年中，殖民者们还没有发现他们新种的咖啡树带来的消极效果，因此，他们还在继续种植新树。但第一个四年一过，生产过剩就初露端倪。因为现在，第二年、第三年和第四年种植的咖啡树开始结果并且可以进入市场。咖啡豆的价格跳水越来越严重。最晚到第七年，这一现象导致的心理后果就开始显现：咖啡农陷入恐慌，新文化被摒弃，工人被辞退，“不再有利可图的咖啡树”被咒骂，人们转向玉米、棉花种植甚至畜牧业。恰恰此时，咖啡的价格又发生了变化。减少后的咖啡供应量接近需求量。随着供应量的下降及需求量的上升，咖啡的价格开始上涨。咖啡农惊奇地发现自己又能凭借“一文不值的咖啡”挣上一笔了。于是，种植咖啡的热情重新被点燃，新一轮的循环再次开启……

1790年前后，因为圣多明各咖啡产量的下滑导致咖啡产量不足，其价格随之上升。这本将不可避免地导致咖啡在1799年前后产量过剩，但拿破仑战争阻止了这一现象的发生。尽管价格高昂，但咖啡农失去了种植不断在海上被没收的产品的勇气。这种状况一直持续到1813年。海上封锁解除不久以后，高昂的价格让人再次感受到了咖啡产量的不足。因此，19世纪20年代初，美洲人又自然而然地进入了生产过剩的阶段。排除战争干扰（其中最为严重的是美国南北战争），人们几乎每个年代都要定期经历一次生产过剩和生产不足的交替，期间会有几年短暂的平衡状态。

回顾19世纪的动荡不安，1903年于纽约召开的咖啡生产国全体会议确定：“值得注意的是，几十年以来——至少南北战争以来，但早前也是如此——过剩和不足的危机定期轮番上演，这对于咖啡农而言就是极端的盈亏交替。过度的盈亏交替导致人们时而兴奋地大量种植，时而沮丧地一棵也不种……这种十年一次的危机成为了咖啡农生活的主旋律。为什么？因为他们彼此不认识，不会坐在同一张桌子上讨论。他们没有尝试研究市场……”

热带地区生活的闭塞被认为是19世纪咖啡种植的无组织性的罪魁祸首——一个白人距最近的可以与之进行思想交流的白人往往有几日的路程。彼此独立的咖啡农只能通过价格讯息与外界联系，他们的行为完全盲目地着眼于当下。

是的，他们行为盲目且损害自己的利益。但是根据经济学规律，他们的行为又是符合逻辑的，这才是悲剧所在……

传统国民经济学提出了“价格的万有引力定律”，这一定律确实对咖啡种植农和其产品的关系有着长足的影响。这个定律就是“产品的市场价格永远倾向于产品的自然价格”。

如何理解呢？首先，自然价格是由生产成本决定的价格，而市场价格是因市场上买卖双方实力的较量而产生的价格。产品供应不足则市场价格上升，高价又像磁铁一样吸引人力和财力的投入，这是规律。要求咖啡农凭借更好的判断力摆脱这项万有引力定律是反人性的。现在，该来的还是来了：人力和财力的投入使产量大幅增加，商品的供应量也随之增加，其价格不可避免地下降。下降幅度之大，导致投入的人力和财力都得不到足够的回报。农民人财两空，于是，人与财都放弃了种植咖啡。

在欧洲国家，一种惯性约束着工作场所的过快开关和劳动力的过快雇佣和解雇，而在热带国家（且完全不知社会立法为何物），咖啡农的幸福天平经常剧烈地上下摆动。咖啡始终是种危险的商品。不仅欧洲的投机商人，咖啡生产国也时常经历咖啡价格的滑动。

是的，咖啡豆就是如此“光滑”！

交易所里的暗斗

自从阿拉伯人失去在咖啡大宗贸易中的霸主地位后，荷兰人成为众所周知的老牌咖啡销售国。阿姆斯特丹作为荷属殖民地巴达维亚的领导中心，自然是荷兰热带产品的输入口岸。鹿特丹同样意义重大。那么，东印度公司尊贵的掌舵人们是如何将咖啡卖给老百姓的呢？他们采用了价高者得的拍卖方式。第一批爪哇咖啡——共计894包，就是1712年在阿姆斯特丹通过拍卖出售的。

任何一场拍卖都免不了出乎意料。如果你走进一家店，想买原本售价3马克的半斤咖啡豆，但最后却不能将这半斤咖啡豆拿回家，因为有人出价4马克，那岂不是又回到咖啡买卖的最初状态了吗？难道咖啡豆的价格不再固定了吗？当然不是，半斤咖啡豆和其他一切零售商品一样，其价格自然是固定的。

但批发贸易则有所不同。在这里，咖啡是一个太过重要的主角，以至于其本身无法始终保持一致。经海路排队进入仓库的咖啡数量变化无常——就像拍卖的形式一样。海的两端都专断独行。东印度公司的老板们凭借拍卖达到了避免咖啡长期滞留仓库的目的。许多有购买意向的买家来到仓库，然后在竞价对手的刺激之下，支付超出原本头脑冷静时预算的价格。这种形式自然也有缺点——一场门可罗雀的拍卖会可能比真正的市场形势更能压低价格。

荷兰人当然不是市场上唯一的独裁者。随着新的咖啡产国的兴起，咖啡市场上的主角也在不断更换。近18世纪末，咖啡交易所的掮客主要由法国人构成。来自法属美洲殖民地的商品在波尔多进行拍卖。与此同时，勒阿弗尔也崭露头角。因为与巴黎相距不远，它很快成为了咖啡的主要买家之一。但荷兰和法国对咖啡价格的主宰地位很快就被英国超越了。拿破仑时代以来，英国是首个可以强制规定世界市场价格的国家。1850年左右，伦敦必须与纽约市场共享这一角色。这不足为奇，因为美国曾是重要的咖啡消费国，是除英国以外从南美新兴的大国——巴西手中购买咖啡豆的第二大国。不久以后，汉堡成为了巴西咖啡的第三大买家。

汉堡很少进行拍卖，这里只有交易所拥有话语权。理由很充分：并非产自本国殖民地的产品似乎很难拿来拍卖……但伦敦的例子很早以前便明确地推翻了这一点。这是为什么呢？众所周知，英国生产茶叶且只消耗少量咖啡。尽管如此，伦敦依然拍卖了大量咖啡。因为伦敦是全世界的银行，或者至少是许多咖啡种植国的银行。伦敦市场的资金实力如此雄厚，使得出口商基本无需担心商品的销路。但即使咖啡吸引不到英国买家，它也可以在伦敦的拍卖会中找到为大陆采购咖啡豆的公司。此外，如果要寄经销商品（即还未找到中间买家的商品），伦敦更是最好的选择。因为这里永远有资金可供货物抵押贷款，来自海外的发货人在货物到达目的地后很快就能收到现金，即使他的咖啡事实上还没有卖出去。

伦敦最早的拍卖在咖啡馆进行，民间称之为“蜡烛拍卖”。因为拍卖师旁边立着一支蜡烛，买家在蜡烛燃烧的过程中叫价竞购，蜡烛熄灭那一刻，最后一名叫价者获得拍卖品。

19世纪时的拍卖会十分混乱。外行人无论过去还是现在都无法参与其中，因为他不懂这里的行话。一个未来的掮客必须要做好几年的“学徒”，学习专业术语和肢体语言，尤其要掌握拍卖中的思维。

被拍卖的咖啡豆被按照质量和来源分为不同批次，拍卖场所会展出少量各批次的样品。此外，商人们还会得到详细描述商品的清单，以此了解拍卖会。自己不想在拍卖会上叫价的人则充当卖方中介，在仓库查看样品并对其进行判断，然后挑选商品，烘焙、烹煮并品尝咖啡后把订单交给买方中介。在拥挤不堪的咖啡馆中，买家可以通过对中介做秘密手势，避免他人获知自己的出价。

拍卖会上真正的买家是真心想购买咖啡的商人。但也会有投机商人混进叫价的行列——他们想要的不是商品，而是通过购买行为支持自己在交易所的赌博。

交易所是一个没有商品的市场，咖啡交易所则是一个没有咖啡的价格市场。人类最深的本性决定了我们恰恰对看不见的东西印象深刻。对于并非亲眼所见、只是道听途说的东西，我们要么深信不疑，要么全盘否定。交易所中形成买空和卖空气氛的最后一个原因在于人类天生的想象力。

即使投机商人不插手，每次小幅度的加价也会抬高世界市场的价格。但投机商们发现了商机，于是带上钱包与“同道中人”组成临时联盟，共同坚持买空。19世纪70年代以前，海底尚未铺设通信电缆，走远洋航线的轮船也不多，电话网络尚不发达，买空联盟只需要买下市面上所有存货，然后大幅抬高价格，国内的批发商必须支付投机商人要求的价格。只有当海上出现意料之外的货物时，投机商的生意才会受到威胁。

1823年，当时法西之间的紧张关系还没有立即引发战争。那时出现过一次这样的买空骗局，许多投机商人甚至为此付出了生命。19世纪70年代初，他们企图通过添油加醋地散播咖啡豆歉收的消息故技重施，咖啡价格迅速飙升到50年来的最高水平。但当海外输入的货量越来越大时，卖空投机商看到了机会。他们用一场卖空击溃了买空投机商，将咖啡的价格压至合理的市场价格水平之下。1874年，铺设了由南美至纽约和伦敦的海底电缆后，每天的市场信息电报改变了一切形式的投机贸易的策略。现在，重要的不再是市场现有的咖啡豆数量，而是预期数量。当欧洲成立期货交易所时，来自巴西的关于丰收进度、霜冻和降水或咖啡成熟期和采摘期的有利天气的消息对投机买卖尤为重要。

在1888年一次错误的买空投机中，勒阿弗尔囤积了大量咖啡豆。一场灾难即将爆发。为了阻止灾难的发生，人们尝试求助于陌生资金，这次尝试以期货交易的形式取得了成功。它不仅使人们摆脱了当下的困境——若无资金支持，你只能以低价贱卖所有的股票，而且还证明了这一资金足够雄厚，可以支持你从容且均匀地将收获的产品分摊到一整年。

咖啡贸易中的期货交易是必然的产物。咖啡是产于遥远国度的大批量产品。它每年只在特定的时候收获，但人们却一整年都需要它——这点尤其重要，贸易的功能就是克服时间地点的差异。但是，如果没有期货交易，便捷、“高效”的贸易就缺少实现其主要功能的资金。期货交易能提供强大的资金支持，因为无数不想进行商品买卖、只想挣钱的“玩家”的资金都汇集在这里。

但为什么可以不买卖商品却又挣钱呢？这就是期货交易的独特之处了。

期货交易的了结发生在交易结束很长时间以后，往往需要数月之久。但交易真正的了结根本不是交易的真实目的——人们要的不是购买的商品，而是日后将这纸交易合约以能盈利的价格转手出去。他们想从数月之前约定的价格和之后的真实价格之间的差价中获取利润。

德国商人起初不愿意效仿勒阿弗尔，但当全世界所有咖啡贸易的资金似乎数年之久全数流向勒阿弗尔时，汉堡交易所不得不引入咖啡期货交易。

期货交易的初心原本不是助长投机，相反地，它的目的是消除投机。期货市场的作用更多在于帮助谨慎的商人规避其商品未来的价格可能给他带来的风险。因为这个价格尚是个未知数，期货市场上的套头交易相当于商人的保险。但谁是他们的交易对象呢？当然是投机商。因为承担了商人的风险，所以他们很快也占据了主导地位。

实行期货交易后，汉堡交易所立即发生了动乱。投机导致交易所行情出现不良的涨跌，使得“纸上咖啡豆”的销售量是咖啡豆实际收成的十倍。1888年，咖啡豆收成仅600万袋，而七间期货交易所的总成交量却多达6100万袋。人们禁了赌场，但现在却有了期货交易。二者之间的区别只在于，在期货交易中，你至少得下注500袋咖啡，以及即使没有钱你也可以参与游戏。

咖啡价格的波动不再取决于古老的供求关系，而是买空方及卖空方实力、谋略和胆量的较量。

经济学家汉斯·罗特（Hans Roth）说：“海外收成和投机对世界市场变化的影响就像风对海浪的影响：波谷和波峰始终以相同的节奏交替。在涨涨落落的‘潮汐’中，只有当风吹向与海浪相反的方向时，浪潮才能由大化小，反之，波峰就会越来越高。如果狂风怒啸，海水便会涨到房屋的高度，然后翻滚，转向，坠落。买空和卖空的角逐，交易所内的战争也是如此。暴风过后的结果就是破产和支付困难，这是交易所内的暗斗所导致的。”

但是，为什么消费者对此毫无察觉呢？消费者（为了始终参与）所在的海底本身风平浪静。这里也必须风平浪静，否则咖啡很快就无人购买了。

即使国内的批发商也只能隐隐地感觉到世界市场上价格的波动。世界市场的价格并非决定国内价格的唯一因素。运输中的货量、关税和路费不会随咖啡豆的价格波动（至少不会马上波动），因此可以降低价格浮动的幅度。

但批发商不能对消费者期望过高，因为众多零售消费者只接受他们习惯的各类咖啡豆的售价。消费者无法区分咖啡豆的外表，在他们未经训练的双眼看来，所有品种都是一样的，所以价格就是他们衡量产品质量的标准。消费者通过减少消费阻止价格的上涨，这是本能。但令人惊讶的是，他们同样不喜欢价格的下跌——至少当价格的下滑并非平均地涉及所有咖啡品种，而只是其中几种时，消费者会疑惑："为什么咖啡降价了？"即使降价是由于更好的收成和其他因素对世界市场价格的影响，你也永远无法劝服他们相信价格的下跌不是因为质量的下降。批发商要想将咖啡卖出去，必须固定售价。但根据世界市场形势的不同，买入价与售价之间的差价可能不同。差价越大，批发商越高兴；但有时差价不断缩小，最后批发商发现无法从中获取足够的利润。为了自己的利益，他们于是真的转而选择更劣质的品种。这当然不能让消费者看出蛛丝马迹，而且他们一定不会发现异常：因为娴熟的商人懂得如何成功地混合不同品种的咖啡豆。

他们的娴熟程度对消费者的想象力也有影响。因此，商人必须给他们的混合咖啡豆赋予响亮的名字，这些名字往往与品种的来源及其在交易中真正的名称都没有关系。因为消费者多为女性，她们更易接受动听的名字。"珍珠咖啡"这个名字让她们感觉，即使付更高的价格也心甘情愿。

但效果真正神奇的是"摩卡"这个名字。阿拉伯大地上生长的摩卡咖啡根本无法满足消费者的需求，这时就需要巴西的援助了。它在雨季通过木帆船，不远千里地绕过好望角，将咖啡豆运送至阿拉伯。到达阿拉伯时，咖啡豆已被泡发得如海绵一般。雨水和航行"改变了它们的香味"。作为并非在阿拉伯土生土长的阿拉伯产品，它们被阿拉伯的阳光晒干，并获得了一个吸金的名字。现在，它们乘着现代化的蒸汽轮船，从摩卡港出发，前往世界各地的批发市场。

但从这个故事开始就是玩笑和趣事了。因为人们当然可以像对待葡萄一样对待咖啡豆。若不是咖啡的历史（咖啡豆的清洗、贸易及其到达消费者手中的经过）依旧完全不为人知，那么我们肯定能听到不少诸如“涂抹和切开葡萄”之类关于咖啡豆的笑话。

我们言归正传，回到故事的高潮。拿破仑曾说过，政治决定命运。他肯定不愿意纠正自己的观点，改称“经济决定命运”。但是，难道他不应该这么说吗?

自1900年以来，咖啡就是对某片大陆举足轻重的世界经济原料。这片大陆就是南美洲。

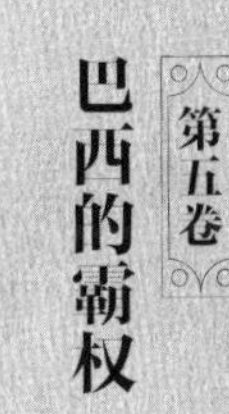

第五卷 巴西的霸权

Kaffee
Die Biographie eines
weltwirtschaftlichen
Stoffes

第二十一章
土地、帝制和劳动力问题

主导咖啡市场

1850年以前，研究咖啡的文化史学家专注于咖啡的消费者。然而到了19世纪中叶，由于咖啡产量巨大，以及咖啡种植国家的问题突出，这些文化史学家开始将注意力转移到咖啡生产者的身上。

1850年左右，铁路尚不发达，世界各国之间了解甚少。没有人关心在意大利的巴勒莫或瑞典的斯德哥尔摩，人们饮用咖啡的方式有何不同。世界更关注的是在19世纪中叶，种植咖啡成为某片大陆的命运的一部分。

在咖啡的历史上，20世纪（至少前30年）是巴西的天下。巴西作为世界咖啡的核心产区，国土面积约850万平方公里，仅次于俄国、加拿大和中国。1906年，巴西的咖啡产量占世界总产量的97%。结果可想而知：巴西号令世界，咖啡称霸巴西。咖啡成为这个国家真正的主人。咖啡不仅是上帝对巴西的恩赐，它还具有火山、旋风和地震的变化无常的特质，因此必须无条件地服从它。

当人们谈到过去50年巴西的咖啡时，脑海中总会浮现只有在对抗大自然力量时才需要的话语和图像。

1926年，巴西政府举办了一场“咖啡树”200周年庆典，确定第一株咖啡树于1726年被引入巴西。

很可能南美洲所有的咖啡都起源于1723年法国海军上尉带到马提尼克岛的那株著名的咖啡树。因此，巴西土地上首次种植咖啡应该早于1735年。

当时的荷兰人也在美洲圭亚那地区的苏里南种植咖啡。法国人和荷兰人相互毗邻——因为法国人也占有圭亚那的一小部分——互生妒忌，双方总督下令禁止将可发芽的咖啡果种子售卖给邻国（违者甚至将面临死刑）。然而，这项禁令并没有什么效果，因为整个圭亚那地区早已开始种植这种“神奇的植物”。

或许这一禁令对第三国家起到了一定的作用。在当时的美洲土地上，除了法国人和荷兰人，其他人本不得种植咖啡。故事起源于一次偶然事件：法国人和荷兰人在一次边境的争执中求助于一位来自巴西帕拉、名叫帕列塔（Palheta）的官员。他向当时的法国总督夫人殷勤献媚，获得了她的好感。在一场聚会上，这位夫人当着毫不知情的总督的面送给帕列塔一束香气扑鼻的花，花内藏有一撮成熟的咖啡种子。帕列塔就这样逃过了出口禁令，驾船带着礼物迅速逃到亚马孙河河口，这里的咖啡种植就此拉开序幕，并迅速传播开来。

这是流传于巴西的传说。咖啡由一位女士赠予巴西人民，并由勇士冒着生命危险带来，如此当然提升了咖啡的价值。这段传说可考据的仅仅是：咖啡确实是从帕拉往南蔓延的。

荷兰人曾经在世界最东边的爪哇岛和印度尼西亚抢走了葡萄牙人的财产。如今葡萄牙人欲借机复仇，因为当时的巴西是葡萄牙的殖民地。葡萄牙人计划将荷兰财富的根源——咖啡带回家。从这一刻起，“咖啡开始说葡萄牙语”。

咖啡从帕拉开始，向南进军到如今的主要种植区圣保罗高原，持续了50年之久。即使考虑到巴西的地理面积，这也是一段相当长的时间。事实上，巴西人并不着急种植咖啡，因为巴西是世界上最主要的甘蔗种植基地。整个18世纪，“糖都是说葡萄牙语”。

忽然之间，一颗彗星砸向了世界糖料市场——拿破仑在对抗英国的转口贸易时要求欧洲的糖料生产须自给自足。还记得，在拿破仑大陆政策的影响下，普鲁士发明的甜菜糖成为欧洲唯一的糖料来源。蔗糖被迫从宝座上下台，巴西作为当时全球蔗糖生产基地，必须考虑转型。然而，拿破仑的“菊苣根代用咖啡联盟”很快遭遇失败（不论是菊苣根还是其他使用过的咖啡替代品，都无咖啡因的迹象），人们从中总结教训：现在应该只种咖啡。巴西从19世纪开始出现的单一种植文化可以追溯到拿破仑，这是对拿破仑经济政策的间接回应。

大陆封锁政策前，巴西的咖啡出口量很小，1818年巴西才第一次在咖啡出口量上被世界提及。这一年，这位咖啡新手将75000袋咖啡豆投放到市场。550万公斤咖啡流向欧洲——全靠投机者费尽心机，咖啡价格才避免下跌。直到1823年，巴西咖啡的再一次丰收迫使欧洲咖啡交易中心的价格相应下跌——此前，这些交易中心借机利用西法战争导致的咖啡短缺和高价进行投机活动。

现在欧洲人明白了：巴西已占据咖啡市场的主导权。

上帝的恩赐

巴西成为咖啡生产国主要依赖三个条件：土地、政体和劳动力。

这片播种咖啡的土地大部分都未开发。几十年未经热带阳光烘烤的原始森林含有丰富的腐殖质，肥沃而松软。殖民者和奴隶冲进原始森林，用镰刀或斧头砍倒参天大树以及如胳臂般粗壮的藤蔓。经历连续数日的砍伐，这片被挑中的土地上再也不见高耸的树梢。在剩下一米高的乱丛中，鹦鹉般多彩的花朵和铁锈色的兰科植物闪烁着金属光泽，它们在经历连续数周的太阳炙烤后相继腐烂。这堆植物越来越小、越来越干，甚至不见蛇虫的踪影。它们似乎也嗅到了危险的气息。

当倒地的木头接受了足够的太阳炙烤后，蓄谋已久的森林焚烧计划开始启动。在一处通风地点燃火种，火势迅速蔓延，并很快吞噬了几乎所有的树干和木块，除了一种印第安人称之为“桃椰子”、树干呈蓝黑色的树。所有其他树木都在大火中消失，给这片土地铺上了一层银色的残灰。尽管四周仍是生命力旺盛的原始森林——火焰没能损伤这些吸足了水汽、高大挺拔的庞然大物。

一场以造地为目的的巴西人造林火

灰烬被清除后，人们开始在这片火山源仍蠢蠢欲动的土地上种植咖啡。咖啡长势惊人，很快，这里一片又一片的森林相继陷于火灾。

由北向南，这场林火纵跨20多个纬度。筹谋良久的火灾换来了人们期待已久的咖啡田。

在这场持续了几十年的对抗原始森林的咖啡运动中，殖民者很快了解并重视起土地的特殊性。咖啡树长势较好的区域大多是白香柏、野无花果树、白棕榈和椴树科生长的地方。肥沃多产的土地主要集中在圣保罗高原。不久这里被称为红土区，即使它看起来更像咖啡色。在疏松、肥沃的壤质土上行驶几英里，目光所及的土壤如同刚刚磨碎的可可粉。日落时分，土壤呈现一片淡紫色，仿佛它自行散发着紫光。

圣保罗的咖啡种植很快发展成一门科学，只有精挑细选出的幼苗才能播种。此外人们还设立了培育基地，咖啡枝在这里长到一手宽的长度后，才能移植到咖啡田中。种植时要注意相邻的咖啡树之间要保持四米的距离，以避免互相遮挡阳光。施肥和除草也做得非常细致到位。

这片富含氮、磷酸、石灰岩和碳酸钾等腐殖质的红土地由年轻的火成岩组成。辉绿石和斑岩分解在泥土中，形成了如此肥沃的土壤。枯萎的咖啡枝落入泥土中成为肥料，源源不断地给咖啡树提供营养物质。

不仅是土地，巴西的独特气候也促使其成为咖啡王国。这里的天气情况十分有利，即使不加养护，咖啡树都能茂盛生长，甚至无需栽种在其他国家常见的保护咖啡幼苗的阔叶树①。因为这里常常出现的云层就能够缓和热带阳光的强度。尤其是这里常年降水，为咖啡树提供了足够的水分。

当巴西开始成为世界上最大的咖啡生产基地时，没有任何其他国家能与之匹敌。除了有利的土壤和气候条件外，劳动力问题的解决也

① 咖啡树对高温很敏感，因此常栽种在阔叶树的影子下。

中美洲的咖啡种植园，两边是高大可遮阴的阔叶树

是一项重要因素。直到1888年，巴西仍然保留着奴隶制度。19世纪30年代，人们在巴伊亚州港口散步时，常能看到半世纪前拖着脚链来到此地的黑奴做着苦力。

这些奴隶大多来自非洲东西海岸，尤其受欢迎的是米纳（Mina）黑人，他们身材健壮、机智聪明。奴隶贸易和奴隶劳役无疑是最卑劣、最残酷的经济制度，但同时也不得不承认，他们在巴西的境况比在盎格鲁-撒克逊地区要好。这一点十分重要——因为葡萄牙人没有种族歧视，不久他们便和印第安人及非洲黑人产生了更加紧密的联系，巴西的混血传统至今已有400年历史。在这样的社会中，黑人虽仍是奴隶，但绝非没有任何权利。而在城市生活的黑人情况更佳。他们虽然被主人当作赚钱工具且自由被限制，但束缚的镣铐相对宽松——黑奴可以做手工、开客栈、做瓦匠或当警察。他们将一部分“休假期间”内所赚的钱交给主人，剩余的可自己保存。

只有咖啡种植园的黑奴大军的境况较差，不过这里也规定禁止对黑奴实施过于残忍的手段。黑奴数量的庞大对奴隶主来说很不利——如果黑奴进行大规模反抗，他们将难以镇压。咖啡园园主混乱的性生活导致出现了大量非婚生儿童，他们和黑人家庭因此产生了千丝万缕的联系，主人和奴隶之间再没有极端的冲突关系。

此外，五花八门的赎身和贿赂现象也缓和了奴隶的遭遇。尽管如此，奴隶制度依然是所有经济制度中最廉价、最严酷的形式。巴西的奴隶制度比其他热带国家保留得更长久，这也为巴西在世界咖啡产业中保持竞争力提供了强大后盾。

度过劳动力危机

在巴西咖啡产业迅速发展的进程中，这个国家却突然出乎意料地改变了经济制度——巴西帝国君主彼得罗二世（Pedro II）大笔一挥，解放了所有的奴隶。虽然帝制很快垮台，但它废除了巴西的奴隶制。

像19世纪发生的所有变革一样，巴西的独立也可以追溯到拿破仑时代。拿破仑对北美和南美的渗透不亚于对欧洲、非洲和亚洲的影响。所有民族对待拿破仑都如同磁铁效应，有的相吸，有的相斥。

这颗巨星在陨落之时对充满自由气息的美洲新大陆充满渴望。这份自由是拉法耶特（Lafayette）带领法国军队为巴西争取而来的。在拿破仑去世的同一年，西属美洲[①]的共和主义者正在为自由而战。曾击败拿破仑的俄、普、奥三国“神圣同盟”无法容忍任何新的共和国出现。“神圣同盟”的核心人物梅特涅早就准备进行镇压——俄国沙皇的战舰已蓄势待发，准备在阿根廷的拉普拉塔登陆。此时，拿破仑

① 指中美洲和南美洲大部，与前文的“北美洲”相对。——译者注

的自由思想渗入到美利坚合众国的国会中——在动荡不安的1823年，即拿破仑去世两年后，美国总统向国会提出咨文：未来任何欧洲士兵不得再踏入美洲领土！史称《门罗宣言》（Monroe-Botschaft）。

尤其值得注意的是，葡萄牙损失了巴西这块巨大的殖民地。这里管理有序，葡萄牙政府较为宽松地统治着各个辖区，就像英国和新英国之间从未出现争端一样。然而，命运的安排总是出乎意料，且无限制地助长了巴西人的自尊和自信。

1807年11月，法国将军朱诺（Junot）入侵里斯本，葡萄牙王室被逼无奈举家逃往海边。一艘英国军舰将他们接往里约热内卢。巴西人民亲眼见证带着王室光环的葡萄牙统治者一夜间沦为政治流亡者。如今，再没有葡萄牙，真正的葡萄牙开始姓“巴”。

葡萄牙摄政王若昂六世（Johanns VI）到达巴西不久，就得到了巴西人民的普遍认同。他们借机向国王索要权利——到那时为止只有葡萄牙的船只有权驶近巴西港口。巴西人利用葡萄牙法律模糊不清的契机，致力于让巴西成为享有同等权利的国家，可以与其他所有友好国家进行独立贸易。若昂六世因获得避难所喜出望外，尽管有所顾虑，仍然在1815年承认了巴西的王国地位。

1820年，葡萄牙发生革命，急召若昂六世返回欧洲。启程回国后，他将庞大的巴西交给了他的儿子佩德罗（Pedro）。佩德罗王子深谙这个时代的规律，为了挽救巴西王国，他于1822年9月7日撕毁了巴西和葡萄牙宗主国之间的最后一根宪法纽带，将皇冠加顶。如果他不这么做，将会面临与被驱逐出阿根廷的西班牙总督一样的下场。

佩德罗这一帝国宣言是天才般的一步棋。然而面对复杂的内政问题、与西班牙殖民地的边境争端以及各辖区为争取权利而发生的武力冲突，佩德罗心力交瘁。神话般的巴西帝国疆域由北向南跨越了30多个纬度，这里还拥有地球上几乎所有的植物种类和人种。

1831年，佩德罗一世（Pedro I）退位，留下五岁的儿子继承帝位。在摄政委员会治理国政九年后，14岁的佩德罗二世（Pedro II）宣布执政，并用事实证明了他是一位英明智慧的君主。巴西皇帝成为19世纪最具魅力、最引人注目的角色。关于他的历史没有过多的描述。

佩德罗二世像一位“南美的雅典人”，重视科学的地位，致力于促进建造业的发展，将里约热内卢发展成为世界最美的城市。他还创立了一部严厉的宪法，充分迎合里约在发展中的自信，然而帝国疆域的四分五裂使其信心遭受打击。佩德罗还大力推动工商业，他下令修建公路和铁路，“因为咖啡需要运输到港口”。以前每次的咖啡收成要靠牛车拉几周才能到达目的地，现在用船只需几天时间。此外，为节约劳动力成本，这个咖啡巨头还找到了更短的运输路线。巴西的咖啡出口量已经将其他国家远远地甩在了身后。

佩德罗还十分重视发展教育事业。这位头戴皇冠的诗人同时也是欧洲各学会的名誉会员，他翻译了法国文学家苏利·普吕多姆（Sully Prudhomme）、维克多·雨果（Victor Hugo）以及美国诗人朗费罗（Long fellow）的多部作品。同时，他也关注到咖啡背后的辛酸：奴隶制。啊，奴隶制！他英勇无畏地将斧头砍向这根承载着整个巴西经济的树干。

1871年，佩德罗二世颁布《胎儿自由法案》（lei do ventre livre），宣布即刻解放奴隶家庭新出生婴儿的人身自由。这样一来，随着1900年最年长的奴隶去世，奴隶制也在加速消失。咖啡农场主无需再与种植园的奴工发生争执。但一些解放奴隶速度比较缓慢的地方仍会发生暴力冲突。体弱的佩德罗在出访欧洲时，听取女儿的劝说，颁布了《黄金法案》（lei aurea），规定奴隶无需对农场主做任何赔偿，并当即废除了奴隶制。然而，殖民者由于无法支付给这些“会员”和“天生的奴隶”工资而进行抗议。长久以来，他们已经习惯了享受君主制的宠溺，建造铁路和公路让他们坐收渔利，可现在却因共和派的出现而陷入绝望。同时军队中也开始叛乱四起，1889年11月15日，巴西帝国灭亡。佩德罗二世被流放——因为君主制以其高贵性从未被推翻过。当这些消息传到美洲的各个首都时，委内瑞拉总统罗哈斯·保罗（Rojas Paul）呼喊出意义深远的一句话："现在他们真正地废除了美洲疆域上的唯一一个共和制国家——巴西帝国！"

当然，这些种植园主不可能再次引入奴隶制，不过值得注意的是，他们很快度过了劳动力危机——持续的欧洲移民将会弥补这一损失。

非洲奴工虽然廉价，但无法避免一个重要缺陷：质量缺陷。在广阔的咖啡种植园中，不到十步就能看到在监工不注意时偷懒歇工的奴工。农场主早已发现，欧洲工人虽然价格非常高，但工作质量比奴隶高。

据当时一位叫海因里希·舒勒（Heinrich Schüler）的记者估计，1820年后，巴西将有约600万外来移民。这个数字确实在几十年内已达到，而如今的巴西已经有超过1400万外来移民或移民后代。几十年内，这里的移民数量如同他们动荡的命运一般发生了巨变。在奴隶制还未被废除时，这些白种工人想出了一种特殊的半租佃制度：规定垦殖者可以获得收成的一半。然而，移民来的白种工人虽然与黑奴性质不同，却也不是自由的地主——这种模棱两可的身份使其处于劣势地位。很快，半租佃协议让这些外来垦殖者的利益被榨取殆尽，导致移民人口数量急剧下滑。1850年，普鲁士财政部长奥古斯都·海特（August von der Heydt）颁布《海特公告》，禁止德国人移民到巴西。这一禁令本出于保护本国人民利益的目的，但在世界政治方面对德国产生了深刻的影响——德国的移民大潮转向了北美洲。

巴西作为"剥削者的国家"臭名远扬，巴西政府最终决定改变这一现状。它解除了外国务工者协议上的义务，并助其获得自由地位及

咖啡种植园中的田间劳作（巴西）

咖啡豆采摘工集合（中美洲）

一小部分地产。每一位垦殖者都获得一栋房子和一小块犁田，他们既可栽种咖啡树，也可种植粮食。妇女和儿童都可以帮忙。那些注重理财的垦殖者不久便可购置一块属于自己的地皮，成为农场主。其中最著名的是一位名叫弗朗西斯科·施密特（Francisco Schmidt）的德国人。初到巴西时，他是一个半租佃制下的普通劳工。1918年，施密特家族已拥有世界最大的咖啡种植基地——52座咖啡种植园[①]，并将其合并为一家价值1500万马克的股份制有限公司。

1888年以前，巴西每年的移民人数不到三万。自从欧洲的代理人听闻巴西帝制灭亡、奴隶制被废除的消息，一大批待业者涌入港口和边境城市。1888年，巴西的移民人数就增长至13万，1891年甚至达到了22万。出于道德考量，已经废除的奴隶制不可能再恢复，因此一段时期内，劳工生活水平提高，劳动力价格上涨——咖啡种植园的扩张需要大量的劳动力。共和政府采取巧妙的政策支持农场主的种植业，也减轻了欧洲移民带来的经济负担。

圣保罗的企业家们忙不迭地开辟与意大利及地中海地区的海上航线。仅1888年一年，移民到巴西的意大利人数就相当于1835年以来的德国移民总数。这一盛况一直持续到意大利政府开始采取措施限制人口流出。继意大利人之后，葡萄牙人、西班牙人相继涌来。而在德国，《海特公告》的影响依然存在。1891年巴西共计22万的移民中，只有4100人来自德国。

除了欧洲人，亚洲人当然也要为帮助巴西贡献自己的人口市场。一直在寻觅工业产品销售市场的日本看准了这是一个建立商业合作关系的好机会，也将移民大潮转向巴西，为出口大批商品做准备。巴西

① 原文用词为“Fazendas”，意为种植园或农场。今天巴西许多大型咖啡农场都叫作Fazendas。——译者注

缺的是劳动力，而日本是一个无咖啡国，于是巴西梦想着以后可以将过剩的咖啡出口到日本。（实际上这是妄想，因为一个崇尚茶文化的国家永远不会成为咖啡消费大国。）

距日本不远处是黄种劳动力富足的大国——中国，为什么它没有输送劳动力来巴西呢？19世纪90年代曾出现过一个保利斯塔[①]农场主辛迪加，他计划将五万名中国劳工带到圣保罗。农场主希望先预付一部分航海费，并保证劳工的最低工资，但这些中国苦力必须签订五年的劳动合同。中国政府认为这项条件不合理，这项计划便被搁置了。

巴西对劳动力极大的需求导致它需要用较高的工资作为条件。1900年左右，咖啡价格急剧下跌，农场主无法支付工人工资。意大利政府为帮助同胞争取工钱，不得不进行外交干涉。另一边，巴西政府看到农场主境遇凄惨，也不得不伸出经济援手。最初政府迟疑不决，但在意大利首相乔利蒂（Giolitti）和外交部长蒂托尼（Tittoni）威胁将下令禁止移民时，里约不得不主动出面协调。

外汇动荡

世纪之交，巴西的农场主再次陷入困境，这原本只是危机循环规律下的一次必然。而如今这场严重的危机其实起源于另一个因素：外汇动荡。

巴西的密尔雷斯[②]到底怎么了？

在1889年11月15日佩德罗二世退位时，巴西的货币就开始动荡起来。美国和英国认为布拉干萨（Braganza）王朝的统治更稳定——在

① “保利斯塔”在葡文中的含义是“圣保罗人”。——译者注

② 密尔雷斯，巴西的旧硬币或货币单位。1密尔雷斯=1 000雷斯。——译者注

接下来的六年中，巴西外汇贬值了2/3。

外汇的贬值对农场主来说尚可接受。因为他们在伦敦市场上都是以英国货币售卖咖啡。虽然价格不算高（因为总会有供过于求的情况出现），但在巴西用英镑可以购得三倍之多的咖啡。一国货币在国内不会像在国外那样迅猛贬值，因为国民对本国货币长期保持着忠诚。因此，虽然现在农场主需支付给白人劳工的工资比给奴隶的高，但影响并不大。

然而，这些咖啡的主人很快发现，这不是上帝的恩赐，而是不幸的灾难。当国家履行维持稳定的义务时，所有的幸福不过是表象而已。但政府遏制密尔雷斯的持续贬值确实是理性决策。巴西必须要向其债权国支付借贷利息——只要巴西不宣告破产，就不能将密尔雷斯的购买力降至零点。1898年，新上任的总统曼纽尔·坎波斯·萨莱斯（Manuel de Campos Salles）在伦敦的金融家族罗斯柴尔德（Rothschild）家族的帮助下，进行国家财政的整顿。整顿措施成效显著，巴西外汇很快重新升值。然而，为防止国家破产所做的一切，却导致了农场主的灾难。

大多数来自欧洲的劳工利用汇率上涨的机会买船票回到故乡，也有不少人在里约热内卢看到了高报酬的临时工作机会；国家财政利好的情况也给建筑业带来了发展机会，新的城区建设起来，港口也大规模扩建，因此种植园逐渐失去了大量劳动力——这算是不幸中的万幸，因为这样一来，至少遏制了疯狂的生产过剩的情况。然而似乎还是太晚了：由于通货膨胀时期农场主手中握有大笔资金，必然会出现过度种植的现象，如今咖啡树的生长如同一场噩梦。

随着汇率的上升和咖啡价格的下跌，农场主的收益越来越少。一方面咖啡价格上升的可能性微乎其微，另一方面眼看又一轮咖啡收成在即。一场灾难在所难免。

报纸媒体呼声不断，希望挽救这一境况。不过他们并非像在欧洲那样呼吁“拯救贫乏和贫困”，恰恰相反，他们呼吁“拯救过剩”。于是群众中口口相传着一句话：肥沃的土地，越来越穷的富人！

第二十二章 锡兰岛咖啡种植园的没落

咖啡竞赛

为什么经济史比任何其他历史都难写？因为经济史总是由那些看似无生命却拥有极高权力的事物演绎，而有生命的人类只是渺小的配角。

难道经济不是由人类发明的吗？

不——人类只是参与了经济的发明。人类是创造经济的父亲，而其母是大自然。当人们讨论经济的增长以及神秘、特殊而常常无规律可循的生命时，绝对不会只谈及人类的智慧，但至少会谈到原始而无处可寻的自然力量。

巴西的土地、政体和劳动力给咖啡种植创造了得天独厚的条件，那么其他殖民国家是如何保持本国咖啡业的繁荣的？

同样是在经历战争后，这些热带国家将世界咖啡霸权地位让给了巴西。

1830年左右，殖民地国家的咖啡竞争开始。自此不断有新的名字出现，而后又消失在历史中。

最初，这场竞赛中呼声最高的是爪哇岛。荷兰帝国有经验丰富的农场主，他们的祖祖辈辈都种植咖啡。这虽然对当地的咖啡种植业有利，但也未能避免农场主和劳工之间的关系越来越糟的事实。爪哇岛上的咖啡生产由政府垄断，当地人被迫在政府官员的监控下，每年负责培育和采摘一定量的咖啡树。每个家庭大约分摊到655株，劳工必须以最低的工钱将这些“咖啡织布机”的收成送到政府手中，再由荷兰贸易公司拍卖出售。除了政府的强制种植外，爪哇人还可自愿在自己的小片土地上种植咖啡——自然缺乏培育的时间和劳动力。荷兰小说家穆尔塔图里（Multatuli）——原名爱德华·道维斯·戴克尔（Eduard Douwes Dekker）在其代表作《马格斯·哈弗拉尔》（*Max Havelaar*）中强烈谴责了这一行径。因为这是典型的强制劳役，劳动并非出于自愿，是社会的极大退步。

不久，中美洲国家也加入了这场咖啡生产竞赛。这些小国的野心主要受到三个因素的刺激：首先是巴西的成功案例；其次是对现状的分析——与南美洲相比，中美洲在与北美消费者的距离上更占优势；第三是摆脱西班牙统治所激起的民族情感也带动了这些国家对工业发展的向往。于是，墨西哥、哥斯达黎加、萨尔瓦多和危地马拉很快加入竞争中，委内瑞拉、厄瓜多尔、哥伦比亚和秘鲁紧随其后。但是所有这些国家使尽全力也未能超越巴西。1930年前后，南美和中美洲的咖啡总产量只占巴西的1/6。

19世纪，亚洲南部也开始尝试进军咖啡领域。法国人在印支半岛、英国人在海峡殖民地种植咖啡的尝试都获得了成功。美利坚合众国也在菲律宾群岛上开垦出自己的咖啡田。

尤其引人注目的是非洲大陆上的咖啡命运。咖啡树起源于非洲，人们不止一次地从那里将咖啡枝带出来。在非洲西海岸利比里亚生长着一种咖啡树，与埃塞俄比亚的咖啡枝相似，如今人们常认为它来自阿拉伯，因为这种非洲西海岸的咖啡树是一种非常特殊的植物，比阿拉伯的咖啡树高一倍；它的叶子和果实十分坚韧，也比阿拉伯咖啡树有更强的抵抗力。当19世纪世界上很多地方的咖啡种植园遭受寄生虫侵害时，阿拉伯转而种植这种利比里亚的咖啡树。并在一定程度上获得了成功，但也有一些没能存活。就像并不是任何土壤都适宜种植葡萄一样，种植咖啡的土壤也如此。过去几十年生产的咖啡香味没有以前浓香，且总带有“烟熏味”，因为人们没有关注土壤是否适合植物的生长。

一些学者认为非洲将成为未来的咖啡王国。法国人在马达加斯加、几内亚和索马里兰的咖啡产量迅速上升，德国曾经的非洲殖民地也呈现喜人的收成。肯尼亚和乌干达成为新的咖啡基地，而安哥拉葡萄牙人的种植园产量最高。但如果和巴西的咖啡产量对比，非洲的收成总额却似乎在一点一点缩减。1930年，整个非洲大陆仅收获54万袋咖啡豆，而巴西是2900万袋。

咖啡基地的兴起和衰落，咖啡产业新星的突然出现和转瞬即逝，无疑是19世纪“殖民焦虑”的典型写照。金钱、剥削、滥用！对邻国的嫉妒无疑是殖民者行动的重要动力。

锡兰岛的咖啡

这些新兴的咖啡基地都有一段自己的发展史，其中锡兰岛的咖啡史最引人注目。

咖啡是如何到达锡兰岛的呢?

像印度的其他地区一样，锡兰岛在殖民早期被葡萄牙人发现并占领，之后荷兰人从葡萄牙手中抢走了这块殖民地。

拿破仑的弟弟路易成为荷兰国王并与法国结盟，却很快在1803年的《亚眠条约》中被迫将锡兰岛这块宝地转让给英国。

殖民总督首先注意到的是，锡兰岛的一些地区不喝茶，而是喝咖啡。一般情况下，佛教徒更重视茶文化。经过调查发现，这缘于50年前荷兰人将咖啡从爪哇岛带到这里并开始种植。具体原因不详，或许是为了与爪哇岛竞争，但荷兰人并不重视咖啡的产量和收成。

英国人也毫不在意咖啡的种植情况，他们只对转口贸易和世界金融感兴趣。但一个政治原因导致他们勉为其难地开始管理并真正关注咖啡的培育。在1811年11月～1814年8月拿破仑战争的影响下，英国占领了荷属殖民地爪哇岛。这样，英国人暂时成为当时世界上举足轻重的咖啡种植基地的主人。

虽然英国很快必须将爪哇岛物归原主，但这并不能阻挡英国人对咖啡生产的奥秘投去既冷漠又深刻的一瞥。他们终于注意到爪哇岛和锡兰岛在农业气候上的相似性，对种植咖啡产生了兴趣。尤其是他们发现，印度的咖啡消费量至少在穆斯林中持续增长。当1806年英国“黑豹”（Panther）驱逐舰在麦加港口停泊时，舰上的军官惊讶地看到，那里的港口和内陆挤满了戴头巾的穆斯林。超过250个商人背井离乡，用小帆船将咖啡带回印度。

既然印度人如此钟爱咖啡，英国人希望他们最好能自己生产。他们清楚，印度的穆斯林与土耳其哈里发之间原本就存在宗教上的纽带。他们当然不愿意看到这些穆斯林因为与阿拉伯的贸易往来进一步加强联系。因此从政治上看，让印度自己种植咖啡也是一个正确的决策。

锡兰岛拥有十分有利的土壤条件，气候也比附近的大陆地带更加规律。西南季风带来充沛的雨水，连最热的五月也充溢着海岛的温和。这里温暖的花园气候不同于河流入海口和热带丛林地区。

早在几千年前，当地人就注意到锡兰岛丰富的水资源和多产的土壤。花园岛屿塔普罗巴奈岛更是在希腊时期就被熟知。大约公元前500年，印度的皇帝潘杜卡巴亚（Pandukabaya）已经开始在锡兰岛肥沃的腐殖土上培育花园植物。2500年来，尽管经历了不断的开垦和种植，土壤表层仍然营养丰富。片麻岩、火山岩和珊瑚石灰岩给锡兰岛的土壤提供了充分的营养物质。

1812年，锡兰岛的咖啡出口额达到15万公斤，1837年更是翻了十倍。到1845年出口1500万公斤，1859年达到1845年的两倍之多，1869年甚至超过5000万公斤。这个数字十分可观，尤其是锡兰岛的可种植面积十分有限，比爪哇岛的可种植面积要小得多，更不用说与巴西相比。

如果不是当地的僧伽罗人愈发反对，锡兰岛如此可观的咖啡收成将会继续增长。僧伽罗人不需要咖啡，他们偏爱米饭和水果。作为虔诚的佛教徒，他们并不在意咖啡的价值。出于宗教原因，1848年锡兰爆发了对抗总督托林顿（Torrington）的起义。

然而，即使再严厉的措施都成效甚微。当地劳工的种植和收割都越来越消极怠工。因为这里的咖啡都必须在首都科伦坡进行称重，当地人提前将咖啡豆浸在开水中，这样咖啡豆会变得更大更重，尽管有各种各样的把戏，锡兰岛的咖啡业依然呈现一片繁荣，直到1857年，一个明显的征兆初露端倪。

这一年英国在锡兰岛北部与暴动的印度兵争夺统治权。坎普尔、德里和其他城市都爆发了流血战争。当时锡兰岛上空出现了陌生的鸟群（荷兰殖民时期也曾有过乌鸦入侵的报道），它们如一团不祥之云降落在咖啡种植园上，啄食刚刚成熟的咖啡果。当时的英国人对此并不在意，他们最多在某个小山丘上安置一些炮弹对准这些鸟群。而与此同时，当地人开始观察这些棕色的鸟类。这些鸟会继续迁徙，不过它们真的是鸟吗？难道这不是一群受伤的心在用扭曲的利爪向世界表明英国的财富行将就木吗？

锡兰岛上所有收入微薄的普通劳工，例如织布工和农民、渔民和水手、椰子油压榨工和烧酒服务员、砖窑工和陶匠，都很庆幸自己与将面临破产的咖啡种植业无关。只有英国人毫无察觉。他们头戴盔形凉帽，身穿血红色军服，从对抗印度人的战场归来。覆盖在种植园土壤上的鸟类的排泄物与其他肥料没有差别。不列颠人就这样凭借其一无所知的蓝眼睛统治着这片岛屿。

1867年左右，锡兰当地人纷纷传言：咖啡正遭受一种植物瘟疫的袭击。他们十分担忧咖啡树的叶子上出现的红色小疱点，然而英国人对此毫无经验。首先是叶子背面出现小斑点，孢子触碰到手或衣服后会附着并传播开来。仅仅三年内，它们就侵袭了岛上2/3的咖啡种植园，而且只攻击咖啡树，稻田和棕榈林依然一如既往地枝繁叶茂。这只能说是天意吧！

刚刚发芽的锈菌孢子伴随着风雨附着在咖啡树叶上，长成管状孢子后，钻进枝叶组织并侵蚀叶细胞，最后整片叶子被红色和深棕色的疱点覆盖并扼杀。这种侵袭咖啡树，并在十年内令其不再生出枝叶的微生物就是咖啡锈菌。

科伦坡的殖民政府发现这出悲剧时为时已晚。他们最初以为这种疾病只发生在局部地区，然而这些细菌随着每辆牛车和每件僧伽罗头巾传播得越来越远。殖民政府电报求助伦敦，并惊动了整个世界的植物研究机构，但为时已晚。如果一开始就着手行动，或许还能将那些染上锈病的种植园隔离，而现在病菌大规模的肆虐态势已无法挽回。

英国派来的专家尝试用硫磺和石灰、硫酸铁和胆矾以及注射烟碱抗击锈菌。虽然在局部获得了成效，但面对上百万棵咖啡树，这些方法徒劳无功。19世纪80年代中期，咖啡锈病宣告胜利。但这时在杂乱的咖啡树堆中却突然出现了茶树的身影，它们在印度的太阳和佛教的天空下生长。茶树的叶子很健康，细胞组织顽强而抵抗力强，似乎也在告诫人类要像它一样坚强有力。

1900年，锡兰岛上迎来最后一次咖啡收成，只有七万袋。因此在与巴西做了十年的竞争对手后，就退出了这场咖啡竞赛。这里再次成为茶树基地。1926年，锡兰岛成为世界上最大的茶生产地，出口额达2.13亿卢布。

第二十三章

巴西的经济战

维持高价的方法

一边，锡兰岛上的生化奥秘——大自然的摧毁力终止了咖啡的生长，另一边，咖啡王国巴西的咖啡树长势迅猛，每年的咖啡果产量持续增长。就像怀孕的动物自然生产一样，这些咖啡树即使无人采摘，也能通过自身的新陈代谢供给肥料，从而继续繁殖。

但必须要采摘！因为这里的劳工拿了工钱就必须劳动。种植园主忧心忡忡地将果实从树上采摘下来，知道这是在自食恶果。但除此之外他们又该怎么做呢？

巴西的土地上主要种植六种咖啡树，像苹果和蔷薇的种类一样多。不过种植者依据树枝的形态，从远处就可以将其分辨出来。最常见的是巴西的“民族咖啡”克里奥尔（Creole）；波旁（Bourbon）咖啡树更稀有也更脆弱，尤其是对风霜敏感，比克里奥尔咖啡树寿命短，但咖啡果产量更大；博图卡图（Botucatu）又叫盖尔波

（Gelbe），是咖啡因含量最高的咖啡树种，它们的果实一直到成熟时都是黄色。爪哇咖啡是早期从荷兰东印度带到巴西种植的咖啡树种，咖啡果产量可观，但味道普通；体积最大的是来自巴伊亚州的玛拉果吉佩（Maragogipe）[①]，这种咖啡树能长到七米高，但产量小；与波旁咖啡树杂交而得的波旁玛拉果吉佩咖啡树的果实产量高且味道好。

白色的咖啡花小而香，花冠在五片萼片的花萼上亭亭玉立，五根花丝连接着五片花瓣，中间的子房孕育着咖啡果实，随着时间的推移，颜色从绿变黄，再变成樱桃红色。当果实开始出现变干的迹象时，工人们便开始采摘。他们在每棵咖啡树周围都会铺上一块布。但并非所有咖啡果都同时成熟，例如小果咖啡通常是最晚成熟的。劳工将采摘来的咖啡果在农场里分类挑拣：干的、熟的和青的。

接下来种植园主着手加工咖啡。当时主要有两种有效的加工方法。第一种加工法简单且成本低，将经过太阳暴晒后变硬的咖啡果肉放到木研钵中捣碎，再用大筛子筛去它们的外壳即可。另一种“湿处理法”更加彻底，但因为机器的投入，成本也更高：将咖啡果通过水管放入果肉分离机中。（因植物专家将其称为果浆，这种果肉分离机便被称作搅碎机[②]。）一旦这种含糖且表面黏滑的果肉被分离，需再次清洗果实并在发酵箱中进行发酵。发酵后再置于晾晒台上3～4周。每晚需将这些咖啡豆堆成垒状，再用椰席、棕榈叶或薄钢板盖上，以防止被露水打湿，第二天清晨再重新将其分开来。如遇雨天，则将这些咖啡豆放置在通风的储存间里继续干燥处理。

当四周后咖啡豆终于变得如玻璃般硬脆时——外果皮摸起来不会刮擦指甲，而且用锤子敲击时不会变扁而是爆裂，则说明干燥处理工

① 亦称象豆。——译者注

② 搅碎机英语为“pulper”，果浆葡萄牙语为“pôlpa”，发音接近。——译者注

咖啡农场正在进行干燥处理（巴西，圣保罗）

咖啡铺撒在水泥地上晒干

咖啡挑拣室

贮藏室

序完成。虽然这些豆子已达到装运要求，但考虑到一些未完全干燥的豆子会增加整体重量，导致运输成本增加，因此运输前将它们先放到一个新机器里处理，直到外壳破裂，同时表面银皮也被去除。至此，咖啡豆从“处女”变成属于市场和世界的“产品”。

一麻袋一麻袋的咖啡豆被运出种植园，送往港口。穿着白大褂的种植园主每天目送他的货物成批地被带走。他又如何能相信，他正在亲手摧毁自己呢？除非是这个地球颠倒了，或者有人对播种和收获下了诅咒。

据估计，1906年巴西将有2000万麻袋咖啡豆的收成。按照逻辑推测，这将会导致世界咖啡市场的价格跌至零点。他们宁愿将这些没有价值的豆子送人或贱价抛售，因为一旦它们进入市场，势必会引起一阵骚乱。因为90%的国家财产都与咖啡种植业有联系。如今出现的这种市场混乱不仅让咖啡种植园，也让整个国家的财产面临危机。巴西这个国家也将在这场撼动世界的大革命的火焰中被焚烧。

凭借智慧和勇气，巴西政府出台了强制性经济措施。《陶巴特协议》（Convênio di Taubaté）的签订成为世界经济史上具有重要意义的一天。

“维持高价”的想法出自圣保罗的一位意大利籍巴西人——种植园主兼商人西西利亚诺。他经过详细推算，认为如果巴西颁布新种植禁令，那么国家可作为中间商将所有收获的咖啡豆暂时保管，等时机成熟时（市场情况有利时）再继续售卖，且期间不用承担任何风险。看来，西西利亚诺领悟到了约瑟（Josef）[①]和埃及法老故事中的深

① 约瑟，耶稣的养父。在埃及时，他由于解梦的能力以及取得谷物补给让埃及度过饥荒而受到埃及法老赏识，担任高官。约瑟的故事记载于《创世记》第37～50章，描写了以色列民族的留存，开启了以色列人在埃及的历史。——译者注

意，并学以致用。

圣保罗、里约热内卢和米纳斯吉拉斯的州主席在位于里约和圣保罗之间的小城陶巴特市会面，按照西西利亚诺的建议，商讨确定抬价、宣传、具体的贸易管制以及货币整顿措施。然而巴西最高行政官总统阿尔维斯（Alves）认为国家通过整顿货币干涉经济的做法过于冒险，因此经过激烈的会议争论后，他拒绝在协议上签字。巴西所有的种植园主都支持《陶巴特协议》，他们认为迟迟不批准可能会带来新的危机。面对1500多万袋咖啡豆的收成，圣保罗的州主席比他的同伴们更期待立法措施，他独自首先开始实施维持高价不变的策略。

一个国家的国力很大程度上依赖公民的经济实力。如今圣保罗州通过牺牲自己以挽救公民于破产边缘。作为大批发商，州政府以市场上完全不可能达到的高价收购种植园主的咖啡，然后暂时封存起来。市场上的咖啡早已供过于求，理论上咖啡现在一文不值。圣保罗州的这一措施与约瑟在埃及处理谷物补给的做法类似：尽力避免市场供应过剩，将生产过剩的产品在歉收季平均分配出去。

种植园主显然支持政府的措施。只有消费者对此猜忌，他们将政府的这套做法看作商人的投机行为并公开谴责。政府这是在人为地抬高商品的价格，通过卑劣的经济手段阻止价格的下跌。

这一观点有道理吗？答案当然是否定的。因为没有人知道，如果政府继续忠实于市场自由的原则，“掌控市场的供求关系”是否还能继续平稳运行。要是政府再早一点出于投机目的收购咖啡，让它们更早地躲开世界市场就好了！商人们也将迟早会采取这一举措。1905年，在法国的勒阿弗尔悄无声息地建立了一个辛迪加，旨在通过合并资本掌控咖啡市场。“自由市场”不过是一道墙幕，幕后是财团和商人极尽手段操控世界某一区域的主要产品。一旦这些掌握大笔资本和贸易的商人和财团的目的达成，巴西的种植园主将面临破产。但消费者无论如何也不会成为笑到最后的渔翁。他们丝毫不关心到底是政府还是财团，抑或是成千上万的咖啡商阻止了咖啡市场的过剩。

然而，这项支持性工作无法独立完成，政府需要寻求国际资本的帮助。欧洲人之所以伸出援手，是因为巴西的稳定关乎他们自身的利益。欧洲人长期定居在巴西，很多资本家曾借给种植园主预付费和贷款，且还是巴西有价证券的持有者。咖啡种植业一旦破产，上亿非巴西的资产将受牵连。巴西的革命——并非是指每十年爆发的军队叛变，而是关乎社会生存的重大革命，将会让这个国家倒退到只有贫瘠、原始森林和河流的时代，这片对欧洲十分重要的市场将会长期沉寂。因此，如果此时全球资产流向巴西，必将会阻止这个国家的崩塌。巴西疆域之辽阔，可用德国地理学家阿尔布雷希特·彭克（Albrecht Penck）的一句话形容：“或许将会出现供12亿人生活的空间。”

弊病与危机

来自德国汉堡的批发商赫尔曼·西尔肯是第一个认识到巴西的经济崩塌将会带来厄运的人。于是，他与几位商人联合，通过伦敦的亨利·施罗德将第一笔贷款带到圣保罗。圣保罗州政府先以300万英镑买下种植园主的200万袋咖啡豆，这些“高价咖啡”被装船运至纽约、汉堡及勒阿弗尔并密封贮藏。仓库所属公司一方面将咖啡入库作为抵押，另一方面为圣保罗政府提供资金，以继续收购咖啡。

当资金再次短缺时，圣保罗政府将州内一条铁路抵押，继续借贷200万英镑。1908年，有800万袋咖啡作为抵押品被封存在这些投资者的仓库中。为支付利息和附加费用，圣保罗政府在装船时向出口商把关税每袋抬高了三法郎。

虽然这些咖啡贮存在汉堡、纽约、勒阿弗尔等地，但所有者仍然是圣保罗州。他们必须借给巴西资金并保存这些咖啡，直到以后世界市场出现有利局面。1908年12月，巴西政府发行了高达500万英镑的债券，继续以高价买下所有待收购的咖啡。全球金融巨头们对巴西满怀信心，债券到达世界各交易所的第一天就全部被超额认购。作为这些债券的担保，仓库中堆积的700万袋“政府咖啡”由金融代表、商人及政府官员组成的委员会管理。

1906年几乎将巴西吞噬的咖啡的收成就这样被巧妙地消化。按照经验，一次丰收后一般会出现几次较小的收成——因为树和动物一样，产后身体虚弱，必须从空气和土壤中重新积聚能量。然而，巴西的种植园主忧心地发现，巴西有利的气候条件使得1907年和1908年的咖啡产量并未如预期般减少。看来维持咖啡高价将是一场持久战。直到1913年2月，仓库终于被腾空，最后一袋“政府咖啡”终于投向了市场。

七年的时间里，巴西政府“以收购形式没收”了这个国家的主要产品。数字“7”再一次让人联想起“约瑟在埃及”的故事。但约瑟储存的谷物可以作为粮食食用，而咖啡并非粮食，最多能利用它的价值购买粮食，这是它们最大的区别。

愚蠢至极的巴西人却不愿从盘旋在他们头顶的危机中得到教训，他们并没有逐渐减少种植咖啡，而是一如既往。因此，弊病并没有被连根拔起，而只是被切去了头部，病源继续生长蔓延。不过几年，危机果然以双倍威力卷土重来。

然而这次的危机以完全不同的、出乎意料的面貌出现——这是1914年的面貌。

第一次世界大战的爆发让19世纪遗留下的政治世界被颠覆，尽管如此，却没能动摇巴西的“咖啡防御政策”（Defesa do café）。

这一政策的目的在于调控咖啡的市场流动，并维持全球咖啡的高价。然而巴西人却没有考虑到咖啡市场面临的危机，例如，德国和奥地利市场由于被封锁而遭遇亏损。销售危机实实在在地发生了。巴西应该带着它的咖啡何去何从？法国和意大利能够弥补这一亏损吗？而且遭到封锁的不仅是中等强国，协约国也遭到德军潜水艇的封锁，连中立国也没能幸免——以巴西最重要的两个伙伴国为例，丹麦和瑞典的商品贸易被迫长期停滞。

协约国充分利用了巴西面临经济危机的形势。1917年，法国向巴西允诺帮助巴西政府分担200万包桑托斯（Santos）咖啡。华盛顿也提出为其远征军购买100万包桑托斯咖啡，代价是巴西需向德国宣战，于是巴西强占了德国40艘商船运输咖啡，这些商船原本停泊在大西洋南部港口等待着战争的结束。由于遭受鱼雷的袭击，商船货仓极度紧缺。巴西人期待这样的局面尽快结束。

巴西有作战意愿吗？其实没有。对于时任巴西外交部长的德国人劳罗·穆勒（Lauro Müller）来说，这是一出悲剧，因为他被迫与曾经的家乡为敌。

1863年，劳罗·穆勒出生在巴西德属殖民地伊达贾伊的一个德国人家庭。他的祖父在摩泽尔河旁拥有一座山坡葡萄园。他的父亲皮特（Peter）15岁时移民到巴西，在巴西南部娶了来自莱茵地区的姑娘安娜·米歇尔斯，并共同经营一家杂货铺。劳罗·穆勒就是在这样艰苦的环境中成长为日后的国家领导人。他学习工程学，20岁时被卷入革命。1889年，他作为丰塞卡（Fonseca）元帅的副官，逼佩德罗二世下台。革命的成功让他在26岁时被任命为圣卡塔琳娜州的临时总督。在巴西国家议会上，他被称为“万事通”和“小德国”。

1902年，劳罗·穆勒成为里约中央政府的交通部部长。他领导当时从种植园涌出的部分劳工对首都里约进行改造，使里约一度成为世界上建筑和风景最美的港口城市。直到当时的外交部长里约·布兰科

（Rio Branco）去世，穆勒接替了他的位置。两年后世界大战爆发，巴西的德国移民者在圣卡塔琳娜州占有强大的殖民势力，最初他们努力帮穆勒站稳脚跟。他下定决心让巴西保持中立，却输给了更加强大的咖啡。巴西90%的国民财产都依赖这种出口商品的销售。当1917年美国对德宣战时，巴西的中立立场再难以维持。劳罗·穆勒断绝与德国的往来关系，同时很可能想以此保持中立，不再节外生枝。然而决定做得太晚，作为“万事通”，他一度遭受很多指责、怀疑和威胁。1917年5月2日，他将部长一职拱手交给对德宣战的继任者尼洛·佩萨尼亚（Nilo Peçanha）。1926年，穆勒在圣卡塔琳娜州的首府佛罗里拿波里斯市去世，他的同胞中有的对他满怀崇敬，有的却对他漠不关心。他的日记也未能被出版，或许这份日记尚能解答很多至今未解之谜。

劳罗·穆勒的名誉就这样断送在咖啡中。但是这个国家却因此再次得救！法国、美国大量购进咖啡，让巴西获得了喘息的机会，现在就看大自然是否帮忙了。巴西的咖啡商将全部希望押注在几乎很少出现的“夜霜”上。而这一次，“夜霜”真的来了，而且在正确的时机，咖啡花和即将出现的果实被毁。这次的歉收正好碰上战后欧洲消费的增长，种植园主可以以久违的高价售卖咖啡，他们可以再次在报纸上骄傲地写道：“上帝来自巴西”。

政府介入市场

上帝真的来自巴西吗？歉收的几年给咖啡市场带来了短暂的繁荣，如今咖啡果又面临1906年开始的丰收景象。然而谁来消费这些咖啡呢？偏偏这时欧洲也传来坏消息。从1920年开始，协约国慢慢发现，战败的不仅有德国和奥地利，战胜国也输了经济战。全欧洲欠美国的债务给整个市场蒙上了阴影，没有人再愿意购买咖啡，欧洲各国的购买力都被大大削弱。

在这样的情况下，代用品产业再一次迅速发展起来。由于食品市场允许任何形式的鼓吹宣传，加之咖啡高价的阴霾笼罩上空，德国到处回荡着咖啡是杀手和不祥之物的流言——相比之下，麦芽或无花果饮料不仅便宜，而且更健康。

这次事件让所有咖啡消费国惊魂未定，到处都能感受到咖啡没落的气氛。巴西政府不得不再次介入市场，以挽救种植园主，同时还奇迹般地获得了来自“北方大哥”的帮助——它是在这种情况下唯一手中还有钱的人。美国颁布了禁酒令，却让巴西有空子可钻——咖啡立刻坐上了酒精腾出的空位。

美国长期以来为抵制酗酒所进行的斗争终于成功了。世界基督教妇女禁酒联合会联同教会，从国家层面对酒精度高于50%的麻醉饮料下达禁令。然而，北美对酒神狄俄尼索斯的崇拜虽然历史短，但十分狂热。葡萄在欧洲北纬50度以北无法成熟，而在美国只能延伸到北纬45度或40度。1620年，弗吉尼亚公司[①]第一次尝试在美国种植葡萄没有成功。1769年，法裔加拿大人在南部的伊利诺伊州尝试依旧无果。直到1820年，一位名叫阿德隆的军官引入一种可食用的葡萄并制成葡萄酒。俄亥俄州的伊莎贝拉（Isabella）红酒是当时最珍贵的红酒品种。在此期间，美国尤其是加利福尼亚州大力发展葡萄酒文化——几乎所有的葡萄酒种类都产自加利福尼亚，从莱茵葡萄酒到波尔多红葡萄酒，或是波特酒。

美国的禁酒运动中，对葡萄酒的抵制没有啤酒或烧酒严厉。因此，酒类贸易在暗地里依然盛行，人类为违抗禁令向来既不惜耗费精力亦不惜财力。但除了那些从禁令中趁机攫取利益的腐败分子外，咖

① 英国政府特许在北美（弗吉尼亚）进行殖民地经营的公司。——译者注

啡巨头成为了最大的受益者，因为咖啡如今成为了美国实际上最主要的饮品。纽约、芝加哥、匹兹堡和旧金山的很多大型企业早就开始瞄准了这一新晋饮品。咖啡像是一种蓄电池，能够给这个国家的神经和肌肉提供能量。北美人开始喜欢上了喝咖啡，但这里并没有出现像欧洲的威尼斯、巴黎以及维也纳那样，由嗜饮咖啡衍生出的“咖啡文明”。同时，美国人的“本土性格”混合多样，不过潜意识中他们并没有忘记，咖啡是能量的“肥料”。

1913年，美国咖啡豆的进口量达约650万袋，到1923年增长至约1100万袋。这确实大大缓解了巴西的压力。

不过，巴西的压力到底是什么呢？是咖啡的生产过剩，还是自私的人性——种植园主的愚蠢？他们并没有感激政府为挽救他们所实施的高价收购政策，反而失信于国家。

众所周知，这场保价运动的风险都要由国家承担，如果这项计划破产，也就意味着国家将破产。为了报答国家做出的牺牲，种植园主们做出允诺：不会再新增咖啡种植。然而他们连这唯一的诺言都未能兑现！看到咖啡卖出了好价钱，种植园主们认为政府和商人们反正会帮他们解决库存，于是便和土地做起了轮盘游戏。他们抛开禁令，势不可挡地在这片面积为德国18倍的土地上疯狂种植。他们比以往更加合理地进行养护、施肥和修剪，咖啡产量因此翻了几番。

当1924年暴增的咖啡收成再次“呼唤国家介入”时，巴西政府吸取教训，改变了经济政策。它不愿再上当，那些不知悔改的种植园主终于令它放弃了独自承担这一风险的做法。于是，政府决定将这一风险转嫁给咖啡生产者。它不再收购所有收获的咖啡，但严格规定咖啡的出口量，只有一部分咖啡被允许运送到港口。由咖啡防御促进公司演变而来的巴西咖啡研究所成为巴西经济政策的新指挥中心。从其缩写名称“防御”可见，这个建立在圣保罗文塞斯劳布拉斯街的严格的专制经济制度开始影响世界。

文塞斯劳布拉斯街如今在世界上如奥地利联邦总理办公室（Ballhausplatz）或法国“奥赛码头”（Quai d’Orsay）一样，是重大决策诞生之地。当危机逼近或出现时，政府实际上仍然实施它的保价措施，这个防御机构旨在阻止一切危机的出现。

于是，政府在国内建立“监管”仓库，种植园主需将咖啡豆储藏在这里。这样一整年的咖啡就可以平均分配，从而避免价格暴跌。此外最重要的是，对于仓库中存有多少袋咖啡，防御机构严格保密，一旦企图泄密，将会受到高额罚款。因此，全世界都不清楚巴西的咖啡收成总量——勒阿弗尔、伦敦、汉堡和纽约的投机者渐渐失去了围着一种已经不可能再有惊喜的商品周旋的兴趣。防御机构就这样通过它的指令控制着世界咖啡市场。

但是为维持控制权，该机构需要大笔资金。虽然不再购买种植园主的咖啡，但政府要预付给他们入库的咖啡的费用。此外还要支付给不计其数的监管人员和官员工资。专制统治变得越来越昂贵。

世界资本继续大量地流向巴西。咖啡保价运动取得了辉煌的成就，如今巴西政府作为强大的中间商，以比之前支付给种植园主更高的价格出售库存的咖啡。对于如此“明智的国家”，投资者当然愿意再继续支持。当然，他们没有忘记自己贷出的款项还储存在仓库中。一旦他们停止援助，任由咖啡价格下跌，也就意味着他们的抵押品将贬值。因此，要是想拿回以前的，他们必须再继续投资。

这一经济和心理双重运作体制让防御机构犹如一个国中国般坚不可摧，并维持了半世纪之久。它强大的执行力令人折服，拥有政府的绝对权威。马里奥·塔瓦雷斯（Mario Tavares）、萨勒斯（Salles）及其他圣保罗官员都曾负责该机构的运营。

防御机构的失败

暗刺总是攻击人毫无防备和保护的地方。在资本主义和无政府主义虎视眈眈之地，计划经济几乎无处可施（更不用说国家社会主义），巴西种植园主的性格让人不禁联想到炸药——他们身上融合了葡萄牙人捉摸不定的亲切和早期印第安人的强硬（他们最喜欢的词是“石头”，它出现在很多地名中）。在战场上面对生与死的终极抉择时，他们或许以“集体利益”为重，但不顾一切地为国家而活似乎更加艰难，因此并不常见。

这个防御机构必然会坍塌，因为它无法控制生产的无政府状态。它只是能对出口量进行监督和控制而已。当这些种植园主看到防御机构“稳住了价格”，便认为继续种植咖啡比掘金更赚钱。更糟糕的是，这份“不错的生意”吸引了更多人进入该行业，势头如同17世纪荷兰的“郁金香泡沫”一般疯狂。当时整个国家突然大肆种植咖啡，因为他们相信这种奢侈品会维持高价。几乎每个巴西人、每个酒馆老板、药剂师或水手都至少做着和咖啡相关的副职，结果咖啡的数量增长，但质量却下滑——种植咖啡并非一项简单的技术，需要专业知识的支持。

随着越来越多不懂咖啡的人纷纷建起“私人咖啡种植园”，咖啡的质量明显下降，以至于很多消费者纷纷转向巴西境外的其他咖啡种类，即所谓的“软咖啡”。人们早就发觉巴西咖啡的香味不如以前，口感也变得更干。同时，中美洲的咖啡产量日益增长，只是被掩藏在防御机构的措施之下。巴西政府牺牲自己的经济利益，却让中美洲从中获利。

一边是哥伦比亚、尼加拉瓜和哥斯达黎加的“软咖啡”轻松售出，另一边是巴西国内大量的“硬咖啡”堆积如山，直到政府再也无力继续支持这些过剩的咖啡产量。

1929年10月，巴西迎来了灰暗的一天。防御措施土崩瓦解，随之瓦解的还有25年来人为维持的高价。

巴西的经济中心，即“咖啡防御机构”宣告失败。种植园主用无政府主义亲自断送了本该保护的东西。

为了自救，这个国家也开始采取无政府主义措施。

整个世界带着惊讶和恐惧屏息凝视着巴西咖啡战役的第三阶段。

第一阶段：1906年，为了保护咖啡生产商的利益收购大量咖啡，这是投机阶段。

第二阶段：18年后的1924年，不再收购咖啡，而是抵押借贷，同时控制港口的出口流量。

1931年，它开始销毁咖啡。

第二十四章

从理智到荒谬——咖啡燃烧起来!

桑托斯的火焰

“您什么都闻不到吗？”飞行员问道。飞机的窗户是敞开的。飞行员离开驾驶座走进舱内，将方向盘和驾驶任务交托给随机工程师，然后从里面关上门。尽管我们飞得不快，驾驶也很耗费体力。前方的风呼呼地吹打着飞机。

“您什么都闻不到吗？”飞行员再次问道。

“我什么也闻不到！”我回答。

“这里就是它开始的地方”，他动了动鼻孔继续说道，“上周就是从这里开始的。”

“现在海拔多高？”我问他。

“1000米。”

“这么高能闻到什么？”

我向外望去，才发觉十分钟前，窗外的景色已经发生了变化。我们从北一直向南所看到的绵延的淡绿色海岸线以及从黎明开始拍打绿色海岸的白色镶边浪花已消失不见，连时而阻断这条绿色缎带的橙红色礁石也不见踪影。往常礁石周围的白色镶边应该更宽，浪花拍打得也更加激烈。

我们正经过一片雾区，周围是厚厚的云层。因此必须飞得再高一些，或者云层要更靠近地面、不高于两层楼才行（当然这不可能实现）。

由于视线被遮挡，眼睛稍感疲劳。一切都变得混沌不清，就像日出前我们从里约热内卢出发时那样雾蒙蒙的。伴随着阀门喷出的一股火焰，我们开始上升。下面是里约城的建筑和兵营，我们在重峦叠嶂的山脉间飞向山谷的出口。飞机右翼几乎拂过一个巨型白色石雕像。“那就是耶稣！”发动机的轰鸣声中传来飞行员的声音，“他屹立在科尔科瓦多山上，有一百多米高。”之后我们飞出山谷，发动机的声音变弱，光线也变得更强。当我们看到下方的乳白色开始分离又融合，便认出了那片深蓝色的海域。

“我们现在只要沿着海岸线飞，就可以抵达桑托斯。”飞行员萨特解释道。他时不时回到舱内与我闲聊几句。他是位德国军官，1918年后在里约成为飞行员。如今他驾驶的是康多尔航空公司的伊皮兰加飞机。每周一次飞往南部的桑托斯和弗洛里亚诺波利斯，往北飞往巴伊亚州、伯南布哥州和纳塔尔。

我指着雾中的云团问：“如何能看见桑托斯呢？”

他没有回应。但现在我能闻到了！一股鲜明的清香从下方飘散上来，香味飘散的速度比风和我们的飞机速度更快。这正是咖啡被焚烧的味道，但这香味浓度过高，以至于人处在其中会产生眩晕和头痛。

飞机滑翔到海拔500米。云团纷纷散开，显露出绿色的土地，紧接着是一直被雾层遮住的炫目的黄色。

“那是火！”我说道。

“是的，正是这火焚毁了咖啡！”飞行员怒气冲冲地吼道。

气味开始让人难以忍受，紧接着又充斥着尖锐的噪声，令人饱受折磨，感觉像是穿过一座正在响铃的巨型闹钟。片刻之后一切消失，一股新鲜的空气透过窗户飘进来，说明我们已经越过了火灾区。桑托斯港的山峦和浅色的联排房屋尽收眼底。

“不，着陆让我自己来！”萨特说道。他通过传话筒让那位有一半印第安血统的葡萄牙工程师下来，然后他自己爬出去，五分钟后我们便坐在了港口旁。

我们坐在海边的平台上，头顶的弧光灯如同土星环，蚊子和飞蛾在周围舞动。

海浪不再呼啸，更像在呻吟。灰暗色的海面仿佛在一片梦魇下向东延伸。空气中的水汽覆盖陆地，让这个无星的夜晚更加潮湿闷热。有人给飞行员和我搬来了几把躺椅，坐在上面感觉连木头和亚麻布都像要出汗。萨特点燃香烟，烟雾让蚊虫无法靠近我们。我又想喝点威士忌缓解这沉闷的气压。带有著名商标“黑白狗”的酒瓶立在桌上，就像是一座流动着静谧、散发着英式冷淡气息的塔楼，心跳和呼吸也渐渐减弱平息。

“说吧，你对焚烧咖啡一事怎么看？你认为这有可能吗？”萨特问道。

“我在欧洲有所耳闻。但坦白说，我不相信这事！您估计焚烧的区域有多大面积？”

“您是指今天我们飞过的区域？至少有10公里，也可能有15公里！”

“难以置信。”

“您设想一下：仅从桑托斯就搬出了几百万袋咖啡，再将它们倾倒、焚烧。已经持续了好几个月。”

我拿起威士忌喝了一口。

“事实上这跟我没有任何关系！”萨特突然说道，“我来自军人家族，如今是一名班机飞行员。这件事让我气愤的是它毫无逻辑：这里在焚烧咖啡，而对于另一边欧洲的穷人来说，咖啡却是支付不起的奢侈品！”

“您认为应该将这些咖啡赠送出去？”

萨特仔细地审视着我：“我当然不会有如此蠢的想法。要赠送咖啡，就必须有人承担运输费用。如果咖啡不是作为商品售卖，谁愿意来支付这笔费用？”

“是的。”我说，“人类所能做的最高尚的行为就是‘赠予’，但它在经济社会中却无一席之地。一旦某物品被赠予，便失去了作为商品的价值。”

“您理解吗？”萨特惊奇地看着我。

“不能说理解。我只知道，这是事实。”

他深吸一口烟，然后也喝起了威士忌。

我笑了，因为这让我想起一件事。“您还记得《浮士德》的第一部分吗，‘女巫的九九表’？”

他点头。“我记得。‘你必得领悟，由一作十， 二任其去， 随即得三， 你则富足……’”

我笑得更大声。“那么现在您要注意！在世界经济政治中也存在‘女巫的九九表’，甚至是理所当然、符合逻辑的！您马上就会理解，为什么要焚烧咖啡！”

他站了起来。“您喝醉了吗？”

“我没醉，我只是向您证明，之前您认为焚烧咖啡没有逻辑，是缺乏道理的。这虽然是丑陋的行为，但是合乎逻辑。”

圣保罗州焚烧咖啡

“或许您想引用老前辈黑格尔的名言？”萨特嘲讽道，“您是不是认为，存在即合理？”

“不过黑格尔这句话确实有理。我来给您讲一个今天欧洲国民经济学专业的大学生都会听到的童话。一个关于总价值的故事。”

“嗡嗡嗡嗡，小蜜蜂飞来了！[①]”他哈哈大笑。

“这是一个严肃的童话。”

“那我很期待。”

“一位农民收获了五袋谷物。第一袋用来充饥，第二袋用来吃得饱足，第三袋用来喂养家畜，第四袋用来酿酒喝，第五袋则用来喂养鹦鹉取乐。那么每袋谷物的价值是否相同？如果这位农民仔细思考，就会发现每一袋谷物因用途不同，价值也相应不同。如果用来充饥的第一袋谷物的价值用5个系数表示，那么第二袋是4，依此类推，最后一袋是1。正因为这位农民同时拥有五袋谷物，便错误地认为五袋价值同等，即最低价值为1（经济学中称之为‘边际价值’）。五袋乘以单位系数1，总价值为5。”

“这有什么不对吗？”萨特噗嗤地笑起来，“难道5乘以1不等于5？”

“并非任何情况下都如此，您马上就能理解了。请设想：如果现在他失去了一袋谷物，他会怎么办？他将立刻停止喂养鹦鹉。而剩下四袋谷物的价值将因此上升到用来酿酒的谷物的边际价值。这样四袋谷物乘以单位系数2，总价值达到8。数量下降了，但价值增长了。”

“天哪！我头都晕了！这是真的吗？”

“是真的！现在您应该能理解，如果把咖啡销毁，咖啡的价格真

---

① 作者在这里运用一种拟声手法的文字游戏。原文“总价值”一词为“summenwert”，而蜜蜂嗡嗡的叫声是“summ”。——译者注

的会上涨。”

飞行员笑得浑身抖动：“理解，那么空气……空气……空气呢？”

“您说的空气是什么意思？”

“如果这条经济规律在咖啡上起作用，那么人类最重要的物品——空气难道没有价值？只要人类还可以无限制地享受空气……直到空气供应量有限，例如在潜水艇中，那么从经济意义上来说它也具有价值。哈哈，而且越紧缺价值越高。”他拍着大腿大笑道。

“恭喜您，萨特先生！您完全理解了这个道理！”

“这就是国民经济学讨论课上年轻人学习的东西？”

“是的，国民经济学从50多年前就开始流行对心理学方向的研究。其奠基者是德国经济学家戈森（Gossen）及英国经济学家威廉·杰文斯（William Jevons）。由于这一理论之后由奥地利人卡尔·门格尔（Karl Menger）、庞巴维克（Böhm-Bawerk）及弗里德里希·冯·维塞尔（Friedrich von Wieser）进一步发展和完善，人们称之为‘奥地利学派’。”

“这一学派的主张是什么？”

“他们主张边际效用价值论，即价值会随供给增加而减少……四袋谷物的价值高于5，因为……需要我从头再来吗？”

萨特气愤地拍桌子，桌上的威士忌瓶左右摇晃，玻璃杯发出清脆的碰撞声。“够了！”他怒气冲天地说道，“这些教授所教的可能是最理性的东西，同时却也是愚蠢至极的东西，因为他们完全没有考虑承受能力、道德以及普通人的内心！太过锋利就会造成缺口，太过聪明会导致愚蠢。这个世界不可能属于这些教授和经济学家。”

第二天我出发，离开了空气令人窒息的港口，前往圣保罗高原。这里有与在飞机上感受到的同样充足的阳光和清新的空气。傍晚在宾馆大厅里，爵士乐队响亮地演奏着乐曲（这些人看起来很像巴黎、特鲁维尔或是圣莫里茨的乐队，只是肤色更深一点）。看门人轻声问我：

“您想观看一场火灾吗？”

“一场火灾？什么意思？”

“您知道，这里的咖啡都在被焚烧！我可以给您弄一部汽车到城外去看看，车程只要半小时。”

“为什么要搞得这么神秘？因为禁止观看吗？”

“不，禁止倒没有，但政府不喜欢欧洲人跑出去看……原因很显然，欧洲的咖啡还很贵，如果他们看到我们把咖啡当作毫无价值的垃圾焚烧，一定会生气。”

我沉默思索片刻。“那里有没有很多警察？”

“或许有四五个警务人员。我们这儿没人对观看焚烧咖啡感兴趣。”

“我原以为，”我惊讶地说道，“可能会有人想把待焚烧的咖啡偷偷拖走。竟然没有，这太不可思议了！”

我瞅了瞅看门人的脸，他对我的反应倒是更惊讶。究竟谁的想法不合常理，是巴西人还是欧洲人？“我们这里没人对这个感兴趣。”噢，这一切实在太不可思议了！这片陌生的土地以及它危险的财富都令人不可思议。如果无人管控，这财富将会骤变为极端的贫穷……

我取了车开往城外，沿着一条漫长的公路，经过一片又一片风景优美的城郊。当我们到达一个圆形广场时，一间仓库映入眼帘，仓库朝后锁了门。这座仓库很欧式，屋顶由熟悉的油毡屋面铺盖。仓库后冒着滚滚浓烟，并传出嗞嗞的声音。我能闻到焚烧东西的味道，但没有咖啡味，也看不到火苗升起。

司机走进仓库，片刻后和一位警察一同出来。他向那位全副武装的警察解释，我“想观看焚烧咖啡”。他冷漠地看着我，然后告诉我可以往里走几步。我付钱打发了那位等得不耐烦的司机，这样“不会引人注意”。警察打开仓库的门锁，用他的枪示意我可以往前走多远。

于是我走到火堆旁。我头顶上仓库的屋顶消失不见，这个烟雾缭绕、神秘莫测的空间似乎有2公里，甚至是20公里的长度。

我似乎置身于一片被白色、黑色和红色的烟雾包围的神秘雾区，只能看到自己的双脚。我向前伸出双手，没过几米便能真切感受到一种难以忍受的滚烫。那是一个炉子，尽管每隔几秒就会有火苗蹿出，但当我朝里看时，却看到了地狱。这个神秘的地方充斥着幽灵的声音，尘世间凡人无法理解的声音。

这些声音十分特别，它们并不像焚烧一栋大房子时火苗自由地在空中摇摆所发出的呼啸声和嗡鸣声。种植咖啡的山上发生火灾时从来不会看到红色的烟团，因此也不会出现这样的声音。这声音在音色上也透露着阴险和黑暗，它时而缓慢懒散，时而聒噪哀鸣。烧红的炭火像满怀内疚一般耷拉着脑袋躺在地面。这气味也令人难以忍受，像烧焦后的物质所发出的臭味……

但当我站到仍在冒烟闷燃的火堆前时，一阵风突然吹来，将难闻的气味推到一边。紧接着飘来一股香味。每当火苗在风的吹动下重新聚集时，都能闻到这股香气。这火焰在最初并非为扼杀，而是要烘焙咖啡豆。烘烤时飘出的神奇烟雾是阿拉伯的香气。它遮住了我的双眼，我的眼泪不禁簌簌流下来。咖啡在烘焙时经历第一次变身，也是它使人类大脑感受幸福所必须经历的预备阶段。然而，这里的烘焙过程却预示着它的毁灭。

这香味令我着迷！它是我小时候在1896年柏林贸易展览会上第一次闻到并爱上的味道！约翰·阿巴克尔（John Arbuckle）发明的一种圆筒形机器在展览会上展出。当时的我认为，能够操控这个咖啡豆烘焙机，并能同时观察烘焙的进度，实在太奇妙了。淡色的咖啡豆表皮经过烘焙，变成棕色和深棕色，当时的我特别羡慕那些可以靠近烘焙机感受热风扑面的工作人员……然而现在，我却宁愿这咖啡伴随着臭味而腐坏，而非香气。

我准备离开，突然从左侧传来强烈的嗒嗒声。发生了什么？难道是一队反叛者来抗议焚烧咖啡吗？不，事实并非如此。不过是一堆在焚烧中爆裂的咖啡豆，同时还闪烁着微光。它们看起来像是飞行速度极快的萤火虫，在黑灰色的烟雾中描画着抛物线。这一切很快便结束，咖啡最后一次反对毁灭的化学反抗运动被扼杀。它变成了煤炭——一种无止境的死亡状态。

我沿着街道，顺着两列高高的围墙径直离开。围墙后生长着仙人掌、石松和桉树。圣保罗的夜晚是如此的凉爽！被烟雾笼罩的上空本看不到星星。不过今夜晴朗，星星们不再躲藏，虽然可以看到的不多。南半球的天空并不像这里的土壤一般肥沃，在我看来，这星空比北半球要稀疏一些。我仰起头开始数南十字星座、半人马座和圆规座。突然我看到空中的两片巨大的深色斑块，人们称之为“煤袋”。这片区域没有星星，看起来比任何东西都要焦黑。一位印第安人走过，他穿着蓝色的工作衫，前胸敞开，甚至能看到肚脐。我们没有打招呼，我注意到他瘦削的脸颊和呆滞的眼神。他就这样带着难以言说的孤独走过。他赤着脚，没有人听到他的脚步声。

我转过身看他。他与其说是走，不如说是飘到那座仓库的地方。或许是去换班守夜的？从衣服和赤裸的双脚可以得知，他一定很穷。他是在偷偷运走咖啡售卖，是在拯救咖啡吗？

然而没有人想到这一点。咖啡在巴西成了廉价品，任何人都可随意取走。谁会关心欧洲的穷苦人民因这里焚烧咖啡，致使咖啡价格升高而喝不起呢？

大多数巴西民众对咖啡的焚烧置若罔闻。当然他们并非表示赞

用来加热的咖啡炭

同，因为这些淳朴的人民并不愿意看到自己的同伴们生产的物品被毁，不过他们也没有反感或抵制。要是有外人偷偷从背后将咖啡拖到海里，很容易被警察捕获。然而，过剩的咖啡比香蕉还不值钱。谁愿意为此冒着掉脑袋或是胸口中枪的危险呢？

“但一定有人不同意焚烧咖啡！他们不同于这些对一切漠不关心的穷苦人民，他们深思远虑，将咖啡的消亡看作一种国民经济问题……”

我将这番话告诉了卡洛斯·亨尼格，一位在巴西已生活40多年的德国商人。

“当然有这样的人的存在，例如那些憎恶国家干涉自由贸易行为的自由派，代表人物有这个国家最富有的人、葡萄牙后裔阿尔维斯·利马（Alves de Lima）。他甚至还写过一本抨击统制经济的书。”

“我可以跟他交谈吗？”

“他在圣保罗有一家报社。我马上电话联系他。”

不一会儿，卡洛斯·亨尼格回来告诉我，阿尔维斯·利马不在家里，而在坎皮纳斯城附近的一座大面积种植咖啡的庄园中。“坎皮纳斯在哪？”一听到不需要坐几天的飞机就能找到他，我开心地询问道。相对于巴西辽阔的地域，四个小时的快车车程不算远，可以说是圣保罗的郊区。

解决咖啡问题

第二天我们乘坐快速列车，穿过“紫色的土地”，前往坎皮纳斯。我们穿过一片片深绿色的种植园，低地的咖啡园里不见灌木，而是枝叶繁茂的矮小的树。当火车随地势起伏一次时，相同的景色便再一次出现：整个圣保罗就是一座独一无二的、辽阔的花园。有车道的地方，可以看到咖啡红或偶尔近乎紫色的土地。深绿和深蓝色似乎成为了咖啡王国圣保罗的民族颜色。

坎皮纳斯是一座小而勤奋的城市，市中心有一个四边形广场，在葡萄牙语中叫作“praça”，在西班牙语中或许叫“plaza”。所有这些广场都来源于罗马时代的集会地。置身于城中，感觉似乎在意大利的坎帕尼亚或那不勒斯港附近。这里也能看到鸽子在教堂的屋顶扑扑振翅。不过这不是地中海的上空，那里的鸽子扑朔着色彩斑斓的翅膀自由翱翔。坎皮纳斯的鸽子们会突然消失在一座凉亭后，凉亭旁有三位身材强壮的妇女在石砌的井口浣洗衣服。几只秃鹰侦查似地缓慢飞过广场上空。这里并非是生活简单而明朗的坎帕尼亚，而是已经受到猛禽般半文明的强权威胁的南美洲。

我们在广场旁租了一辆车开往咖啡种植园。湿热的空气像是混合了茉莉花和橙子的香味，从车身左右两边飘过。坎皮纳斯城的最后一道出口旁就是由奥地利人达福特[①]经过多年努力所建立的植物研究所，这是南部农业研究的一个重要试验中心。

这里有大片大片的咖啡树，甚至人们会忘记这些是树，而更容易想到弯腰弓背的牛群。这里人很少，他们都穿着敞胸白衬衫，头戴宽边草帽，裤子扎进筒靴里。“是为了防蛇！”亨尼格说，“每年都有一支巴西志愿军丧命于蛇毒，就是因为赤脚走路！”

外围的工事是一栋木屋。我们下了车，由两个身穿干净的白色热带套装、身材高瘦的梅斯蒂索人引导着穿过花园，来到一栋多层别墅前。如果不是从细节观察到它的殖民风格，可能会以为这是尼斯和戛纳之间的一栋精致的乡间别墅。

整栋别墅掩映在紫色的簕杜鹃中，房屋的白色显得格外耀眼。近50年前，这里还是一片繁茂的原始森林，如今变成了一块里维埃拉[②]宝地。

当我们抵达时，阿尔维斯·利马正在他的游廊里躺着休息。“根本没有什么生产过剩！”他激动地跺着双脚大吼道，“什么生产过剩，根本不存在！咖啡研究所的人真应该向亨利·乔治（Henry George）[③]学习学习，巴西的危机无非就是保护主义的杰作！只要马上实行自由贸易，咖啡问题就能解决！”

“那样就不会有过剩的咖啡了吗？”我惊讶地问道。

这位身穿白衣的百万富翁摆摆手。

“咖啡需要扩张和新的消费市场吗？我原以为，咖啡更需要限

① 弗朗茨·威廉·达福特（Franz Wilhelm Dafert，1863年6月～1933年10月），奥地利农业专家和食品化学家。——译者注

② 地中海沿岸区域，区内气候宜人、风景优美、植物种类繁多，是有名的度假胜地。——译者注

③ 美国19世纪末期的知名社会活动家和经济学家。——译者注

制，以及新的消费国。”

“通过关税设障来限制！为什么俄国人不喝咖啡？难道他们不能帮我们解决掉好几百万袋咖啡吗？压根就没有什么生产过剩，关税才是罪魁祸首！”阿尔维斯·利马再次吼道。

“您是想把俄国也拉入战争中吗？”我问，“您认为如何才能迫使俄国人来买巴西咖啡呢？”

“这不难，”他说，“俄国人也得出口！巴西为何不与俄国签订一份有利的贸易协定，协商好我们从俄国进口谷物，而他们从我们这里买咖啡？”

“这非常合理！”亨尼格说，“本来就应该签订贸易协定。尽管这招用在俄国身上不合适。”

“为何不合适？”这位种植园主问。

“因为消费的问题不仅仅涉及关税和价格！怎样让整个民族从喝茶转为喝咖啡？即使所有障碍都消失，这一障碍仍然存在。咖啡煮起来比茶要难得多。煮茶时只需将开水浇在茶叶上，而喝咖啡前要做的准备工作您和我一样了解。因此，咖啡不适合俄国的农民或中国的苦工。”

阿尔维斯·利马沉默了，两人开始抽烟。片刻后，这位种植园主打破沉默。“所有阻碍都必须消失！”他固执地低声说道，“全世界都必须立刻实行自由贸易！”他重复道，“必须立刻！”

“立刻”这个词在我看来有点夸张。我开始问这位种植园主，如果有可能，他会怎样让咖啡种植业进入自由市场。

他瞪着圆圆的眼睛看着我。他在想什么呢？

“要是不干涉价格的自由波动，难道不会迫使许多种植园主放弃他们的种植园吗？”

“当然！但这只有好处！限制种植园经济不正是你们所期待的吗！”

“那么只有那些能坚持下来的人才允许继续生产？”

阿尔维斯·利马笑了笑：“这在全世界任何经济体系中都如此！只有强者才能有所作为。生产成本过高只能接受亏损。”

我抑制住自己差点说出为何不对“高成本生产”判处死刑的冲动。诚然，只有少数存活了下来，自然不会再出现生产过剩的现象。然而，我并不赞成这种达尔文进化论的做法。

最强大——这到底是什么意思？阿尔维斯·利马腰缠万贯，他或许能在裂缝中生存下来，并耐心地等待时机，等待贬值的咖啡可以流向何处，等待低价开启哪些意料之外的市场。但这就是解决方案吗？

热带的黄昏来临，橙黄的夕阳挂在天边。花园中开始散发出香味，那些沉默了一天的鲜花到了傍晚，像夜莺一般尽情释放自己。

在这片花园的中央是意大利的保护神。它们负责看守这位富有的种植园主的大理石池塘，里面是清澈的池水。

我们在池塘边作别。阿尔维斯·利马留在原地，身穿白色热带套装的他在黄昏中看起来像一位罗马总督。在谈话中他据理力争，但争的是富人的理。

“他当然是错误的！”卡洛斯在回去的路上说道。我们乘坐火车从坎皮纳斯回到圣保罗。从明朗的星空可以看出我们正在一座高原上，窗外吹过凉爽的风。“他竟然错误地认为取消统制经济，种植园主就会逃离他们的种植园！”

“但是”，我反对道，“他们支付不起劳工的工资啊！”

“尽管如此，也只有极少的种植园真正被抛弃。只要垦殖者尚有一席之地可居住，不缺粮食和牲畜，就会一直坚守在种植园中。他们会选择和同伴们商定分红，而不是撒手离开。”

“分红？”

“当然。巴西人也和中国的地主一样，在艰难时期并不支付工资，而是分一部分红利给劳工。种植园主对树和土地的这份情感不容低估。种植园越小，情感越深。毕竟这片土地是用钱买来并养护的，怎么会轻易放弃？”

这番话从心理学上让我信服。

“所以您现在认为，”我继续问道，“小种植园主会一边种植水稻和其他谷物，但同时不会任由咖啡树腐坏，因为他们心怀希望，觉得咖啡的价格总会再次上涨？”

“这是必然的。”

火车驶向的东方开始出现一排排挂在高楼上的霓虹广告灯牌。红色和绿色的广告词在圣保罗的街道上空闪动，如同低空中的火箭轨道。

“从另一个角度来看，阿尔维斯·利马也错了。自由经济派不应忘记，巴西的货币命运和咖啡的价格是捆绑在一起的。一旦圣保罗的咖啡价格崩塌，在北美华尔街的股市上也将崩盘。在世界金融萎靡的情况下，我们将无处寻找贷款。廉价的咖啡令巴西的贸易收支处于被动地位，密尔雷斯贬值，我们不得不开始挪用金库……自由派所主张的让价格完全自由地自我调控简直是天方夜谭！巴西的出口值将会持续下降，随之将是货币的……我们必须行动起来，寻找统制经济的新形式，通过经济挽救这个国家！”

第二十五章

终曲

第二天，亨尼格向我解释了巴西是沿着怎样的金融路线走到“焚烧咖啡”这一地步的。像所有受过教育的巴西人一样，他也认为焚烧咖啡是荒唐至极的行为。如果有其他更好的方法，都会立刻替换。

可惜除了这个让人痛心的方法，没有人想出其他方案。

我身心俱疲，很想说：“人类的一位保护神就这样被毁！他供给着人类，而现在却因过于庞大或令人失望就要被焚毁？他难道不应该是神话吗？”然而我选择了保持沉默。

我们二人在城中闲逛。突然亨尼格停下来：“您到底到什么程度了？我是说，您对巴西的经济生活了解到哪一方面了？”

“到1929年咖啡防御政策垮台吧。现在是1932年4月，在欧洲已经找不到当时事件的材料了，只存留一些内容上相互矛盾的剪报和报道，给不了我们什么有用的信息。”

“不，有！”亨尼格说，“‘《伦敦剑桥经济服务》（*The London and Cambridge Economic Service*）’曾对整个事件过程做过记录。我们可以到书店去买这份记录。”

当天下午我就拿到了这本册子，撰写人叫罗维。

我从这本书中了解到：到1929年咖啡防御政策垮台时（由于种植园主的无政府主义策略，3000万袋咖啡将涌入市场），一位名为查里斯·莫瑞（Charles Murray）的男士勇敢地站出来，建议将“咖啡和货币”这两个唇齿相依的问题合并成一个问题来处理。他的计划大胆而简单。

莫瑞认为，1930年巴西的咖啡出口值为上一年的1/3。若出口值能达到与上一年相同，则货币的稳定性便得到了保证。“然而，”他继续说道，“如果我们把咖啡价格提高到以往的水平，将会导致咖啡产量过剩。因为这会刺激种植园主增种更多的咖啡树，情况便会恶化。如今的世界消费总量正在缓慢增长。值得注意的是，高价并没有遏制消费；事实上更明显的是，低价也未过多地刺激消费。消费并没有那些自由贸易派所高估的重要性……然而现在，我们必须立刻找到一条可行方案。首先，要将咖啡的黄金价格拉回到它原来的水平；其次，不能刺激种植园主展开新一轮增种，恰恰相反，他们必须尽可能少地赚取咖啡利润，降低产量；最后，这条方案必须能真正减少库存，因为正是库存压制着咖啡的价格……然而，这一切由谁来完成呢？”

对此莫瑞认为，在接下来的两年里应对每袋咖啡征收100%的出口税。根据他的计算，六个月后黄金价格将会重新回到上一年的水平，而同时种植园主需维持当前的低价，这样一来，由于心理上的作用，他们只能选择控制生产。另一边，政府利用出口税收入收购库存的咖啡并销毁，在库存被销毁且咖啡产量受限后便可取消税收，并把咖啡价格交给自己的命运。这一销毁计划只需要实行两年时间……

当巴西人听到查里斯·莫瑞将这一方案提交到咖啡研究所时，群情激愤。他们知道，研究所自咖啡防御措施垮台后就一直在寻找一种

咖啡豆被铲到货舱中，并倾倒至大海里

新的经济计划，但不应是这一计划！种植园主威胁要发动革命。为稳定民心，新上任的财政部长惠特克（Whittacker）与美国签订了一份咖啡小麦交换协定，以良好的价格再次解决了种植园主的一部分咖啡。

然而好景持续不过半年。莫瑞计划的基本思想终究无法回避，政府想要强迫种植园主将咖啡总收成的1/5交由他们销毁，这自然引起了种植园主的愤怒。他们需将所收获的1/5上交政府而得不到一丝赔偿，并且还要自己承担生产和高额的运输费。没有哪个议会会通过这样的方案，也没有任何警察会执行这样的计划。但为了不让咖啡价格降至冰点，现在必须要采取措施，因此需要找到一个折中方案。

查里斯·莫瑞的计划似乎也不算太过分。1931年4月，几个咖啡大省商议一致后达成重要共识：从征收出口关税转变为大量购入销毁咖啡。

“现在由谁来承担焚烧咖啡的费用？”我放下剑桥手册抬起头问他。

“生产者和消费者！”卡洛斯·亨尼格说，“双方！最初是由出口商承担，他们需为每袋出口的咖啡支付10先令出口关税。出口商则尽可能地将这笔支出转嫁到种植园主身上……巴西政府用所获得的这笔收入支持销毁咖啡时的支出。”

“多少袋？”我继续问，“计划销毁多少袋？”

“里约最高咖啡委员会负责咖啡的销毁，他们计划一年内解决1200万袋咖啡。但我认为这个数字会更大！即将到来的这次收成总量巨大，因此种植园主必须要出口，而每出口一袋都有10先令流入政府的金库。那么销毁计划自然会持续下去。”

我惊愕地看着卡洛斯·亨尼格。突然说出了三天前从那位德国飞行员口中听到的那句话：“政府的这一决议可能足够理性！但同时也愚蠢至极，因为他们完全没有考虑承受能力、道德以及普通人的内心！”

亨尼格取下眼镜，露出他惊讶的眼神，然后轻轻地点了两次头，似乎表示同意这一番话，便又重新戴上眼镜。我觉得今天的他看起来似乎比昨天在坎皮纳斯时苍老了许多。他的眉毛就像17世纪的珍贵家具一般失去了光泽。脸上是平和的表情，似乎为自己无需再经历“世界可能会倒退回简单状态”而感到欣慰。

“多么混乱的状态！”我走在圣保罗的街道时心想。

圣保罗城倒丝毫不见无政府的混乱。这是一座白色的、干净的城市，比南边的其他城市都要干净得多。不过热带城市必须要保持特别干净的状态，因为肮脏在热带会变成瘟疫，瘟疫则意味着死亡。

然而圣保罗根本不像一个热带城市，至少市中心不是。这里像其他地方一样有警察和汽车、餐馆和商店，所有一切笼罩在上午凉爽的阳光中。这里离海面1000米高，确实也算不上是热带。

像无处可寻的热带元素一样，圣保罗商业区的行人也无视咖啡专制制度的弊端。文塞斯劳布拉斯街自1906年开始，在精神和行动上主导国家对种植园经济的干预（从咖啡防御政策的垮台开始，它将一部分权力移交给首都里约的最高咖啡委员会），这里看起来与其他所有办公楼没有什么两样。办公室内的墙上挂满了各种表格，办公桌旁坐着礼貌的公务员，桌上的日历俯视一切。几位公务员不紧不慢地书写着什么。

他们的一项工作无疑是计算下一次要将多少咖啡焚烧或倒进海里。水与火成为了过剩咖啡的重要消费者！当然，政府还计划签订咖啡交换协定：与北美交换小麦，与德国交换鲁尔煤和制成品，与奥地利交换电力，与土耳其交换所有可出口的产品。不过最重要的这两个元素——火与水才是最安全可靠的交易伙伴。

当我回到旅店，发现有人在等我。那人的形象看起来像是堂·吉诃德。他身穿一套皱巴巴、脏兮兮的白色热带套装（这十分显眼，因为这里大部分人都有几套换洗衣服）。

“您好！”他先说道，“我说德语，因为我母亲是德国人。我叫贡萨尔维斯，是退役中校。”

我鞠躬表示敬意。“我有什么可以帮您？”

“旅店看门人是我熟人……他告诉我您在此地。您在欧洲真的为报社工作吗？”

他说话的口音像极了一些欧洲人说美洲人名时的发音，带着羡慕和尊敬。但在这里却从一个美洲人口中听到，这声音引起了我的兴趣。

“中校您请坐！”

“我更喜欢站着。”他说。他的脸上泛起一丝红晕，“或许过会儿我再站起来……”

他闭了会儿眼睛，神秘地告诉我：“我认为您被骗了。他们欺骗了所有欧洲人。他们是不是告诉您，政府每年焚毁1200万袋咖啡？我向您保证，这不是真的！他们焚烧的咖啡不到600万，甚至不到200万袋！”

“我不太理解……”我嘟哝着。

他痛苦地看着我。“请您相信我！咖啡被政府偷偷地运走了，”他试图找一句脏话，“以后好用它们进行投机！”

我发现这个男人近乎发疯了。就像提线木偶一般，他全身的每一根神经和每一块肌肉都被内心的躁动牵动着。突然他号啕大哭，却又立刻止住，然后一声不发，礼貌地坐下来。

“我看出来您不相信我。虽然我不能向您证明，但政府真的很可能不把这当一回事，否则就不会出现焚烧这种不合情理的方法了……”他开始在口袋中摸来摸去，找到了一本笔记本、一个木塞起子和两块麻布。他寻找的双手像自动电梯一般在夹克的两边上下移动，然而他并没有找到需要的东西。

“我曾经也是一位种植园主。咖啡价格低迷期，我必须放下一切，解雇我的工人并逃离。我的邻居来自阿拉戈阿斯州，他轻易地买下了我的一切，现在继续经营着我的咖啡园……”他若有所思地看向前方。

“咖啡真的是这个民族的不幸！政府并不把它当一回事，而是和富有的大种植园主联合起来。啊，我找到了。”他如获至宝。那是一个带玻璃盖的小厚纸盒。他将盒子和一个放大镜递给我。

“这就是咖啡浆果螟！”

“浆果螟？”我问道，“这是否就是对咖啡树有害的小甲虫？”

“我们十年前就发现了这种虫子！仅仅在坎皮纳斯城，它们就蛀蚀了成百上千棵树。不过这太少了……根本不算什么！”

“我也曾听说对抗这种甲虫的故事。如今政府是不是应该在每个种植园建一所抗病虫基地？”

他讥讽地大笑起来：“两位著名的昆虫学者洛佩斯·奥利维拉（Lopes de Oliveira）和安东尼奥·奎罗斯特列斯（Antonio de Queiroz Telles）甚至还撰写了一部电影剧本，以向全世界警示咖啡浆果螟的危害！”

我想起了锡兰岛上的种植园。50年来许多东西都在进步，防虫剂当然也更加迅速有效……我开始神游。朦胧中我听到中校说：“不应该杀死这些咖啡浆果螟！如果政府真正想拯救这个国家，就应该用飞机装运浆果螟的虫卵并撒在咖啡园中……”

“原来如此！”我站起身来。

“还有，”他吞吞吐吐地说，“我想请您在欧洲报纸上对此写点报道！”

我将手放到门把手上。“一定会的。”我说。

开往里约热内卢的夜间火车十点出发。火车名为“南十字星”，车身光亮的蓝色漆面让人联想到法国里维埃拉的海滨花园。不久后我们将朝南边的大西洋方向去往里约潮湿的温室、去往黎明的晨曦，并将途经1906年三位州主席会面的陶巴特市。但如果火车伴随着沉闷的声音驶向布满岩石和棕榈的海湾，我可能会醒来……

下午，我来到象征巴西独立的独立公园纪念碑前。碑上刻有保护神、士兵和象征符号。我还注意到有几位带羽冠的印第安人也加入了争取自由的战争。巴西人民用刚劲有力的葡萄牙语铭文雕刻了这一切。我坐到一张长凳上观察眼前这座纪念碑。但很快想起了贡萨尔维斯——上午遇见的那位疯子，想起他口袋里装着的东西。

我口袋中又有什么呢？看，一株咖啡树枝！在阿尔维斯·利马的种植园中，我情不自禁地折下它，插进衣袋作为纪念。树枝上有几朵快要枯萎的花，还有几个咖啡果……

整个世界的咖啡财富中，我仅仅占有这株咖啡枝，且不可能拥有更多，因为我既不是种植园主，亦非商人；既不是股票经纪人，亦非中间商，当然也不具备这方面的才能。我所拥有的不过是对这一切的幻想以及将其表达出来的语言能力。

我只是一个一贫如洗的消费者——要是想喝咖啡，我必须像其他人一样付钱！

这个想法实在古怪，我自己都忍不住大笑。

我摘下一颗咖啡果，将我随身携带的小刀插进去。刀尖首先穿透咖啡果的外果皮，随后是内果皮，紧接着是果肉和银皮，接下来是两颗像双胞胎一般左右依偎生长的种子……在这些可切割部分的后面一定还有一个果核。而果核的核中又是什么呢？会不会有什么植物学也无法解开的秘密呢？

我像个贪玩的小孩一样坐在那里。被切碎的咖啡果盯着我，令我着魔，它的魔力让我如入梦境。

我感觉自己如同沿着一条河流逆流而上。河很宽，几乎看不到对岸，也看不清这急速流淌的黄色河水到底是什么物质。但是我看到的第一座堤坝无疑是莫瑞的经济计划，第二座堤坝位于水流如尼亚加拉大瀑布一般的湍急之地——咖啡防御政策。此后水流缓和了一些，对岸也映入眼帘。我走向最早建成的一座堤坝，看到堤边刻着《陶巴特协议》。这勾起了我的回忆——1906年的咖啡保价运动。

如今这条河流重新焕发了活力。它不再是河流，而是一段人类发展史，蕴含着一连串著名的历史事件：随处可见咖啡馆的城市，拿破仑的大陆封锁政策，腓特烈大帝，路易十四时期的巴黎，约翰·塞巴斯蒂安·巴赫时期的莱比锡。地中海海湾旁站着戴面具的威尼斯商人，左边是阿姆斯特丹港，钟楼下是纷纷开往东印度的商船，以及伦敦城，那里的咖啡在圣保罗的影响下与啤酒和烧酒开始了一场激烈的斗争。

靠近地平线处是被土耳其人包围的维也纳，半掩映在阳光中的史蒂芬大教堂上的精细的线条勾勒着战争的痕迹。河流正是从这里发源，穿透这幅图，向后流向君士坦丁堡，经过博斯普鲁斯海峡，流向安纳托利亚，并继续流入梦中的阿拉伯。除了无穷无尽的香味，老酋长阿朴杜-卡德尔的声音也在我的梦中回响：

噢，咖啡，你驱散一切忧伤，
你是上帝之友的饮料，
你赐予辛勤工作的人健康，
赐予心地善良的人真相。
噢，咖啡，你是我们的金子！
懂得享受你的人善良而睿智。
阿拉神为你驱除一切危险和诽谤……

我终于醒来，环顾四周，这座民族雕像后的天空变成了橙黄色。如果当初舍和德特清真寺附近的山羊没有食用那里的灌木会怎样？如果伊玛目没有发现咖啡果振奋神经的功能——这既神圣亦邪恶的力量、这潜藏在原料后的普罗米修斯，又会怎样？

“没有什么原料！”我喃喃自语，“这一切既然存在，就是我们的神话！”关于原料的神话。

时间不早了，该回去了。返程前，我想自己应该写下这本书的第一句话：

“也门的夜短……”

续写及展望

（1952年）

一

尽管咖啡作为饮料得到传播，但生产过剩威胁着巴西的经济。巴西这一最大的咖啡生产国在1931～1943年间焚烧了逾7700万袋咖啡豆（每袋重132磅）。这是国外最不喜欢的处理方式，即使不得不出此下策，他们也宁愿关起门来，但巴西却相反。因为此举可以维持咖啡豆在海外的价格，以此拯救数百万以咖啡为生的咖啡农和咖啡商，拯救他们在国内的生存。

人们后来既不用焚烧咖啡豆，又可以保住其价格的秘诀在于一种全新的技术——植物的“工业化”。1930年起，化学家开始认真研究咖啡果的工业用途。经过重重工序，丹德拉德（D’Andrade）、科克（Koeck）、梅斯纳（Meßner）和林曼（Rinman）成功从咖啡果中提取出了酒精、色油、甘油、植物油脂、单宁酸和盐。用于冷藏业、饲料生产、氨气制造、磷酸钙制造、碳酸钾和氢气制造的汽油和二氧化碳也逐步被生产出来。其他工序则促成了咖啡炭（在冶金业中应用广泛）、焦油、防腐剂、木焦油醇的替代品和加热用煤气的工业化生产。化学家们还从咖啡果中生产出了想象不到的纸张、炸药和植物丝等物品。

人们最后从中生产出了最为重要的“咖啡塑料”，一种自发现之日起便得到成功应用的塑料替代品。获得这种材料的工序非常简单：萃取咖啡果中的油脂和咖啡因后，将残余部分加工至类似树脂的状态。人们以此生产了不计其数的物品：桌子、椅子、尺子、杯子、墨水瓶、烟灰缸、首饰、烟杆、牙刷、烟斗、收音机、电话、插塞接头、行李箱、梳子和墙纸等。巴西人起初认为这是个阿拉伯童话；我们不能喝又不能烧或扔进大海的咖啡可以变成这些东西吗？但他们后来意识到，这不是幻想。女士们可以真实地睡在咖啡塑料床上，用咖啡塑料盘吃饭，穿着咖啡塑料做的内衣、丝袜，撑着咖啡丝绸制的伞，最后还戴上咖啡树脂做的手套出门。因为在巴西，人们几乎可以用咖啡果制造任何东西。

但是，正当被出口、焚烧和用于替代塑料的咖啡数量火热地此消彼长时，巴西突然改变了咖啡政策。1937年11月3日，巴西突然放弃了自陶巴特会议以来坚持的维持咖啡市场价格的努力——他们已经努力了31年之久。

虽然原有的财政政策并未被完全弃用，咖啡的销售和焚烧权依旧掌握在政府手中，出口税依旧要为焚烧的咖啡买单，但该税的税额降低了，于是焚烧咖啡的数量也逐步减少。根据由总统热图利奥·瓦加斯（Getulio Vargas）颁布、副署财政部长索萨·科斯塔（Souza Costa）签署的法令，国家决定将一袋咖啡豆的关税由45密尔雷斯降到12密尔雷斯，降低到近1/3。随着该法令的颁发，自由贸易商长久以来希望的咖啡贸易的实际自由得以实现。供求关系现在将重新主导市场，此举导致了全球咖啡价格的下跌。

无论如何，巴西的态度转变着实令人费解。市场能否证明瓦加斯所颁法令的正确性？当时市场需求已经萎靡好几年了。1929～1933年的大萧条让欧洲变得贫穷，只能购买为数不多的咖啡（无论其价格多少）。意大利和德国的法西斯主义不乐意从拉丁美洲进口咖啡，他们需要资金增加军备。墨索里尼（Mussolini）通过他的非洲冒险夺得了属于自己的咖啡生产国埃塞俄比亚——世界上最古老的咖啡生产国。欧洲每年购买的咖啡数量比往年少了60万袋，但北美堵上了这个缺口。从大萧条中迅速恢复元气的美国的咖啡进口量增长了175万袋，自然成为了全球第一大咖啡消费国。

但是，巴西突然从保护主义到自由贸易的巨大转变对全世界而言自然是莫名其妙的，只有知道内幕的人才能看到其隐藏的原因。理由其实很简单：巴西嫉妒种植和出口咖啡的属西班牙的中美洲国家——哥伦比亚、萨尔瓦多、危地马拉、墨西哥、委内瑞拉、哥斯达黎加、圣多明各、洪都拉斯和古巴。这些国家都不存在生产过剩的现象，因此不需要焚毁任何东西。它们出口咖啡无需缴纳出口税，这使它们的出口价格更低。因此，这些国家与巴西的摩擦不断。与巴西关系尤其紧张的是国家虽小，但1935～1939年间出口的咖啡数量却几乎达到巴西的1/4（后来达到1/3）的哥伦比亚。

美国对巴西与中美洲之间糟糕的关系感到担忧。于是，华盛顿和纽约自然开始谋求让南部这些“争吵的兄弟”之间缔结经济协议。1936年2月，恩里克·彭特亚多（Enrico Penteado）作为巴西的代表被派往纽约。哥伦比亚的全国咖啡种植者协会也派遣了一名类似的代表米格尔·普马雷若（Miguel Pumarejo）。萨尔瓦多也在纽约设立了一间由罗贝尔托·阿吉拉（Roberto Aguilar）领导的办公室。但各国办事处起初各行其是，这意味着相互竞争。直到巴西和哥伦比亚的代表同年夏末在华盛顿会晤，以调解矛盾。在他们的推动下，首届泛美洲咖啡大会得以召开，与会的有九个国家。为了讨好哥伦比亚，会址选在了哥伦比亚的首都波哥大，会议从1936年10月5日持续至10日。各国在诸多外部问题上达成了统一，还通过决议，共同为反对咖啡的替代品进行宣传。他们还计划干涉意大利和德国对咖啡征收的高额进口关税。但是，在主要问题上，即统一价格政策和调整出口率的问题上，此次大会一无所成。次年八月在哈瓦那召开的第二次会议同样没有取得进展。于是，1937年11月3日，巴西的咖啡政策发生了革命性的变化。为了摧毁以哥伦比亚为首的小国联盟，作为咖啡主要产国的巴西让纽约的咖啡跌到了从未经历过的谷底。

但这完全非北美所愿。罗斯福总统早已厌倦了拉美永无止境的咖啡之争。这些贸易政策上的冲突与罗斯福意在将美洲所有共和国统一在华盛顿外交政策之下的“半球政策”，即“睦邻政策”相悖。除此之外还发生了一些别的事情。10月3日的价格骤降使北美的咖啡进口商陷入了危机，因为他们的咖啡是高价进口的。巴西取消出口税几天后，咖啡进口商协会在新奥尔良进行了会晤。巴西的彭特亚多博士被要求在会上发言，他尝试以有说服力的言辞解释巴西的态度。他使用的语言当然是英语，他说，他的国家已经疲于独自承担全部压力。米格尔则站在他的对立面为哥伦比亚和中美洲辩护。他说的当然也不是西班牙语。葡萄牙语和西班牙语或许是咖啡使用时间最长的语言。现在，多年前的历史重演，消费者又一次取代生产者掌握了市场的话语权，坚持要使用英语。因为感受到背后有华盛顿政府撑腰的进口商的不满，争执不下的南美兄弟开始慢慢就出口份额达成一致，规定每个国家允许出口多少咖啡。一个已存机构，即设在纽约（而非咖啡生产国）的泛美洲咖啡办事处被赋予了一项权力。有了该权力，办事处未来应该可以杜绝争端。由此，世界市场上的低价竞争宣告结束。

1938年和1939年，人们逐渐注意到咖啡价格的诱人。法国、比利时等西欧国家和位于斯堪的纳维亚半岛的北欧开始重新购买咖啡。市场得到了调整，眼看富足的年代就要来临，就在此时，第二次世界大战却爆发了！

二

第二次世界大战给出口业带来了第二次毁灭性的灾难。在德国以暴风般的速度攻占荷兰、比利时和法国的过程中，巴西不得不停止与欧洲的贸易，这对于巴西来说虽然后果惨重，但还不至于致命。当德方潜水艇在加勒比海活动，给维持与北美的进口率的巴西商船带来过于巨大的风险时，巴西的灾难才开始。

1939年的美国咖啡储量还算丰富，1925年售价每磅50分的咖啡在1939年售价还可以达到22分。但当以欧洲作为第一个战场的战争爆发时，巴西逾1000万袋的咖啡便没有了出口的通道。桑托斯港一派萧条景象，不仅是因为咖啡不再出口，而且是因为一件同样糟糕的事情：本应从美国运来用咖啡换来的机器、拖拉机和汽车的轮船来不了了。这导致了双方的高失业率。这一经济上无法容忍的处境迟早必将导致与德国的一战。

根据“历史重演定律”，1917年的事件接二连三地在1942年的巴西重演。圣保罗和桑托斯之间的铁路线被逐月增长的咖啡山堵得密不透风。除了这场经济灾难之外，困扰巴西的还有对德国入侵的担忧。无疑，一旦占领法属西非，德国人肯定会经相对较短的海路进入巴西。所有人都还清楚地记得，德国人是如何经水路征服纳尔维克港和整个挪威的。巴西位于海边的圣卡塔琳娜州和南里奥格兰德州自整整一个世纪以来就居住着数千德国居民。在许多城市，德语是当地中小学教学语言和官方语言。但一夜之间，时过境迁。一经宣战，巴西人民就涌入这两个地区，强制使用葡萄牙语作为官方语言。虽然德军尚未来袭，而且之后也没有，但两年以后，一部分巴西军队还是跟随美国第五集团军攻入了意大利。

我们之前已经清楚地看到，对于巴西人而言，咖啡的生产过剩已经足以让他们站在西方大国的阵营为“海上自由”而战。只不过没想到，咖啡也能成为美国发动战争的众多理由之一。事实上，咖啡的缺席给全北美人民带来了巨大的心灵震撼。第一次世界大战和第二次世界大战期间，北美洲消费了数量惊人的咖啡。虽然味觉敏感的北美人更偏爱中美洲的咖啡，但巴西每年通过海路出口到美国的咖啡的数量就多达近1000万袋，几乎占其全球总出口量的2/3。

170年前，咖啡成为了美国的国饮，人们记得这个源于殖民政策的事件发生的日子。1773年以前，北美的英国殖民者喝的是乔治国王和东印度公司的英国茶。他们一边抱怨高额的关税，一边却喝着茶。但1773年12月16日夜里，一群如同参加狂欢节般装扮成印第安人的北美爱国人士攻占了波士顿港，将英国船只上运载的茶叶扔进了大海。英国没有嘲笑这群人的疯癫行为，这次“茶叶派对”反而让它看到，它的议会和王位受到了挑衅。于是，镇压措施随之而来，又带来了新的反抗。最后，英国本土派来一支特别部队为沉没的茶叶复仇。这便是美国革命和美利坚合众国最终成立的起点。

从此以后，喝茶被认为是不爱国的表现，成为公共场合的禁忌。谁要是偷偷在家喝，便会遭到愤怒的同胞们的一致排斥，不能成为法官、神职人员或公务员。

在波士顿茶叶起义之后的170年里，咖啡的消费量持续不断地增长，并在第二次世界大战爆发不久前创造了世界纪录。如我们所见，

1920～1933年间的美国禁酒期让咖啡的进口量呈跳跃式增长。但禁酒令被取消之后，咖啡的进口量也没有下降。这与北美人的早餐习惯有关。欧洲人平均每天早上喝一杯，晚上喝一杯，但美国人喝得多多了，他们光早上就喝两杯。

他们在早餐中要消耗大量的燕麦，配上冷热皆可的牛奶或水搅拌。这样一个民族自然需要消费比其他民族更多的咖啡。直到150年前，人类的食谱里还几乎没有燕麦的踪迹。加图（Cato）在2000年前就不无效果地警告过，燕麦是毫无营养价值的杂草，是人类无法在自己的土地上容忍的。罗马天主教父圣哲罗姆（Der Heilige Hieronymus）在加图很久以后也曾写道："燕麦只能喂养野蛮的动物。"正如雅各布在《面包的六千年历史》（*Six Thousand Years of Bread*）中所写，中世纪没有任何英国或法国骑士愿意吃马的食物。直到人们知道，燕麦富含营养，含大量维生素B_1、铁和磷，它才成为普通美国人民早餐的主要部分。美国人食用大量的燕麦粥和相似的谷物食品，培根和鸡蛋就更不用说了。这就解释了为什么美国人早上不仅需要数杯咖啡"打开双眼"，而且还需要咖啡"拉他们一把"。美国似乎需要一种力量把他们从磁铁般的餐桌上拉起来，然后送他们去办公室或工厂工作。咖啡就是这股力量。

而现在——1941年，一直以来乘着轮船而来的国民饮料来不了了（还能运来的只有来自中美洲的咖啡，但无法满足美国人的消费需求）。这时，发生了一件史无前例、美国人民出于世界观原因就厌恶的事情，就像他们厌恶一切计划经济一样——咖啡被定量分配。价格独裁者切斯特·鲍尔斯（Chester Bowles）在10月26日下令限制咖啡的出售。每个15岁以上的公民每五个星期只能购买一磅咖啡。1942年2月，这个分配额又被限制为每六周一磅，5月31日放宽为每个月一磅。政府这项"对抗公民早餐桌"的措施带来了不可低估的心理后果。美国人开始问自己，他们在历史中为什么可以打那么多胜仗。

德国人习惯了定额分配。他们在第一次世界大战中靠着大量咖啡的替代品将就过来了，但美国人不行。因为1906年颁布的一部异常严格地反对食品造假的法律《纯净食品和药品法》（Pure Food and Drug Act），他们习惯在包装上贴着的标签上看到食品和饮料的具体成分。为了激起美国消费者的反叛情绪，拉丁美洲各共和国大力宣传要维持咖啡的纯净，咖啡的每一次稀释都已等同于一次质量的下降，必须不计代价获得足够的咖啡。迫于民众的不满，政府不得不在1942年8月便取消了统制经济。

而美国的敌人那边的走势完全不同。德国人自然从第一次世界大战的咖啡荒中为第二次世界大战学到了丰富的经验。根据荷兰商务部的战后档案和法国的统计，因为吸取了1914～1918年间经济封锁的教训，德国的统帅早在1942年就分别从荷兰带走了爪哇咖啡，从法国带走了巴西和安的列斯咖啡。德国人还尝试偷偷地经过土耳其大量收购东方的咖啡。但英国副首相艾登（Eden）的安卡拉之旅很快关闭了这扇小门。待最后墨索里尼的埃塞俄比亚咖啡以及塞尔维亚和希腊剩下的咖啡被偷偷运到北欧以后，欧洲自1941年起事实上就没有咖啡了——德国除外。但民众看不见咖啡的主要责任不在于咖啡，而在于执政党。政府储藏咖啡一部分是为了自己，但还有一部分是为了战场上的战士。因为谁拥有令人如钢铁般坚强和鼓舞人心的咖啡的时间最长，谁的精神武装就会优于缺少咖啡的人，这一点无人质疑。咖啡早已像钢铁和炸药一样，成为了战士的武装。

在第二次世界大战之后的局部战争中也是如此。哪里有士兵，哪里就有咖啡。希腊的人民战争期间发生了一件趣事：一个雅典军团攻入一个共产主义山庄，只是想“从敌人手中夺取咖啡”（在荷马时代，要夺取的肯定是葡萄酒）。如果南美爆发全面叛乱，那你一定会在夜里的火光中看见，叛乱者背上背着枪支，胸前挎着咖啡杯。

在以色列—阿拉伯战争期间，咖啡还造就了一首民歌。一位年轻的新希伯来语诗人查姆·菲纳（Chaim Feiner）在一棵被夜幕笼罩的橄榄树下，就着营火写下了这首诗，马克思·布罗德（Max Brod）将其翻译过来。这首诗叫《咖啡杯之歌》（*Lied vom Findschàn*），歌颂了战斗结束之后在战士们手中轮转的咖啡杯。并且，所有这些“犹太英雄们都按照古老、优良的阿拉伯习俗，用同一只磨得发亮的小瓷杯，一杯喝尽再斟满”：

风在寒冷中呼啸。
快将斧子拿来，
往火里添上干柴，
让红色的火焰
将战士暖和。

红色的火焰跳动着，
欢快的小歌躁动着，
咖啡杯一圈又一圈地转着。

火苗吐着舌头耳语：
树枝和我，都是红色的。
我们从林子里和花园里
为它找来帮手，
在火焰的簇拥中，
树枝们唱着，
咖啡杯一圈又一圈地转着。

别再沉浸于赞美了，
国王之饮已经沸了。
端起咖啡加点儿糖，
拿起半满的杯子跳着康康。

将它再次煮沸，
尽管多加些水嘞，
咖啡杯一圈又一圈地转着。

可还记得，
我们在恶战后围着它而坐，
悲伤而又清醒?
可还记得，
毛奇将军惋惜着:
今日痛失最勇敢的勇士?
泪光在闪烁，
我们轮流喝着，
咖啡杯一圈又一圈地绕着。
种族在这个夜里失去意义，
还有界线、火焰和守卫。
为什么我们深爱这首歌，
外人不解个中理由。
后备军和飞行员，
他们尤爱这支歌，
歌颂咖啡杯带来的
永恒的快乐。

但是，它依旧还是一种商品。

美国的咖啡刚重新自由流通，消费量便又迅速攀升到从未有过的高度。第二次世界大战的最后一年，咖啡的消费量还在1900万袋，平摊到每个人头上只有18磅多一点。但是光1100万士兵就平均每人消耗32磅。咖啡位居进口商品榜首。1948年，美国单为购买咖啡，就往中美洲和南美洲输送了价值6.72亿美元的现金、商品和机器。1950年，该金额攀升至12.5亿美元，巴西获得了其中的一半，哥伦比亚获得1/4，其余11个咖啡生产国分享剩下的1/4。

这是1950年。1970年前后，咖啡的境遇又将如何呢？咖啡消费的地域界线会不会发生重大改变呢？

这当然取决于政治及其他因素。类似波士顿倾茶事件这样让半个大洲投入咖啡怀抱的政治事件自然不可能重演。万一咖啡消费的地域界线真的发生了变化，也就是说，一部分饮茶之国被转化为咖啡国，那么这次除了政治因素的作用外，必然还有其他因素。

150多年以来，喝茶和喝咖啡的国家之间的界线整体而言并无变化。英国人、俄国人、日本人、中国人和印度人一直是茶的追随者；南、中、西、北欧，地中海沿岸的伊斯兰国家如埃及、安纳托利亚、以色列等，整个近东地区都是咖啡的爱好者。此外，整个美洲是咖啡最为强大的消费者。（属于大英帝国殖民地的加拿大除外，它坚持喝茶的习惯。）

人们将全球划分为喝咖啡或喝茶的国家，除了土地和气候，其中几乎总有政治原因，但后来又加入了其他因素。历史上此衰彼兴或在同时代拼得你死我活的殖民帝国中，有些殖民咖啡生产国，有些殖民茶叶生产国。虽然它们进行殖民统治后会操纵关税，但政治并不是茶叶100年来在全球比咖啡更受欢迎的唯一原因。茶叶的受宠无论过去或现在都与其易于传播的特征有关。

烹煮一杯有效的咖啡一直是个“问题”。我们根本不需要持有著名的普克勒–穆斯考亲王（Fürst Pückler-Muskau）或汉斯·瓦尔德玛·费舍尔（Hans Waldemar Fischer）以及卡尔·乔格·冯·马森（Carl Georg von Maassen）曾发表过的观点。总之，自从路易十四在巴黎用酒精炉煮咖啡以来，人们为了满足美食家们，发明了一系列奇思妙想的咖啡装置。卡罗维发利咖啡机在奥匈帝国期间很长一段时间内都是咖啡装置界的标杆。后来取代其地位的是意大利的浓缩咖啡机，再后来是美国的玻璃咖啡机，之后又变为过滤式咖啡壶。即使没有咖啡机的人，也没有停止过与人争论“什么是烹煮咖啡的最佳方式”。第三次沸腾前是否应该加一小撮盐？煮沸后是否应该加点冷水用于快速冷却？每个主妇都可以信誓旦旦地告诉你她有自己的“处方”，并且花上一刻钟的时间向你解释，为什么她的邻居的做法是错的。想到烹煮咖啡的复杂，你会更加惊讶咖啡居然能达到今时今日的地位。

战争因它而起，议会舌战和国家要么因它溃不成军，要么因它硕果累累。走进厨房或沙龙，它又引起了烹煮方式之争。它对于精确度的要求特别高。贝多芬（Beethoven）是一个不怎么注重吃的人，但在咖啡面前，他却变成了法国著名美食家布里亚–萨瓦兰（Brillat-Savarin）：一杯咖啡必须由60颗咖啡豆烹煮而成（一颗不能多，一颗不能少）；巴尔扎克用很多页的文字来讨论咖啡豆究竟应该放在机枪中还是石磨中研磨；马克·吐温（Mark Twain）带着火热的宗教情感写下了反对“土耳其咖啡”的文字，他写道，土耳其咖啡不过滤“咖啡渣”，让人的喉咙“干如砂纸”。

但是，地球上的绝大部分人口都是穷人，他们没有时间在工作日反复思考如何制作一道饮料。如果你将一颗咖啡豆交给一个俄罗斯农民、一个中国黄包车夫或一个印度主妇，他们完全可以拿着它不知所措，而且理直气壮——因为如果要喝茶的话，只需要将煮沸的水倒在茶叶上。

要想扩大咖啡消费的地域范围，首先得从根本上简化烹煮方法，使其和泡茶的难易程度一样。

1899年，一个生活在芝加哥的日本人萨尔托利·加藤博士（Sartori Kato）将咖啡粉带进了贸易。这一“发明”只维持了100天，便被撤出贸易，因为它十分多余。将沸水倒在茶叶上或咖啡粉上对于家庭主妇们而言并无所谓。但是，1901年，还是这个叫加藤的日本人，在泛美洲博览会上首次展出了速溶咖啡。在参观者惊讶目光的注视下，有人将热水倒在咖啡粉上。不过几秒，一杯咖啡便泡好了。如果这杯咖啡味道也好的话，那么一场革新即将到来。

可惜事实并非如此。在加藤博士的秘密工序中，保证咖啡味道的油脂可能已经挥发了。五年以后，一个英裔比利时人在危地马拉发明了一种咖啡粉，他于1909年将其推入市场。欧洲模仿了他的做法，并将这种咖啡命名为“贝尔纳咖啡”（Belna）进行销售。有趣的是，发明这种速溶咖啡的人与美国前总统同名，也叫乔治·华盛顿（George Washington）。人们应该觉得光这个名字就很引人注意了，毕竟，当时人们对这个发明的兴趣索然。不同于今日，当时人们依旧有不可思议的闲暇时间。研磨和煮咖啡并不能吓退勤奋的平民。但今时不同往日。1931年，节省15分钟对于一个上班族的经济而言至关重要。

谁带来了咖啡烹制的革新？是希腊人口中的“万物之父”。和平所无法做到的，战争以及为战士配备方便咖啡的必要性做到了。早在第一次世界大战期间，美国的军队统帅便给军队配备了放在密封防水包装中的条状、药丸状和胶囊状的咖啡，每包刚好是一杯“五秒咖啡”的量。1919年缔结和平合约后，这项战争发明再次遭受批评和遗忘。但1941年，美国在遭遇日本的袭击后又一次进入战争，咖啡粉再一次登上舞台。它从战士手中流传到民间。工厂主自豪地保证，咖啡粉来了，并会留下。

在进入消费者市场的所有方便产品中，来自肯尼亚的药丸咖啡或匹兹堡的梅隆工业研究所（Mellon-Institut）生产的絮状咖啡本也是极具竞争力的。但它们太少参与竞争，就像香水工厂主大卫·伊辛（David Ishin）1939年在纽约尝试的“浓缩香水”一样。自从华盛顿发明速溶咖啡以来，便控制了美国市场的各类粉状咖啡，赢得了最终胜利。其中一种就是瑞士人和美国人合办的雀巢公司所生产的雀巢咖啡，一种极其美味的饮料。粉状咖啡赖以为基础的“粉末化”工艺听起来简单，实际却很复杂——需要将水注入烘焙并研磨好的咖啡豆中，然后让混合后的液体彻底蒸发，再将未蒸发干的水分烘干，最后留下细如灰尘的粉末。还有另一种方法叫“逆流法”，可以将生产成本降低75%，因为这种高度浓缩的饮料可以迅速干燥，无需事先蒸发。最后，干燥后的粉末被放入离心机，分离出较为粗糙的颗粒。

还有一种工艺叫“喷洒干燥法”：将浓缩的咖啡粉吹到一个一直有热气流流动的房间内，一旦粉末接触到炽热的气流，它们便会被烘干，然后要么被再次吹出钢制的房间，要么掉落在地板上；最后，筛出精细的咖啡粉中的异物后将粉末收集起来，密封包装后将其投入贸易市场。

但是，这样被烘焙、粉碎、注水后又被热风烘干，最后成为包装里的粉末的咖啡，还是真正的咖啡吗？欧洲人的本质决定了他们会有这样的疑问，因为质疑是他们的灵魂。麻袋里的咖啡豆是绿色的，商人售卖的咖啡豆是烘焙成黑棕色的，这些他们亲眼可见。但速溶咖啡经过了一系列外行人看不到的物理暴力手段的加工。对质疑者的回答是，自从粉末咖啡问世以来，美国公司之间的竞争之激烈，导致没有任何一个公司敢“在产品中混入葵花籽、羽扇豆或亚麻籽等”。此外，美国拥有之前提到的1906年的《纯净食品和药品法》。这是在厄普顿·辛克莱尔（Upton Sinclair）发表了其著名小说《屠宰场》（*The Jungle*），揭露了芝加哥的屠宰场罔顾道德的操作方式之后，罗斯福总统与国会共同颁布的。自此以后，该法律强制所有食品生产商在玻璃包装或铁罐头包装上详细注明食品的成分。比如，如果雀巢公司想要在雀巢咖啡中加入一定数量的糊精、葡萄糖和麦芽，用于稳定可能流失的味道（因为咖啡中的油脂极易流失），那么它必须注明添加了多少，让消费者可以选择。相反地，如果博登（Borden）和麦斯威尔（Maxwell House）宣称它们的产品不含碳水化合物，也就是说成分为100%的咖啡，那么它们也得用证据说话。

但是，即使商人售卖的烘焙成黑棕色的咖啡豆，也有可能是被预先加工过和伪造的。《美国百科全书》（*Encyclopedia Americana*）1949年还认为全球每年（进入官方视野的）假冒咖啡豆的数量为几百袋，甚至还提到了一些机器：它们能用坚硬的树脂生产咖啡豆，然后将其进行准确切割，并将染成棕黑色的假冒伪劣产品混入真正的咖啡豆当中。咖啡如此珍贵，具备伪造价值，就像油画、钱币或钻石。

两大"提神专家"之间长久以来的斗争在1970年的形势如何呢？亚洲市场上的速溶咖啡暂时还远远竞争不过茶叶。因为咖啡烹煮的快捷和简化带来的优势都因为价格的提高而丧失了。12盎司，即接近3/4磅咖啡粉平均可以冲出90杯浓度中等的咖啡，但是不能冲第二次，因为一次热水冲泡就让咖啡粉消失得无影无踪。但是，3/4磅茶叶不仅售价更低，最主要是它更为实在，因为茶叶可以反复冲泡。这不仅对于俄国人、中国人、日本人和印度人至关重要，甚至对于英国人而言也是如此。为什么要放弃与世世代代的记忆和爱相联系的、久经考验的习惯呢？除非大规模的政治经济变革迫使人们的行为不得不发生改变。

速溶咖啡的消费者必须冤枉地为生产咖啡的机械买单，为所有“喷洒塔”和“干燥房”买单。茶叶消费者需要付出的附加成本很少。一句中国古话说：“一无所有尚有茶。”借用到咖啡身上，这句充满悲伤的谚语或许在咖啡是“穷人的安慰”的南美仍适用，但在咖啡价格过高的消费国，这句谚语永远也行不通。

省钱和省时缺一不可。只有大幅降低省时的速溶咖啡的生产成本，它才可以在世界市场上与茶一争高下。目睹这场角逐必定是件极为诱人的事情，因为没有任何事情比各民族数个世纪以来的“最爱饮料”之争，以及这场争斗的不断变幻更夺人眼球。

附录

一、1950年至今的咖啡世界

（因斯·索恩特根）

谁能记录下哥伦比亚哪怕一间农场的一次咖啡收成的完整历史呢？咖啡到过世界最偏远的角落，穿过城市或乡村最狭窄的隧道，走过最曲折的小路。对咖啡的每段记载都是简化的、抽象的。雅各布在本书中所讲述的历史也不例外。

作者本人在对首版的说明中已经暗示并回忆了其意图：“我可能真的忽略了一些文学和文化史的发展。一些我误以为已经写进书里的好内容最终却被遗漏，因为它令我失去对全书的掌控，不适于讲述。在所涉的关系网络较广时，我们无法囊括每件奇闻轶事。”

雅各布的咖啡史绝对称得上是《圣经》般的艺术品。但我们不能忽视，在他这部“咖啡的胜利史”中有些东西是丢失了的，其中包括一些不能被视作“奇闻轶事”的事实。在地域上，他过分专注于欧洲。咖啡在伊斯兰国家以及后来在北美的历史只占用了较少笔墨。更为重要的是，因为他讲述的主题是“胜利史”而导致了某些盲点。

雅各布的盲点

雅各布的咖啡史对咖啡胜利史的阴影面描述相对仓促。他仅用极少的文字提到了奴隶制“绝对是种罪恶的经济形式”。同时他猜测，最为重要的咖啡产国巴西的奴隶制肯定比英属殖民地的奴隶制更为人道。尽管该观点广为传播，但没有历史依据。

也有可能他是出于其文学观才弱化咖啡种植的消极面——他想通过该作品给读者带来快乐，而残忍的奴隶制和强迫劳动与此相悖。在1953年5月1日写给出版人恩斯特·罗沃尔特（Ernst Rowohlt）的一封信中，他满怀对策拉姆（Ceram）的《神明、坟墓和学者》（*Götter, Gräber und Gelehrte*）的不满写道："如果一本标题含有'坟墓'（一个可怕的画面）或'学者'等沉重和不幸的字眼的好书在德国可以售出20万册的话，那么我这本标题拥有'传说'甚至'风靡'[①]等美好画面的书不可能只卖出6000册。"这些文字将他的观点表露无遗。作者认为其作品的再版销量过低。在这段控诉中，我们也可以看到传统的对"夺人眼球"的理解。积极的东西应该赢得读者的喜爱。雅各布认为，描写阴暗甚至可怕之事不是文学的任务。在其他作品中，他一样忌讳描写残忍的事实。咖啡的胜利之旅留下的失败者和背后的荒芜痕迹虽然在本书中并非只字未提，但显然分量不重。

雅各布还有另外一个与许多同时代之人共有的盲点：他的作品中没有任何一处体现咖啡种植带来的生态后果和代价。他毫无谴责之意地写到了巴西的种植园，巴西人为了开垦土地而人为纵火毁林。在雅各布的时代，环境史这门学科还没出现，只有少数人关心自然保护。但现在必须补充说明，咖啡种植那时已经带来了深远的生态影响。因为咖啡在热带山区生长得尤其茂盛，而这些山区往往被多种多样的森林覆盖。要种植咖啡，首先必须开垦山地。

此举带来的毁坏，巴西之例足以说明。美国环境史学家瓦伦·迪恩（Warren Dean）在其关于海滨雨林，即所谓的"大西洋森林"的研

---

① 本书第一版的书名为《咖啡的传说和风靡》（*Sage und Siegeszug des Kaffees*）。——译者注

究中通过计算证明，巴西1788～1888年间生产的大约1000万吨咖啡需要开垦约7200平方公里的雨林（对比一下：萨尔州面积为2568平方公里），首当其冲的是里约热内卢周边的森林。为了砍伐和焚毁这里的森林，人们用了一些狡猾的办法：他们选择一个斜坡，然后让工人大军砍伐树木，但又不完全砍断，使它们仍能站立。之后，仔细观察了树藤缠绕格局和树与树之间的位置的领头工人选定一棵“头树”，一旦这棵树倒下，其他所有树都将接连倒下。决定之后，“头树”便被砍倒。瓦伦·迪恩写道：“一旦成功，整片山坡如爆炸般轰塌，顿时尘土飞扬，鹦鹉、巨嘴鸟、燕雀齐飞。另一头的伐木工人中则爆发出一阵开心和卸下重担的叫喊声。”当然，这些树有时也会始料未及地倒向其他方向，将伐木工人埋在身下。被伐之后，曾被首批到巴西的游客视为天堂的森林被晒干，然后被付之一炬。因此，每年干季末尾，那里的天空中总是飘着一层黄色的霾。

无论过去或现在，每一磅咖啡都是一块热带原始森林换来的。虽然人们几年前开始用可持续的、环保的方式种植咖啡，但这样的咖啡的市场份额还很低。

瓦伦·迪恩推测，19世纪的巴西在种植咖啡的过程中焚毁了约三亿吨树木。从如今剩下的巴西海滨雨林可以推想，当年的雨林物种多么丰富。它独立于亚马逊热带雨林之外，且比亚马逊存在的年代更久——它已有6000万年的历史，而亚马逊热带雨林只有4000万年。因为独立生长，大西洋森林曾经拥有许多独一无二的当地物种。但如今的巴西只剩余这片森林的一部分。19世纪毁林造地的根本原因在于咖啡种植。巴西成功的咖啡经济导致了人口增长、城市化、工业化和铁路化，并因此进一步导致了雨林的丧失。

巴西的事例也适用于其他国家，比如哥伦比亚。这里的咖啡种植园同样位于高地，那里一样曾是绵延的物种丰富的森林。

鉴于雅各布的时代只有少数人有环境意识，那么他对咖啡种植带来的生态阴影的忽视也许是可以理解的。或许，他和大部分同时代的人一样，理所当然地认为自然可以永无止境地再生。

咖啡的成功秘诀

对雅各布的咖啡史中两处显而易见的社会和生态盲点言尽于此。雅各布无疑提出了另一个非常根本的问题，即为什么咖啡可以成为欧洲及许多其他国家最受欢迎的饮料？但他没有在书中给出解释，这一点不能怪他。时至今日，咖啡消费的传播仍然是众多历史学家的未解之谜。为什么咖啡能在其他异域饮品纷纷败北的地方竖起胜利的大旗呢？

一些人猜测，咖啡是因为价格低廉才如此受消费者的追捧。但18世纪时，咖啡尚是绝对的奢侈品，价格高到只有真正的富人才喝得起。18世纪初期，每磅咖啡售价大约1.36塔勒，当时一个木匠的日薪才大约0.29塔勒。直到19世纪，咖啡的价格才降低到工人偶尔也消费得起的水准，而且还往往是掺杂了替代品的。根据品种的不同，1830年，每磅咖啡豆的价格在0.1～0.17塔勒不等。

另一些人认为，社会对领导阶层生活习惯的模仿导致了咖啡的传播。但精英们为什么偏偏喜欢咖啡而不是其他享乐品，比如大麻、鸦片或槟榔呢？难道这就是一些绅士的尝鲜兴趣，即历史学家们所谓的“能人的伦理”？

还有人认为，咖啡和即将到来的新的社会秩序之间存在相辅相成的关系。有些作者甚至认为，咖啡能帮助人们贯彻工作纪律，过井井有条的生活，因此才传播得越来越远。

雅各布没有明确提出这个问题，即使咖啡的成功很好解释。他巧妙地避开了这个问题，或者只是嬉笑着绕过这个问题，然后继续讲他的故事。故事也能给出答案。比如，如果你知道1800年发生了什么，你就能更好地理解接下来几年发生的事情。

咖啡世界的变迁

雅各布的咖啡史出版以后，咖啡的历史继续向前发展。今天种植和消费的咖啡比以往任何时候都多。该如何描述这些变化呢？

比较1900年和2004年的全球咖啡产量和销量，好像咖啡的世界并没有太大的变化，巴西依旧是主要出口国；比较咖啡生产国和主要消费国，同样可以看出，咖啡经济的结构一如从前，咖啡生产国几乎无一例外是曾经的殖民地，消费国则主要集中在过去的殖民强国所在的北半球。咖啡的流通只有一个方向：从南半球国家流向北半球富裕的发达国家。只有巴西是个例外，因为这里不仅生产大量咖啡，现在也消费大量咖啡。埃塞俄比亚现在也消费巨量咖啡。

要理解这一结构必须联系历史。它与生产国同时也是消费国的茶叶的经济结构区别显著。正如咖啡商安托尼·韦尔德（Antony Wild）所强调的，各咖啡消费国甚至长时间维持着对某些口味的偏爱，这些偏爱只源于它们曾是殖民者的历史。所以，曾殖民过种植罗布斯塔咖啡的科特迪瓦等西非国家的法国，至今仍偏爱罗布斯塔，荷兰则一如既往地喜爱印度尼西亚咖啡豆的味道，还有不少产自东非的咖啡豆被运至德国和大不列颠。

正如上文所说，乍一看，咖啡的世界在雅各布的书出版之后并无太多变化。咖啡生产国的阵营新增了几个成员，其中最显著的是越南。巴西所占的市场份额相应下降，但依旧高居榜首。而在消费者一方，日本这个传统丰富的“饮茶的国度”也加入了喝咖啡的阵营，并紧随德国之后占据第四位。尽管基本格局仍与20世纪30年代无异，但是如若仔细观察，咖啡的世界其实已经大有不同。我仅在此做简短描述。我将首先探究咖啡的生产环境，随后探讨价值链的实力分配，最后对让咖啡链变得更人道和更环保的努力进行思考。整段描述将以对咖啡未来的展望收尾。

生产形式的变化

从咖啡起源一直到17世纪，土耳其人和阿拉伯人一直是咖啡种植和贸易的主角。之后，崛起的欧洲殖民强国成为了咖啡树的主人（放在今天，人们会称之为“生物掠夺”）。他们曾走过植物园种植的冤枉路，后来才将咖啡树种到了新占领的南部殖民地。起初，咖啡树被种植在岛屿之上或港口附近，因为在这里，人们无需大型基础设施便可将丰收的咖啡豆运走。直到19世纪初，随着铁路革命的到来，人们才得以开发其他种植区，且主要集中在南美。

咖啡种植是如何发展的呢？法属圣多明各（即海地）在接近18世纪70年代末时生产了全球近一半的咖啡。那时，该岛居民由40000名白人、28000名自由身份的黑人和452000名奴隶组成。全球只有制糖的奴隶人数超过这里的奴隶人数。在奴隶于1791年起义并于1804年成立独立国家以后，咖啡的生产戛然而止。

与此同时，巴西成长为咖啡生产大国。为此，巴西在1811～1850年间年均“进口”37000名奴隶。根据美国历史学家菲利普·D·柯廷（Philip D.Curtin）的计算，这一数字达到了该时期跨大西洋奴隶贸易的2/3。直到1888年，巴西的奴隶制才完全被废除。

早在1833年，大英帝国已经废除了奴隶制，其中，数千名消费者的行动对这一政治意志的形成起到了举足轻重的作用。消费者们响应了抵制购买由奴隶生产的糖的号召，用此次和其他行动逼得这项政策势在必行。

除了奴隶制，强迫劳动在咖啡的历史中也一再发生，比如最初在荷属殖民地就是这样，这点雅各布自己也有描述。咖啡也将强迫劳动带到了中美洲。印第安人被强制要求进行采摘，而且一直持续到20世纪。非洲咖啡种植园中的强迫劳动一直到第一次世界大战之前都是合法且普遍的。相比奴隶制，强迫劳动存在的时间更久。

雅各布描述了由影响咖啡生产很长时间的奴隶制和强迫工作到雇佣劳动的变迁。他在巴西停留期间，咖啡主要产自巴西，且多产于巴西的大种植园。后来，局势发生了变化：尤其在哥斯达黎加，但哥伦比亚的咖啡种植也主要由小型家庭农场完成。这样的农场后来在流行大型种植园的巴西也越来越多。这一生产模式的转变是逐渐完成的，最后导致了咖啡生产的去资本化。直至今日，全球咖啡产量仍主要来源于南美、中美、亚洲和非洲的小种植园。

咖啡链中的实力和收入分配

价值链的结构自雅各布所在的时代以来同样发生了变化。他将其著作的最后一卷命名为“巴西的霸权”。事实上，文学界将1906～1937年这段时间称为巴西的“咖啡垄断”时期。巴西是价值链中实力最强的一环。这不仅只基于其巨大的产量，还因为雅各布所写到的巴西为了稳定价格而采取的坚决又引发争议的措施。随着第二次世界大战的爆发，咖啡市场一开始分崩离析。最后，1962年诞生了首个《国际咖啡协议》（International Coffee Agreement），这是由多数咖啡出口国及进口国共同签署的历史性文件。

一年以后，国际咖啡组织ICO（International Coffee Organization）

成立。它将咖啡生产国的出口份额限制在一个确定的、可定期重新协商的水平，以此维持价格的相对稳定。为避免出现供应过量，成员国必须承诺不逾越协商好的全球出口份额。如若世界市场的价格超过规定的价格上限，生产国可以为了覆盖需求出口超过规定份额的咖啡。这些举措的目的在于将每英镑（453.6克）咖啡的价格稳定在1.2～1.4美元之间。在《国际咖啡协议》生效期间，世界市场的价格确实维持在较高水平，从未跌至最低价1.2美元以下。该协议一再被重新调整并维持到了1989年。这一年，成员国们无法再就出口份额及价格达成统一。同时，作为主要进口国的美国无意再进行协调。里根政府和美国国家咖啡协会（NCA）都尤其信赖“自由贸易”。

虽然此后又签署了其他咖啡协议，国际咖啡组织也依旧存在——它又发起了新的重要倡议，但它事实上不再具备约束力。确定的出口份额和目标价格区间都不复存在。1989年7月1日以来，咖啡的价格重新由自由市场决定。世界银行预测价格将上涨，但它错了，价格未升反降。

这不仅是因为咖啡协议的失败，还因为一个新的咖啡生产大国异军突起，跻身传统咖啡出口国的行列，这个国家就是越南。19世纪与20世纪之交，法国人将咖啡树带到了越南。但咖啡树初到越南时并未受到重视，因为越南人是喝茶的。19世纪80年代，越南尚排在咖啡生产国榜单的第42位，但2001年它已跃居第二位，紧随巴西之后。人们认为越南往世界市场输送的大量咖啡也要为咖啡价格的下降负责。世界银行2005年的一项研究报告提及了越南1993～2002年的经济增长，并称之为经济可持续发展的“特别惊人的例子”。报告称，这段时期得益于以出口为导向的政策和市场的自由化，越南城市的贫困率每年下降11%；但报告没有提及因为世界银行所说的越南实行的出口导向型的经济政策，中美洲、南美洲和非洲有数百万农场主失去了生存的根本。

对协调的放弃给咖啡的价值链带来了巨大的影响。每英磅咖啡生豆的均价在2001年10月降到了42.7美分，这还是交易所的交易价格，而咖啡农最终得到的价格可能比这更低。为了真切体会到这次价格下跌意味着什么，有必要站在一个传统的咖啡农场的位置上设身处地思考一下：假设这个农场拥有10公顷（1公顷=10000平方米）种植面积，平均每公顷土地可以产出550公斤咖啡生豆，也就是平均每公顷土地上种植1100棵咖啡树。一个典型的咖啡农场共拥有数千棵咖啡树，这意味着大量的工作——因为咖啡的采摘极少可以使用机器，通常情况下只能人工亲手采摘。农民必须修枝、除草，也许还要浇水、施肥，最后才采摘。通常情况下，整个家庭都得参与劳动。一个哥伦比亚农场最终可能收获5500公斤咖啡生豆。对于农民而言，每磅咖啡生豆卖42美分或120美分显然差别很大。当咖啡价格售价高时，农民不会因此变得富有；但如果价格下降1/2甚至2/3，那么这对许多人而言意味着毁灭。

咖啡生豆价格下降，烘焙咖啡生产商在利润中的占比却在上升。美国社会学家约翰·塔尔博特（John Talbot）并未提及上升幅度。咖啡生产国和消费国的商人20世纪70年代时还共享咖啡链的利润，但随着人们在1989年放弃协调，咖啡生产国的利润占比开始下降。在咖啡消费国，咖啡带来的利润几乎占总收入的一半，而咖啡生产国的利润却降至零点，有时甚至亏损。

自从咖啡协议失效以来，咖啡生豆的价格经常跌至生产成本之下，为此买单的是农场主。另一方面，烘焙咖啡商却明显盈利。速溶咖啡市场的领头羊瑞士雀巢食品公司在其2000年度商业报告中毫不掩饰自己的喜悦：“企业利润增长15%，得益于咖啡生豆价格的低廉和销量的强势增长，企业的盈利空间增大。”

尽管咖啡的整体价格自2004年以来有所回升，每英磅咖啡豆的价格偶尔突破一美元大关，但我们不能忘记，1989年后咖啡市场的自由化给全球约2500万咖啡农及他们的家庭带来了重大影响。目前为止，咖啡价格的回升幅度一直较小。咖啡的价格至今也没再达到《国际咖啡协议》约束期间的水平，或者最多每年只有几个星期能达到该水平。

正如雅各布在书中所写，咖啡价格的下跌可能夺走很多人的生命。雅各布当时考虑的是欧洲的交易所商人，但悲剧不仅发生在欧洲，价格的下跌更易在咖啡生产国酿成悲剧，且所涉之人不在少数。咖啡价格下降的那些年，数十万名农场主离开了他们的种植园，和家人一起放弃农村的贫困生活，到城市里继续贫穷。其他咖啡农则毫不犹豫地改造了自己的种植园，转而种植其他“摇钱庄稼”，比如巴西种上了大豆或甘蔗，哥伦比亚种上了古柯——古柯是可卡因生产的源头。

同时，随着市场“自由化”，咖啡生产国在价值链中的力量大幅减弱。大的烘焙商自此成为了咖啡价值链中的最强实力者，尤其瑞士的雀巢和美国的奥驰亚（Altria，其前身为菲利普·莫里斯公司，该公司今天下属有德国的雅各布斯咖啡等品牌），还有德国的智宝（Tchibo）和阿尔迪（Aldi）。它们向终端客户销售混合咖啡或速溶咖啡，其产品由来自各自产地的各种咖啡豆按不同比例混合而成。通过咖啡豆的混合，可以生产出味道保持一致的咖啡，而又无需依赖产自某一特定地区的咖啡豆。烘焙商可以走“分享与统治”的经营之路。它们不依赖于个别生产国，更多时候可以通过规定最低量来决定采购哪家的生豆。

不公的收入和实力分配很早便受到了指责。如何才能让咖啡种植者在咖啡价值链中获得公正的份额呢？或许可以对大的烘焙咖啡生产商施加压力，让种植农获得更好的价格？乐施会（Oxfam，全名为Oxford Committee for Famine Relief）及其他非政府组织在雀巢身上做了尝试。雀巢是咖啡界的一大巨头。虽然雀巢也明白，过低的咖啡生豆价格对农民而言是个问题，如果一些咖啡农可以从其他买家那里获得公平的价格也“很好”，但雀巢在一份简短的报告中提醒道，这也可能带来危险的后果。报告中写道：“但是，如果咖啡农大范围地获得超过市场价的公平价格，这将会导致咖啡产量的上升，扩大供求之间的不平衡，从而压低咖啡生豆的价格。”

可见，大集团并无强烈的解决问题的意愿，但消费者们早已关注到了咖啡链中的不公平。于是，公平贸易运动（Fair Trade）开始了。这一系列运动始于20世纪70年代初。公平贸易运动的基本理念在于消费者为产品支付更高的价钱，借此帮助生产链中的经济弱势群体。咖啡是典型的公平贸易产品，它引起了人们对公平贸易的讨论，使公平贸易运动走向专业化。我之后还将重谈这个话题，但首先让我们看看咖啡的消费随着时间的推移发生了哪些改变。

精品咖啡革命：新的消费模式

从根本上而言，咖啡的消费史中粗看并没有太多创新——一颗咖啡豆通常依旧会变成一杯令人兴奋的热饮料。这听起来顺理成章，但对比其他农产品，你会发现，它们已在时间的推移过程中衍生出了更多发明。中美洲的土著居民将可可当成热饮来喝，欧洲人最初也一样。后来，可可被做成了固体巧克力，后来又衍生出可可黄油。糖也不仅仅只是甜食，人们可以将其发酵，然后要么用它来酿酒，要么将其用作燃料。糖还依旧被用作防腐剂。

尽管埃塞俄比亚最初不只是将咖啡豆烘焙后制成饮料，也将其当作一种营养品；盖拉部落的游牧民将蛋白质丰富的咖啡豆捣碎，然后与油脂搅拌在一起；生活在坦桑尼亚西北部的哈亚人早在殖民时代之前便种植罗布斯塔咖啡树，他们同样不将咖啡作为饮料，而是咀嚼煮熟的咖啡豆。咖啡豆有被用作其他完全不同用途的潜力，只不过目前为止几乎未受到重视。大部分咖啡豆最终都被做成了热饮。

当然，咖啡作为饮料也可以有各种不同的形态。雅各布已描述了不同年代和不同国家的咖啡消费。在续写的章节中，他探讨了尤其在英国和美国消费较多的速溶咖啡。速溶咖啡的味道虽远不及新鲜烹制的咖啡那般美味，但胜在用时短。它在英国的市场份额尤其高，目前占据了英国80%多的市场；在德国等其他地方，其市场份额较低。

咖啡消费行为的巨大转变并不是因为速溶咖啡，也不是无咖啡因咖啡，而是因为一种文学界时而称之为“精品咖啡革命”、时而称之为“拿铁革命”的现象。这一革命在最大的咖啡进口国美国尤其突出。美国当地的烘焙商相对较早地拓展了自己的领域。它们很快被大的食品公司收购，比如希尔斯兄弟（Hills Brothers）和麦斯威尔。这些公司对质量和原创性的要求较低。它们追求的主要是以高价将它们的咖啡作为一种始终如一、值得信赖的统一品牌销售出去。它们不会告知消费者混合在产品中的咖啡豆是何品种，来自何处。消费者买到手的毕竟不应该是某种出处，而是品牌。美国记者马克·彭德格拉斯特（Mark Pendergrast）在其著作《左手咖啡，右手世界》①中对此有细致入微的描写。商家在广告中投入了巨额资金，投入质量中的相对较少，其产出的便是质量不断下滑的均质化的混合品。因此，咖啡很快丧失了浑身的魔力。除此之外，北美洲常用的咖啡烹制方法较为单一。虽然广告力度很大，但因此降低档次的咖啡失去了与年轻消费群体的联系——他们更喜爱软饮料。

在这一背景之下，“精品咖啡革命”开始了。它首先在美国，后

---

① 中文版由机械工业出版社出版。——译者注

来也在欧洲开辟了新的工业。“精品咖啡”又称“精选咖啡”或“特种咖啡”，其定义并不明确。它今天事实上涵盖了所有非按传统方式混合的咖啡种类。它们可能因为其高质量、来源、特殊的口味、烹制方法或环境及社会方原因而成为精品咖啡。

2000年，精品咖啡占据了美国进口咖啡的17%，但其带来的收益却占据咖啡总收益的40%。据估计，市场每年的增长率在5%～20%之间。根据欧洲精品咖啡协会（Speciality Coffee Association of Europe）的推算，2005年，在连大烘焙商供应的产品质量都从根本上优于美国的德国，精品咖啡的数量在整个市场所占比例为5%。

与精品咖啡业密不可分的一个名字叫“星巴克”。该企业于1971年成立于西雅图，是一家优质的烘焙公司。其标志最初是一条袒胸露乳、长有双尾的美人鱼。这个标志相当性感，近乎伤风败俗。随着星巴克后来发展为国际公司，美人鱼也将自己遮挡起来。所有咖啡豆和咖啡的附属产品均被出售一空。创始人杰里·鲍德温（Jerry Baldwin）、戈登·鲍克（Gordon Bowker）和泽夫·西格尔（Zev Siegel）听取了荷兰人阿尔弗雷德·皮特（Alfred Peet）的建议。皮特于1966年在伯克利成立了传奇的“皮特的咖啡和茶”（Peet’s Coffee and Tea）公司，它被许多作家视为“精品咖啡革命”的起点。

烘焙商们花了很长时间培养客户对咖啡品质的新认识。星巴克源于一个自由选择的生活世界。若非后来发生的一件大事，它也就停在了这个世界。曾做过一家家用电器公司销售经理的霍华德·舒尔茨（Howard Schulz）于1982年成为了星巴克的营销总监。舒尔茨不是公司的创始人，也没有诞生在自由选择的世界，但他一眼便看出了它的潜力。而且，他也有让它成为现实的坚定意志。于是，星巴克就这样在热议、欢呼和指责的声音中崛起。它自此也开始销售新鲜烹制的特种咖啡，而且最初是在一个本质上类似意大利咖啡馆的氛围中。因为舒尔茨在意大利维罗纳的一家意式浓缩咖啡吧第一次喝到了拿铁。根据他后来的自述，这对于他而言是一次“启示”。他问自己，如果在美国也能喝到这样的优质咖啡会怎么样？或者世界各地？

但他花了不少时间才最终说服公司的创始人不仅烘焙咖啡豆，也向顾客销售浓缩咖啡或其他咖啡。1987年，星巴克只拥有六家零售店和一个烘焙厂。1991年，它已拥有近100家店面。在此期间，舒尔茨贷款从创始人手中收购了这家公司。今天，星巴克已在全球开设近8000家店铺。虽然起源于嬉皮士和自由选择的时代，但星巴克很快学会了大公司的游戏规则，并成为了一名积极的玩家。它收购竞争对手，在传统咖啡馆的隔壁开新店，和其他大公司联合开发市场。星巴克与初心渐行渐远，这虽然引起了一些内部矛盾，却促进了公司经济上的成功。

2002年，星巴克成为反全球化人士的密切关注对象，成为众矢之的，于是它承诺将在各零售店中供应一部分公平贸易的咖啡豆。2004年，星巴克采购了480万磅经认证的公平贸易咖啡豆。相比于它同年购买的总数为2.99亿磅的阿拉比卡咖啡豆，这当然是小巫见大巫，但毕竟占了几个百分点。而德国的阿尔迪和智宝等大的烘焙商从不销售任何公平贸易咖啡。它们认为，自己反正支付了“公平的价格”……

精品咖啡烘焙商的崛起尤其要放在大众咖啡的质量往往差强人意的背景之下来理解。大众咖啡在美国的售卖时间已久，人们渴望一种“真正优质”的咖啡，渴望一个全新的、丰富多样的咖啡世界。在内容上，精品咖啡本质上是美国对欧洲咖啡文化的引进。管理和销售手段是美式的，而生产理念和工艺多源于欧洲。比如浓缩咖啡以及许多其他终端产品的烹制方式都源于意大利。某些精选咖啡采用的过滤法是德国的发明，它于20世纪初诞生于德累斯顿的家庭主妇梅利塔·本茨（Melitta Bentz）的手中。烘焙机也是从欧洲进口的。对欧洲咖啡世界的多方面依赖使人们猜测，类似星巴克这样的企业永远不会在欧洲变得强大。几十年来为糟糕的咖啡感到头疼的是美国的消费者，是他们成就了星巴克的成功。

尽管如此，美国的精品咖啡烘焙商不只应对美国人的需求，其他消费品在过去的10～20年间也改变了模样。很多消费者希望更了解他们购买的商品，无论鸡蛋、蔬菜或咖啡。我们可以将精品咖啡的生产商和贸易商销售咖啡的方式与德企Manufactum销售电器、用品和食品的方式进行比较：Manufactum的广告语“好东西，不缺席”与精品咖啡烘焙商的自我认知并没有表面上那么不相干。从前无名无姓、无历史底蕴的工业品应该变成有价值、有历史的个性化产品。它们不是冰冷、沉默的大众产品，而是能说话甚至健谈的朋友。由于这些产品比一般产品价格更高、质量更优，它们当然更适合用于彰显身份。人们不会毫无创意地随便喝一款普通的咖啡，而是喝“蓝山”——价格稍高，但值得拥有。

精品咖啡无疑触动了时代的某根神经。否则，那些应运而生的企业最多只能占据一个利基市场。而现在，精品咖啡所代表的优质和（工业的）去匿名化似乎正在成为主流。

消费者对质量的定义不断更新，新的质量标志的诞生也以另一种方式证明了这一点。我接下来将在探讨走向统一的“绿色标签”时讨论新的质量标志。

绿色标志：新的品质观念

所谓的“精品咖啡革命”发生之时，也是咖啡种植园主所得甚微，咖啡豆价格无法覆盖生产成本，以至于大量农民不得不离开种植园的时代。

对优质咖啡的热情给咖啡农带来的益处甚少。但是，廉价的咖啡生豆为精品咖啡革命中走出星巴克这样成功的企业贡献了一份力量。如上文所述，星巴克起初对咖啡生豆的廉价带来的社会影响并不关心。直到后来，它才决定采购一部分至今仍数量微小的公平贸易咖啡做原料。

公平贸易咖啡是什么？公平贸易运动始于20世纪70年代的欧洲，咖啡豆是运动早期的重要产品。该运动的基本理念是通过一种特定的贸易形式让生产者分享更多利润，从而减少咖啡链中收入分配的不公。参与公平贸易的商人直接在生产合作社采购咖啡豆，生产者将收到有保障的最低价格。若世界市场的价格高于此，他们还将获得以世界市场价格为标准的加价。除了德国的戈帕公司所遵循、中间商所排斥的直接贸易，公平贸易还有第二种方案。为了公平贸易而于1991年成立的“促进与第三世界公平贸易协会”也许是贯彻该方案的代表。在该方案中，商行或烘焙咖啡厂家被授予“公平贸易认证标章”。参与公平贸易的商家或烘焙商为购买的产品支付公平价格。他们必须承诺直接向咖啡豆生产者购买咖啡，杜绝中间商的参与。生产者的每英磅咖啡豆以固定的1.26美元的最低单价出售。如果世界市场的价格超过该单价（这种情况自从《国际咖啡协议》1989年失效以来极少出现），农民将获得每磅5美分的加价。多出来的利润将被用于资助生产国的社会项目，比如修建学校。

公平贸易的核心在于公平的价格。不仅农民，在可接受的范围内须支付较高价格的消费者也应该获得公平的价格。比如，一杯公平贸易的戈帕顶级咖啡只比市场价贵大约2美分。

近来，越来越多的公平贸易咖啡同时被认证为有机咖啡，这减少了咖啡生产者进行认证的工作量，无疑是向正确的方向迈进了一步。写到这里，我便要开始进入除了公平贸易认证标签之外的第二个重要标签——有机食品标签。有机种植、未施人造肥或农药的咖啡会被贴上该标签。在属于我们纬度的地区，进行有机认证的纲领是由《欧共体生态标准》（EG-Öko-Verdordnung）规定、受国家监管的标准。在美国，我们称为“bio”（有机）的东西通常被称为“orgnic”，这个词我们有时也会用在咖啡上。有一个表述在德国极为罕见，但在美国非常普遍——“对鸟类友好”（bird friendly或shade grown）的咖啡。人们按照传统方式将咖啡树种在大树的树荫之下，为候鸟创造栖息之处。这种咖啡的认证标签由两个不同的机构颁发，即史密森尼候鸟协会（Smithsonian Migratory Bird Center）和雨林联盟（Rainforest Alliance）。最后还有一个Utz Kapeh认证，该认证最初针对生产安全，后来增加了环保和劳动保护项目，现在用于认证“以负责任的方式种植”的咖啡。

这些标签往往由独立机构颁发。它们与咖啡的口味质量毫无关系，而是通过关联咖啡的种植和买卖过程，培养人们更为广泛的品质观念。这些认证向消费者保证，经认证的咖啡不仅味道有保障，还具有其他看不见的特点，因此与其他咖啡相比更有优势。这些标签独树一帜，不仅认可和详细说明了产品带来的直观体验，还涉及产品背后的生产过程。它们应该保障经认证的咖啡是用更好的方式生产的。

尽管效果显著，但这些标签只是一种联系产品背后的过程的形式。宣传册或网站上叙述的历史，还有有机食品商店里和世界商店的活动上的谈话丰富了这些标签的内涵，才让这些标签有了今天这样理所当然的影响。人们今天对有机食品标签和公平贸易标签的信赖，是很多人多年的努力换来的。未来，电脑可能在记录商品背后的历程方面扮演越来越重要的角色。比如德国的Teekampagne公司现在已经可以通过点击屏幕回溯刚刚购买的大吉岭茶从印度到德国的路线。这种个性化的可回溯性增强了标签的信任值，可以想象，这样的信息服务在咖啡界的实现指日可待。

被贴上这些标签的咖啡通常比传统咖啡的价格更高。研究表明，这些咖啡虽然在消费国所占的市场比例往往不高，比如2002年，这些咖啡在欧洲的平均市场份额是2%，但该比例一直在上升，而且增长率远远高于主流咖啡。

也有些人认为有机种植的咖啡更为健康，因为没有施加农药，也就不会有农药残留。但是这对于消费者而言是否真的是个优点呢？对农药的担忧在咖啡身上似乎没什么理由，因为农药在烘焙过程中已经被分解了。所以，不施农药主要于生产者有益。不止一次有事实证明，南半球国家对农药的使用经常导致农民自己中毒，有时甚至因此丧命。因为他们没有农药防护服和合适的工具，或者由于不识字而配错农药剂量。有机种植则杜绝了此类意外。通过更亲近自然的种植方式，人们试图消灭咖啡树的害虫和保持土地营养的平衡。

绿色标志是否对环境也有所裨益呢？既然咖啡的种植中不使用化肥和农药，那么这应该更为环保。农民也接受了生态种植法的培训，这使得田地里的生物多样性更为丰富，同时让能源更加平衡，因为化肥和农药的生产需要石油等化石燃料。但是，只有当咖啡的种植此前曾使用过化肥和农药，这一效果才会显现。在许多非洲地区，咖啡的种植过程中历来就没有化学成分的参与，因为农民们根本无力支付。埃塞俄比亚政府的代表喜欢说，埃塞俄比亚咖啡是纯生态产品，逾一半咖啡果采自森林，10%甚至采自野生咖啡树。如果事实确实如此，埃塞俄比亚的咖啡也获得了认证，这于大自然当然无害，但也无益。一切照旧，唯一变化的是需要有个人承担认证费用、填写大量表格、回答认证机构的问题，然后决定如何分配有机食品标签带来的利润。

但这些考虑并非为了反对有机标签本身。认证机构正在致力于减少手续的烦琐和多重认证——有机食品同时被认证为公平贸易食品是朝这个方向走的重要一步。有机种植的咖啡越多，有机种植对传统农场主和种植园主的吸引力就越大。

对绿色标志给大自然带来的益处便论述至此。那么它们于生产者又有哪些益处呢？他们种植有机的或“对鸟类友好”的咖啡，必须为此付出更多精力，有时还需掏腰包支付认证费用，但他们能否获得回报？这些绿色标志承诺了附加价值，它们也确实做到了，因为这些咖啡的售价更高。关于生产者获得的附加价值是否得宜，专家们各执己见。

但确定无疑的是，公平贸易咖啡相比传统咖啡，确实给生产者带来了更多利润。但如前文所述，公平贸易咖啡在大部分欧洲国家和美国的市场份额最低不足1%，最高不超过3.4%（数据根据2002～2003年）。《国际咖啡协议》曾保障了咖啡业中最庞大的群体——咖啡生产国获得适量的终端产品带来的利润，而公平贸易咖啡作为新的手段只惠及了一小部分人。大的咖啡烘焙商一再津津乐道地强调这点，比如雀巢在之前已援引过的2003年的报告《农民正遭遇咖啡低价——怎么办？》（*Bauern leiden unter niedrigen Kaffeepreisen – Was tun?*）中写道：“雀巢公司知道，公平贸易让人意识到咖啡面临的问题，将单个的消费者与发展中国家的咖啡农联合起来……但全球每年的公平贸易咖啡生豆只有25000吨，而雀巢每年要直购11万吨咖啡豆。”

但回忆起来，也有其他消费者运动虽然开局场面很小，但最后却带来了重大的改变。我们也可以乐观地看待公平贸易运动。以下事实可以为我们带来一些安慰：人类正在全球化；处在价值链两端的都是人类。这些标志让我们看到日常所用之物背后那无形的历程，也让我们明白，我们的日常生活与千里之外其他人的工作和生活环境息息相关。

咖啡的未来

在需求上升的同时，生产者收入低微或不断下降的现象被称为“咖啡悖论”。公平贸易是解决咖啡危机的一个方案，且是经研究证明行之有效的方案。但公平贸易并不是摆脱咖啡悖论的唯一出路。经济学家贝努瓦·达维容（Benoit Daviron）和斯蒂凡诺·庞特（Stefano Ponte）在对咖啡价值链的中肯分析中指出，欧洲或美国的消费者在咖啡馆所喝的昂贵咖啡由产自南半球的咖啡豆烹制而成，但这些咖啡除此之外还具有其他象征意义。因为北半球的消费者花钱购买的不仅是物质，还有历史、服务和气氛——总而言之，是整个将咖啡豆变成了一杯物有所值的饮料的非物质生产环节。这种非物质生产虽然与咖啡生产国有千丝万缕的联系，但它只发生在北半球。

根据两位经济学家的分析，此外也一再有这样的说法：利润分配的不平衡是经济实力对比的体现，但它表明的不止于此，利润天平的倾斜更多反映了生产形式的变化。因为生产的最后一道工序不再是烘焙，还包括丰富多样的服务和为顾客量身定做的历史。这些历史才让咖啡值得更高的价格。只要南半球的咖啡生产国完全不参与非物质生产——在北半球为咖啡增值、让咖啡售价更高的非物质生产——那么这些国家还将继续遭遇咖啡的低价。至少这两位经济学家作者的结论是这样的。

所以，许多精品咖啡的特点在于它们有特定的出处，通过传播坦桑尼亚或危地马拉等名字，打“异域风情”的牌，但它们因此获得的附加价值对生产者并无益处。因此，达维容和庞特建议，仿照法国、意大利葡萄酒和一些茶叶普遍的做法，加快创造受保护的原产地名称。原产地保护标志可以由生产者控制，这样，他们就有更多机会分享优质产品在市场上创造的附加价值。借此，原产国可以从精品咖啡革命推动的对正宗的追求中获益，而不是拱手将所有利润让给北半球的大企业。

达维容和庞特的第二个建议遵循的也是同一个目标：如果生产者不仅供应咖啡豆，还同时建立自己的连锁咖啡馆会如何？这个建议的目的也是缩小与终端客户的距离，将只有靠近客户才能获得的盈利空间掌控在自己手上。他们为此以哥伦比亚全国咖啡种植者联合会为例：该联合会已经在美国开了两家咖啡馆，一家在华盛顿，另一家在纽约，根据联合会主席加布里尔·席尔瓦（Gabriel Silva）所说的，还有更多家正在规划中。这听起来不错，但那些瓜分了美国和其他地方的咖啡馆生意的大企业似乎不可能允许其他大型咖啡馆出现。如果哥伦比亚咖啡种植者协会或其他南半球的机构真的想克服路途的遥远靠近北半球的消费者，那么它们必须做好准备，与这些大企业来一场持久、昂贵的战斗。这些企业已经在这条路上驻扎下来，且在这里获得了可观的利润，它们绝不会自愿放弃。尤其那些紧紧围绕在终端消费者身边的企业，它们绝不会毫不犹豫地让出这个有利可图的区域，或给新来者让出点位置。

似乎只有两位经济学家和许多其他作家提出的最后一个建议是可行的，而且在某种意义上也更为紧迫：有机的、对鸟类友好的、公平贸易的咖啡今天被授予的各种认证标志应该统一。这样不仅让消费者能更好地了解产品概况，生产者进行多重认证的过程也能变简单，因此获得更好的市场机会。这样的统一需要一个上级机构，这个机构还必须监管雀巢、星巴克或德国咖啡联合会等大玩家自行发起的绿色倡议，以防止标准的缩水。

咖啡树本身会不会发生变化呢？它是经济作物中的主角。它非常脆弱，所以只能生长在赤道周围的狭长地带。夜降微霜，数千咖啡树便毁于一旦。此外当然还有很多害虫的忧患。如果能培育不那么脆弱、对害虫抵抗力更强或含咖啡因更少的咖啡树，这于生产者也有益。所以，咖啡树引起基因技术研究人员的关注不足为奇。

这些努力已经初见成效：转基因咖啡果。雀巢公司于2006年2月22日在欧洲专利局获得了专利EP 1436402。该专利保护某些转基因咖啡种类及其新的加工工艺。为了让咖啡更好地溶解，转基因咖啡树中的一种酶被封锁了。该专利既不涉及咖啡树的强壮，又与对害虫的抵抗力无关，只是一种工艺的优化。

这种转基因咖啡是否会、什么时候会进入贸易仍是个未知数。因为消费者，尤其是欧洲的消费者依然对转基因食品持怀疑态度。多种含有源于转基因植物的添加物的产品在市场上还未获得哪怕微不足道的成功；有些产品甚至引发了抵制的呼声，加重了形象的损坏。

关于转基因生物对健康及环境的潜在影响，人们观点不一。但相对肯定的是，如果转基因咖啡被接受，小的农场主将更依赖种子生产商。

其他转基因农产品在欧洲只获得过消极的经验，这说明销售转基因咖啡绝非易事。因此可以猜测，雀巢的专利暂时不会投入使用。

依我所见，咖啡完全不需要被改变，其基因更不用转变。因为如此生长、在我们这儿如此被烹制的咖啡是完美的。它的生物遗传特征没有任何不妥，但其社会遗传特征是个问题。人们在今天的咖啡世界中依旧能辨认出旧的殖民结构的遗留。这个遗留问题直到今天仍有影响。现在，是时候让咖啡世界变得更公平、更生态了。

二、海因里希·爱德华·雅各布——关于作者和作品

（因斯·索恩特根）

海因里希·爱德华·雅各布（1889～1967）出生在一个富有的德国犹太家庭：父亲是一位银行行长，母亲也来自上流社会。雅各

布早期以作家身份出名。1912年，他以一部小说集《吉玛的葬礼》（*Das Leichenbegräbnis der Gemma Ebria*）在文学界初露锋芒。在帝国将亡及魏玛共和国时期，他成为了文学界的核心人物之一。其作品出版于有名望的出版社，并获得了一些重要评论家的青睐。同时，他还作为《柏林日报》的记者，自1927年开始负责位于维也纳的中欧地区办公室。他的职责范围还包括戏剧评论、音乐评论、文艺随笔和政治专栏。他被指定为巴黎著名通讯记者波尔·布洛克（Paul Block）的接班人，因而成为《柏林日报》除主编特奥多尔·沃尔夫（Theodor Wolff）之外的第二把手。然而世事难料：他的作家和记者事业随着1933年纳粹党的上台戛然而止。同年5月，其小说《血与赛璐珞》（*Blut und Zelluloid*）同许多著名作家的作品一同被焚毁。当《柏林日报》进行所谓的意识形态一体化措施时，他也失去了维也纳办公室负责人的职位。1935年，他的所有作品被禁。

雅各布的作品《咖啡的传说和风靡》于1934年由罗沃尔特出版社出版，为逃避第三帝国实施的文学审查，作品的销售必须交给另一家位于捷克俄斯特拉发的流亡出版社负责。尽管雅各布的职位和文学权利被剥夺，但他选择继续留在维也纳。1938年3月22日，纳粹“吞并”奥地利11天后，作为犹太人及纳粹主义反对者的雅各布被监禁并送往达豪集中营。同年9月，集中营被转移到布痕瓦尔德。雅各布在营中遭受了残酷的虐待。幸得他当时的未婚妻，也就是他后来的妻子朵拉·安吉尔索伊卡的不懈奔走，最终他被释放。1939年2月，他带着集中营的标记和满身的创伤离开了布痕瓦尔德集中营。

被释放后，他和朵拉·安吉尔索伊卡双双移民到美国。只要身体条件允许，他就继续做着时事评论员的工作。除了传记，他还出版了另一本书：《面包的六千年历史——其圣洁与不圣洁的历史》（*6000 Years of Bread – Its Holy and Unholy History*）。该书后期被加工和翻译，同样由罗沃尔特出版社出版。1953年雅各布返回欧洲，但仍保留美国国籍，并一直在不同的酒店里颠沛流离。这期间，雅各布尽其所能，努力重建魏玛时期他在文学界的突出地位。

托马斯·曼在1949年10月写给雅各布的信中说："我惊讶于您已撰写了25本书，并被翻译成12种语言。您这一生充实而光芒四射！应该满足了。"然而，这番来自当时著名文学家的友好关切并没有使他得到安慰。他回信说："我一点都不满意。成百上千的优秀评论家和同行都讨论过我的作品，但他们大多只讨论我的一本书，而从未写过我这个追求多面性的人。或许我在像《杰奎琳和日本人》（*Jacqueline und die Japaner*）这样一部温情的小说后立即写了一部如《咖啡的传说和风靡》这样涉及文化和经济领域的作品，着实让他们吓了一跳。"

或许这里显露出来的文学家的虚荣心令人惊讶，但这段话指出了很重要的一点：事实上，一个作家的多面性构成了他的作品的特殊性。除了咖啡和面包这些科普著作外，他还出版了大量音乐家传记、中篇小说、长篇小说及历史故事。雅各布不仅知识渊博，还懂得多种叙事方式。因此他能够把像咖啡（以及之后的面包）这样不显眼的日常物品描写成如珍贵文物一般，并用赞赏音乐、文学或重要人物这样的精神产品的角度去欣赏它。同时，他的多面性也可能使其作品的接受范围受到一定阻碍。人们近几年才开始对其作品进行文学整理和加工。可惜作者本人无法亲身经历：雅各布已于1967年在萨尔茨堡逝世。

在《新编德国人物传》（*Neue Deutsche Biographie*）中，雅各布被誉为新科普著作的鼻祖。这一评论可能稍显夸张，早有皮埃尔·汉普（Pierre Hamp）、安东·齐舍卡（Anton Zischka）等作家在作品中将某些物质置于历史中心地位，但雅各布的《咖啡的传说和风靡》采用了原料和物质的新记述形式，具有特殊的意义。因为对雅各布来说，咖啡并非某种传递意识形态的载体，他写咖啡并非为了报导工人阶级和痛苦或是德国科学界的优越。他的真正目的在于讲述这种原料，从它的历史中了解一点现代社会。如同时代的人所说，这是该领域的首次尝试。因此，他的作品获得广泛的国际认可不是没有理由的。

雅各布对科普文学的使命有极苛刻的见解。它不仅是传递信息，回答实时问题。雅各布在撰写一部科普作品时，更把自己看作一位诗人，而这位诗人的任务是讲故事。可是如何就一个无生命的东西讲述一部真实的故事呢？写关于这样一个罕见的主人公的故事，一定缺少紧张刺激的情节。冲突、背叛、欺骗、憎恨、同情、爱情、生与死，这些以人为中心的故事元素给作品提供了跌宕起伏的情节，而当主人公变成一种原料或物质时，这些元素无处可寻。谁会因一种原料悲惨的命运而痛哭流涕呢？

没有哪一部叙事学的经典作品讲述的是原料或物质，而不是人的故事。亚里士多德（Aristoteles）甚至明确地将讲述自然事物的故事排除在他的诗学范畴外，因为它们缺乏“模仿”的特性。因此作为文学的新尝试，要想吸引读者，就需要一定的文学水平和幻想力。

雅各布巧妙地解决了这一问题。一方面，他在作品中不乏浓墨重彩地描写那些与咖啡相关的人；他的第二个方法从这本书首次出版时的书名可以看出：《咖啡的传说和风靡》——像介绍一位中世纪的英雄人物一般宣告该书的主角。而副标题似乎更加清晰：“一本世界经济原料的传记”，并用简短的前言对此做了简要阐释：“这本书讲的不是拿破仑或凯撒大帝的英雄事迹，而是一部原料的传记，一个古老、忠诚、富有力量的英雄的前世今生。”

雅各布尤其重视他是在撰写一部传记，而非一本小说。故事并非虚构，而是来源于真实的历史。咖啡被拟人化为一位英雄，书中某些部分甚至将其描述成一位古老的保护神。这不仅是一种文学手段。咖啡被带到欧洲之前，在非洲盛行已久，咖啡树和咖啡果与宗教崇拜紧密相关。

而如今，忙碌的办公室中精致的咖啡享受也是其拟人化的体现。

雅各布将作品的主人公设定为这样一个角色：一种连接不同文化和不同宗教的物质，因而出现了“人类”一词——人文主义和启蒙运动的主题。雅各布赋予了咖啡太阳神阿波罗之力，不仅让每个人保持清醒，也让几代人觉醒（北方的几个国家）。在之后回顾历史的文章《严格来说，一切都始于盐》（*Genau genommen，begann alles mit dem Salz*）中，他将咖啡称为“葡萄酒神的反对神”，这一说法在咖啡专著中没有出现，但隐含在其中。在雅各布的手稿《我如何成为一名科普作家》（*Wie ich Sachbuchautor wurde*）中，他借用希腊神话做比较：“启蒙运动时期人们认为，人类创造‘万物’。古典主义时期，人们变得更加睿智，人们信仰引导我们的上帝。即使在今天，人们也倾向于这一信仰。难道不应关注那突然间变成‘英雄’的东西是如何引导我们的吗？”

此外，咖啡也对社会产生了影响，就像雅各布补充法国历史学家儒勒·米什莱（Jules Michelet）的评论时所说，咖啡对城市公共生活的产生起到至关重要的作用。城市中来自各个阶层的人可以相互联系、讨论各种不同话题的场所首先是咖啡馆，这一观点经当今历史学家讨论后确认。因此，咖啡不是陪伴了某几个民族，而是“人类”的陪伴者。这里的“人类”或许指的是热衷喝咖啡的欧洲人，而非在殖民地生产咖啡的强制劳工和奴隶。因此雅各布像许多历史上的启蒙学派一样，将“人类”的概念狭义化。

咖啡被拟化为神，但一个神即使再强大，也撑不起一部扣人心弦的故事，还需要其他竞争者的加入，也需要志同道合者组成联盟。在雅各布的故事中，咖啡的敌人是传统的酒精饮料。咖啡与啤酒及葡萄酒的“斗争”给他的故事提供了强劲的内在动力。他曾无数次在神秘的档案资料中搜索，这从他对啤酒历史的描述中可见一斑：“……咖啡在中欧遇到了一只独眼巨人，比葡萄酒要猛烈和强大得多。这个巨人是北欧的统治者——啤酒。”雅各布对啤酒这一大胆的描写参考了希腊神话故事：独眼巨人来源于象征地与天的创世神盖亚（Gaia）和乌拉诺斯（Uranos），最终被阿波罗杀死。雅各布笔下的咖啡也是作为阿波罗的饮料登场。同时咖啡也有同盟——从最初就与其同在的糖，最终，启蒙运动也以它的力量证明了自己也属于咖啡的同盟。如同启蒙运动旨在启发人们的智力，艺术之光驱走夜晚的黑暗一样，咖啡让人类大脑愈发清醒。

总体来说，雅各布的咖啡史是一部积极的历史，他从一个富有的欧洲人的视角向受过教育的广大读者进行讲述。在最后一卷讲述巴西焚烧咖啡以稳定咖啡价格这一事件时，深色人种也登上历史舞台，可以说这是一个突破。尽管作者评价焚烧咖啡是明智的经济措施，但在最后不难发现，这种纯经济的理性导致了荒谬的疯狂。正是这戏剧性的最后一卷体现了作者深层的矛盾心理。书中咖啡与启蒙运动及追求自由相关的“力量”也有其神秘而消极的一面，如他在第四卷的结尾写道：“自1900年以来，咖啡就是对某片大陆举足轻重的世界经济原料。这片大陆就是南美洲。”这本书中最后一个登场的是一位近乎发疯的咖啡种植园主，他在咖啡价格低迷期破产，而后在一家旅店大厅里拦住雅各布并悄声说道：“咖啡是这个民族的不幸。”并且他还提出一项消除这一不幸的方案——政府应该将咖啡的天敌咖啡浆果螟的虫卵撒在种植园中，这样就可以一劳永逸地摆脱咖啡了。

神话学的叙事结构是雅各布作品的一大特色。这也说明了他作为编年史作家讲述故事的技巧：不牵强附会，不唐突冒犯，也不模棱两可，而是自然地娓娓道来。这种叙事结构并不能代替各个历史人物的故事，而是为其提供一个框架。同时，书中所涉及的众多细节、研究成果及历史事件也巧妙地融入进了这一叙述框架中。

当然，雅各布的这一叙述结构并不是描写物质的唯一形式。后期的科普文学作家在拟人化手法上找到了新的方法。例如，莉亚·海格·柯恩（Leah Hager Cohen）在其1998年的著作《玻璃、纸、咖啡豆：平凡事物的非凡故事》（*Glass, Paper, Beans: Revelations on the Nature and Value of Ordinary Things*），或迈克尔·波伦（Michael Pollan）在其2006年出版的著作《杂食者的两难：食物的自然史》（*The Omnivore's Dilemma: A Natural History of Four Meals*）中向我们展示了他们作品的动机在于追踪某一物质遗留给我们的一段历史旅途，以及调查一种与我们相关的制度。不过这种叙述理念对信息搜索提出了更高的要求——雅各布并非从一种战争角度，而是如他自己所说，从感恩的角度出发来进行叙述。

那么雅各布的动机是什么呢？难道就是讲述咖啡神话般的历史吗？在文章《我如何成为一名科普作家》中，他引用了"著名的酒鬼诗人"格哈特·霍普特曼（Gerhart Hauptmann）的一句话，他赞颂希腊人，因为他们能"在智慧的神话中将事物创造成神灵"。例如葡萄酒是"一个值得一切形式的尊敬和感谢的真正的神灵"。雅各布自问："葡萄酒于我又是什么呢？他给予霍普特曼等人创作的灵感，却只能'引我入睡'。只有咖啡才能赐予我勇气和动力。因此，我希望借此给咖啡树立一座纪念碑。"

同时，文学家伊索尔达·莫泽尔（Isolde Mozer）在讨论海因里希·爱德华·雅各布的诗学观点的作品中详细讲述了雅各布该著作的重要政治动机："咖啡的历史给予雅各布一个从另一角度描述土耳其占领维也纳这一历史事件的机会，当时正值维也纳人庆祝民族解放250周年纪念之际。"他以一种日常常见的物质为例，隐晦地表达了对20世纪30年代种族主义的批判。

最后还需指出雅各布的另一个动机——在上文提到的作品《严格

来说，一切都始于盐》中有迹可循。在这本书中，雅各布希望物质世界能够重获其尊严。通常情况下，原料扮演着被使用和消耗的角色。文化学研究者和哲学家讨论咖啡不同的烹煮方式——是否过滤、是否煮沸或在浓缩咖啡机中挤压。一种物质或原料一旦在物质生活中扮演重要角色，似乎就会出现对其文化方面的讨论。这正是雅各布的需求。19世纪和20世纪欧洲物质文化翻天覆地地转变，不仅涉及人们的饮食习惯，也对整个物质世界产生了影响，带给了人们不安全感。劳动的分工也使得原料和物质的产生更加模糊——生产地和消费地相距太远，给原料披上了一层神秘的面纱。

“历史的讲述是为了驱散，轻及时光，重及恐惧。”汉斯·布鲁门伯格（Hans Blumenberg）在他的名作《神话研究》（*Arbeit am Mythos*）中如是写道。在这被驱散的恐惧后还隐藏有疏远。雅各布也希望消除这种疏远，他用这个故事将读者与咖啡的距离拉近。

他向读者展示了咖啡在历史长河中创造和改变着一种不同民族、社会阶层和原料之间错综复杂的关系网。因其在这个关系网中一直处于核心位置，咖啡能向我们揭示世界的一些奥秘。因此，咖啡对我们理解现代生活也做出了贡献。雅各布通过研究咖啡在几个世纪中与人及物质的关系，对我们的历史有了新的发现。

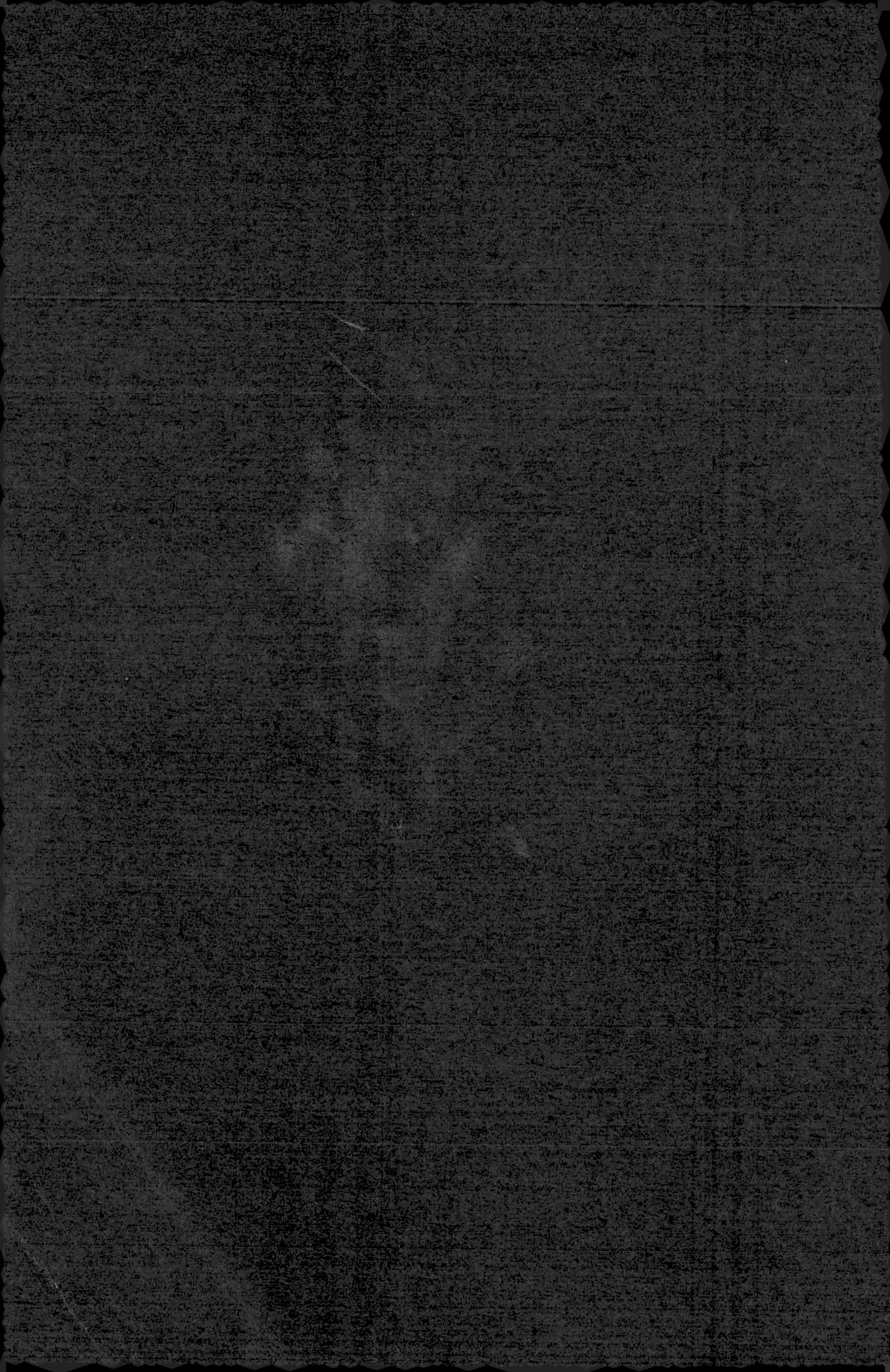